초등 수학의 기본은 연산력!!

신기한 연산왕

A-2

초1 수준

초등 수학의 기본은 연산력!!

신기한

연산왕

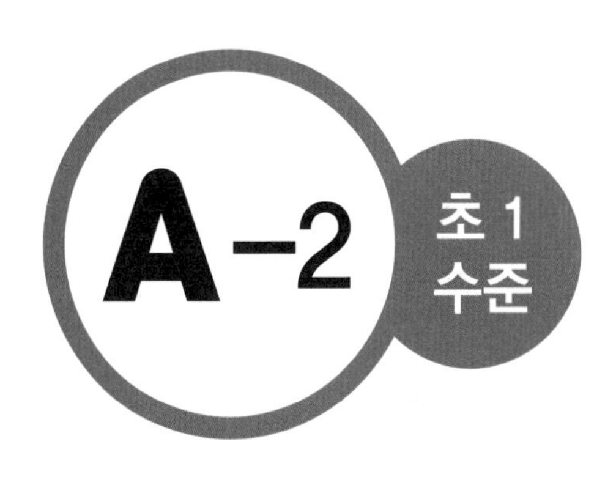

구성과 특징

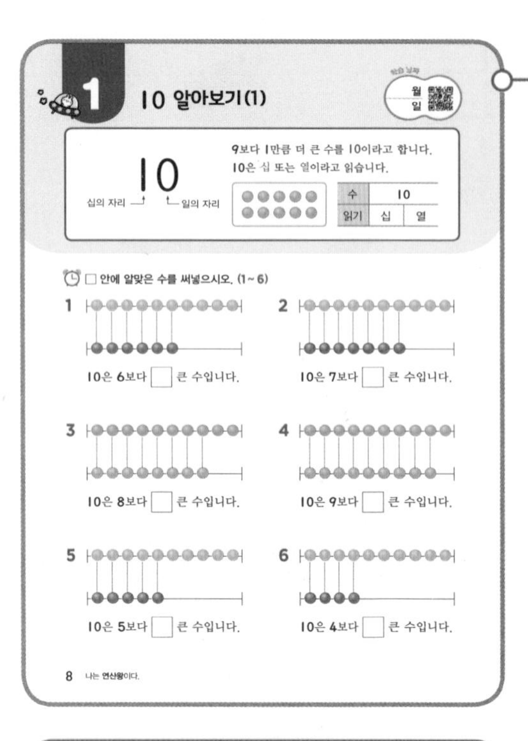
1 10 알아보기(1)

학습 날짜 월 일

10

십의 자리 일의 자리

9보다 1만큼 더 큰 수를 10이라고 합니다.
10은 십 또는 열이라고 읽습니다.

수	10	
읽기	십	열

□ 안에 알맞은 수를 써넣으시오. (1~6)

1 10은 6보다 □ 큰 수입니다.

2 10은 7보다 □ 큰 수입니다.

3 10은 8보다 □ 큰 수입니다.

4 10은 9보다 □ 큰 수입니다.

5 10은 5보다 □ 큰 수입니다.

6 10은 4보다 □ 큰 수입니다.

8 나는 연산왕이다.

원리+익힘

연산의 원리를 쉽게 이해하고 빠르고 정확한 계산 능력을 얻을 수 있도록 구성하였습니다.

신기한 연산

연산 능력과 창의사고력 향상이 동시에 이루어질 수 있는 문제로 구성하여 계산 능력과 창의사고력이 저절로 향상될 수 있도록 구성하였습니다.

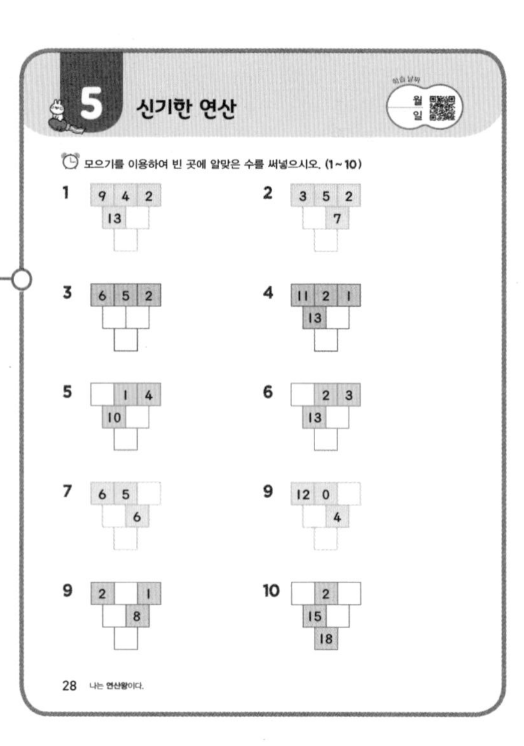
5 신기한 연산

학습 날짜 월 일

모으기를 이용하여 빈 곳에 알맞은 수를 써넣으시오. (1~10)

1 9 4 2 / 13

2 3 5 2 / 7

3 6 5 2

4 11 2 1 / 13

5 1 4 / 10

6 2 3 / 13

7 6 5 / 6

9 12 0 / 4

9 2 1 / 8

10 2 / 15 / 18

28 나는 연산왕이다.

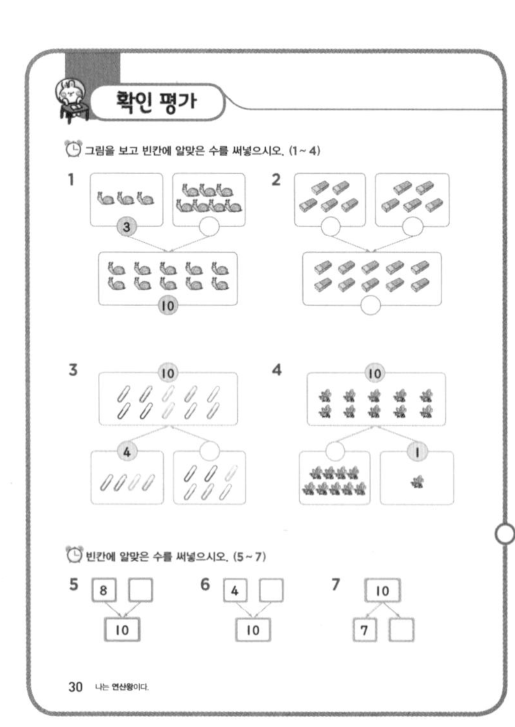
확인 평가

그림을 보고 빈칸에 알맞은 수를 써넣으시오. (1~4)

1 3 / 10

2

3 10 / 4

4 10 / 1

빈칸에 알맞은 수를 써넣으시오. (5~7)

5 8 □ / 10

6 4 □ / 10

7 10 / 7 □

30 나는 연산왕이다.

확인평가

단원을 마무리하면서 익힌 내용을 평가하여 자신의 실력을 알아볼 수 있도록 구성하였습니다.

크라운 온라인 평가는?

단원별 학습한 내용을 올바르게 학습하였는지 실시간 점검할 수 있는 온라인 평가 입니다.

- 온라인 평가는 매단원별 25문제로 출제 되었습니다
- 평가 시간은 30분이며 시험 시간이 지나면 문제를 풀 수 없습니다
- 온라인 평가를 통해 100점을 받으시면 크라운 1개를 획득할 수 있습니다.

온라인 평가 방법

1. **에듀왕닷컴 접속** www.eduwang.com — 신규 회원 가입 또는 로그인
2. **메인 상단 메뉴에서 단원평가 클릭** — 닷컴 메인 메뉴에서 단원 평가 클릭
3. **단계 및 단원 선택** — 평가하고자 하는 단계와 단원을 선택
4. **온라인 단원 평가 실시** — 30분 동안 평가 실시
5. **온라인 단원 평가 종료** — 종료 후 실시간 평가 결과 확인
6. **크라운 확인** — 마이페이지에서 크라운 확인 후 크라운 사용

유의사항

- 평가 시작 전 종이와 연필을 준비하시고 인터넷 및 와이파이 신호를 꼭 확인하시기 바랍니다
- 단원평가는 최초 1회에 한하여 크라운이 반영됩니다. (중복 평가 시 크라운 미 반영)
- 각 단원 평가를 통해 100점을 받으시면 크라운 1개를 드리며, 획득하신 크라운으로 에듀왕닷컴에서 판매하고 있는 교재 및 서비스를 무료로 구매 하실 수 있습니다 (크라운 1개 - 1,000원)

연산왕 단계별 학습 내용

A-1 (초1수준)
1. 9까지의 수
2. 9까지의 수를 모으고 가르기
3. 덧셈과 뺄셈

A-2 (초1수준)
1. 19까지의 수
2. 50까지의 수
3. 50까지의 수의 덧셈과 뺄셈

A-3 (초1수준)
1. 100까지의 수
2. 덧셈
3. 뺄셈

A-4 (초1수준)
1. 두 자리 수의 혼합 계산
2. 두 수의 덧셈과 뺄셈
3. 세 수의 덧셈과 뺄셈

B-1 (초2수준)
1. 세 자리 수
2. 받아올림이 한 번 있는 덧셈
3. 받아올림이 두 번 있는 덧셈

B-2 (초2수준)
1. 받아내림이 한 번 있는 뺄셈
2. 받아내림이 두 번 있는 뺄셈
3. 덧셈과 뺄셈의 관계

B-3 (초2수준)
1. 네 자리 수
2. 세 자리 수와 두 자리 수의 덧셈과 뺄셈
3. 세 수의 계산

B-4 (초2수준)
1. 곱셈구구
2. 길이의 계산
3. 시각과 시간

C-1 (초3수준)
1. 덧셈과 뺄셈
2. 나눗셈과 곱셈
3. 길이와 시간

C-2 (초3수준)
1. 곱셈과 나눗셈
2. 분수
3. 들이와 무게

D-1 (초4수준)
1. 큰 수
2. 각도
3. 곱셈과 나눗셈

D-1 (초4수준)
1. 분수의 덧셈과 뺄셈
2. 소수의 덧셈과 뺄셈
3. 각도 구하기

E-1 (초5수준)
1. 자연수의 혼합 계산
2. 분수의 덧셈과 뺄셈
3. 다각형의 둘레와 넓이

E-2 (초5수준)
1. 수의 범위와 어림하기
2. 분수의 곱셈
3. 소수의 곱셈

F-1 (초6수준)
1. 분수의 나눗셈
2. 소수의 나눗셈
3. 직육면체의 부피와 겉넓이

F-2 (초6수준)
1. 분수와 소수의 나눗셈
2. 비와 비율, 비례식과 비례배분
3. 원의 넓이

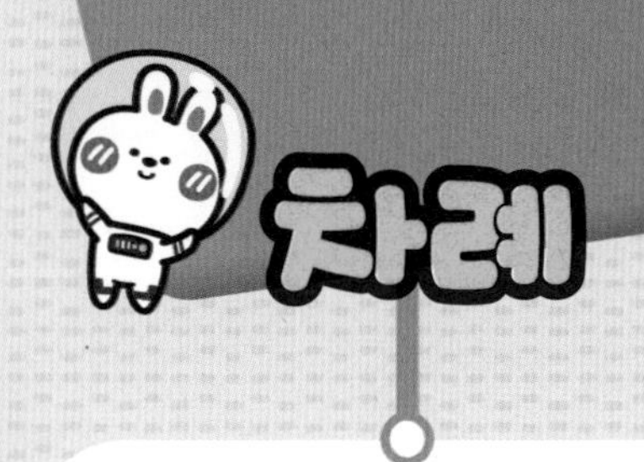

차례

1

19까지의 수

10 알아보기(1)

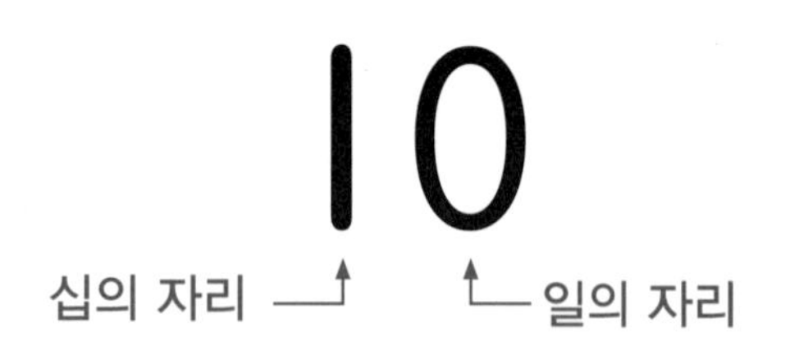

9보다 1만큼 더 큰 수를 10이라고 합니다.
10은 십 또는 열이라고 읽습니다.

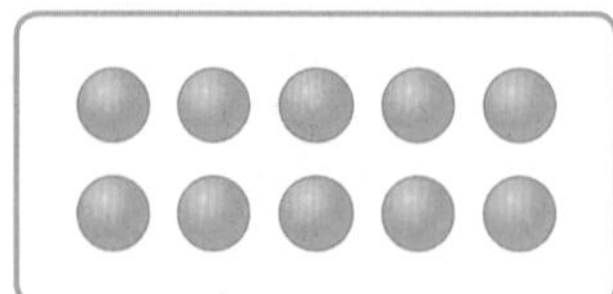

수	10	
읽기	십	열

□ 안에 알맞은 수를 써넣으시오. (1 ~ 6)

1

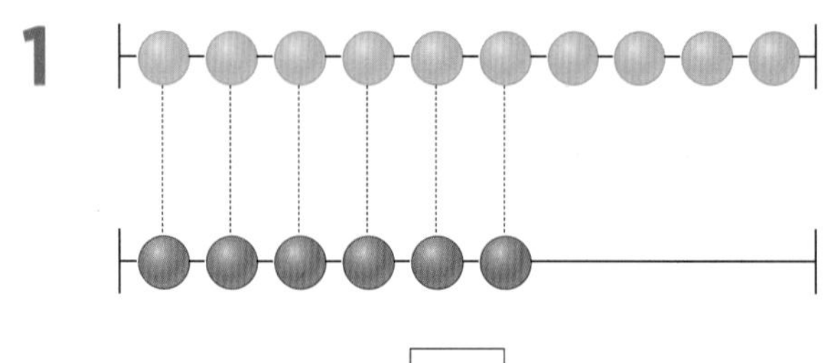

10은 6보다 □ 큰 수입니다.

2

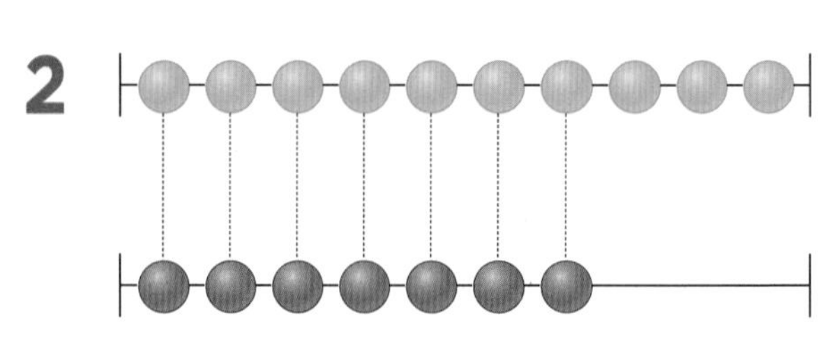

10은 7보다 □ 큰 수입니다.

3

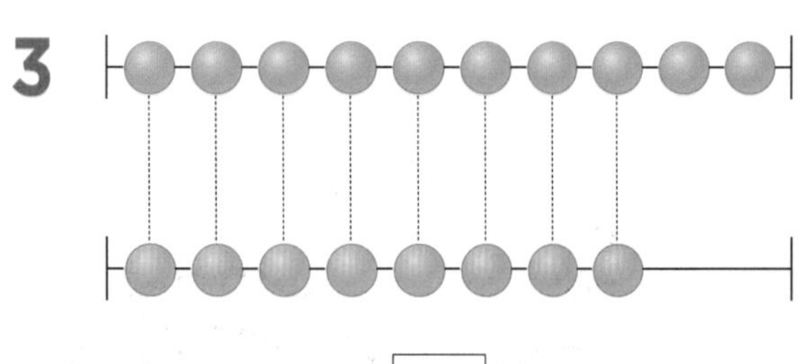

10은 8보다 □ 큰 수입니다.

4

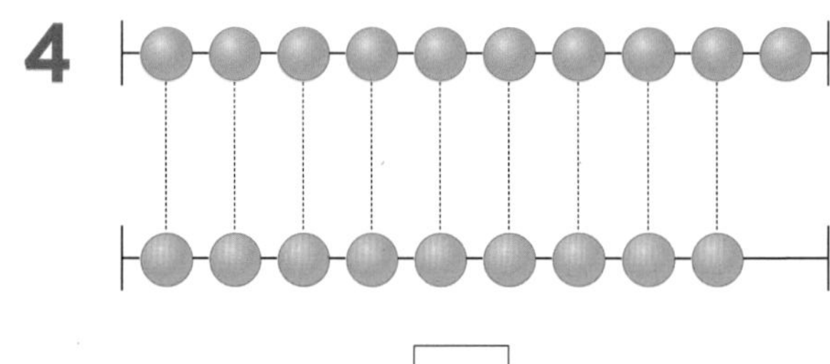

10은 9보다 □ 큰 수입니다.

5

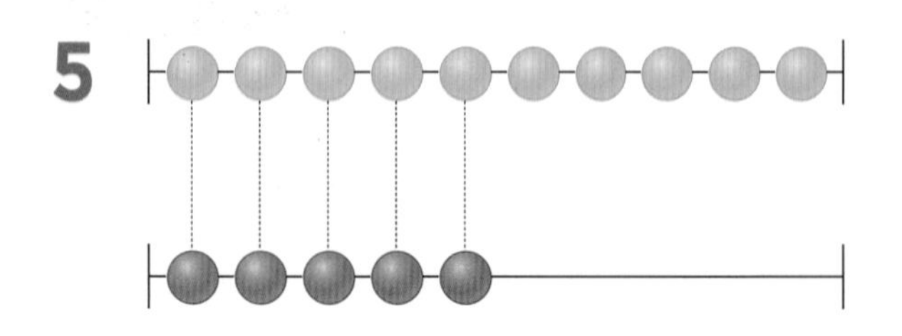

10은 5보다 □ 큰 수입니다.

6

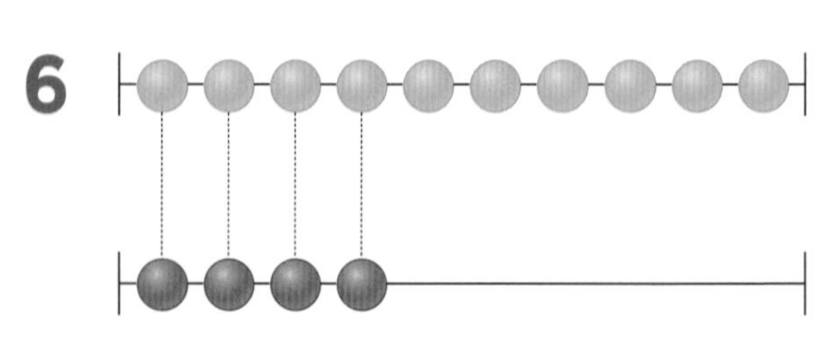

10은 4보다 □ 큰 수입니다.

계산은 빠르고 정확하게!

걸린 시간	1~3분	3~5분	5~7분
맞은 개수	11~12개	8~10개	1~7개
평가	참 잘했어요.	잘했어요.	좀더 노력해요.

그림을 보고 빈칸에 알맞은 수를 써넣으시오. (7 ~ 12)

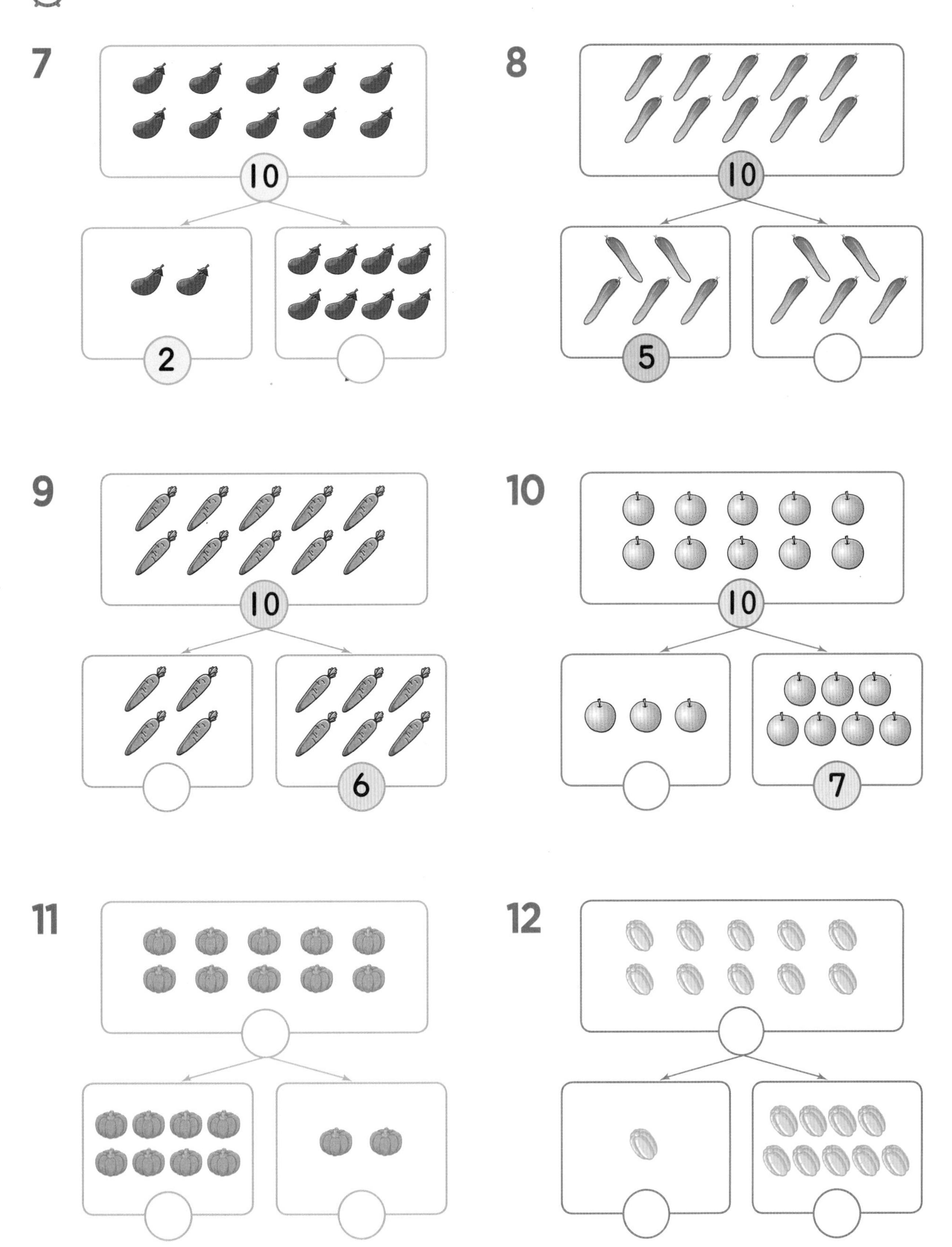

10 알아보기(2)

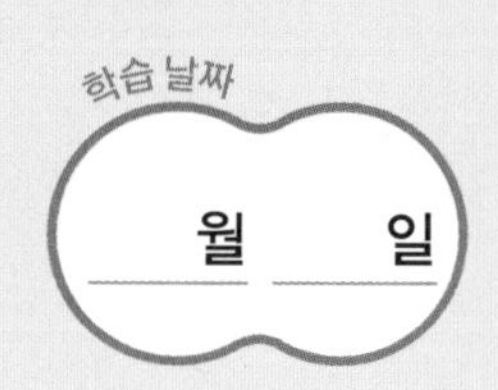

빈칸에 알맞은 수를 써넣으시오. (1~15)

1
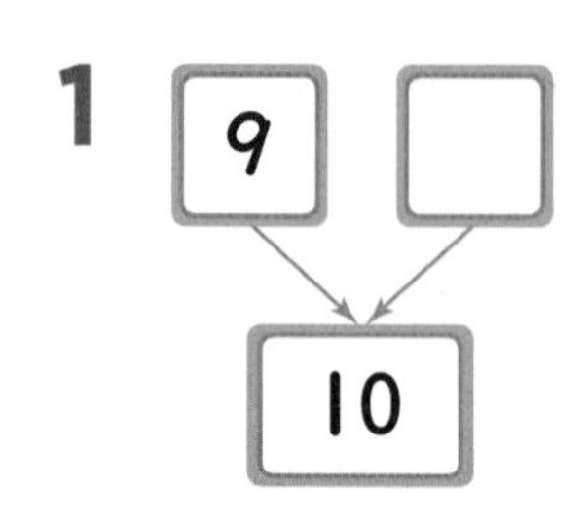

2
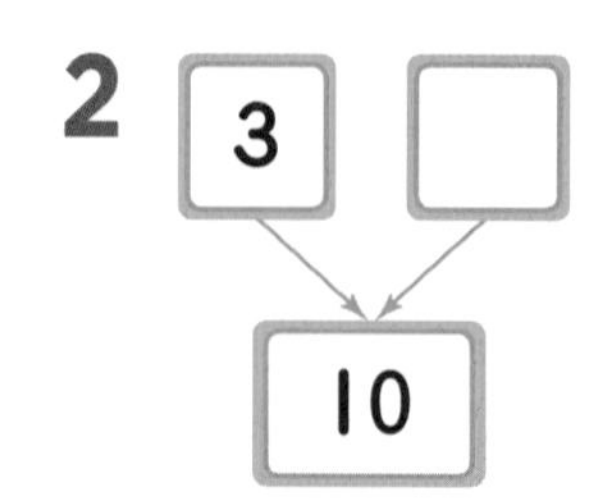

3
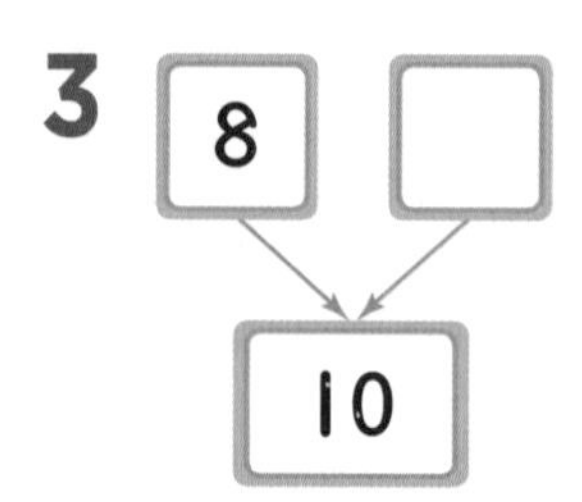

4
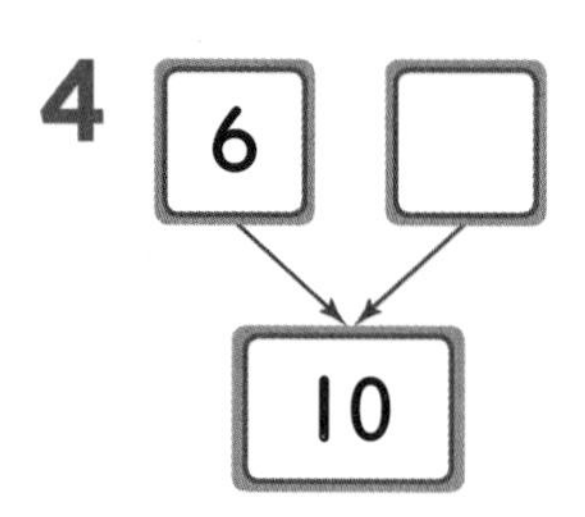

5
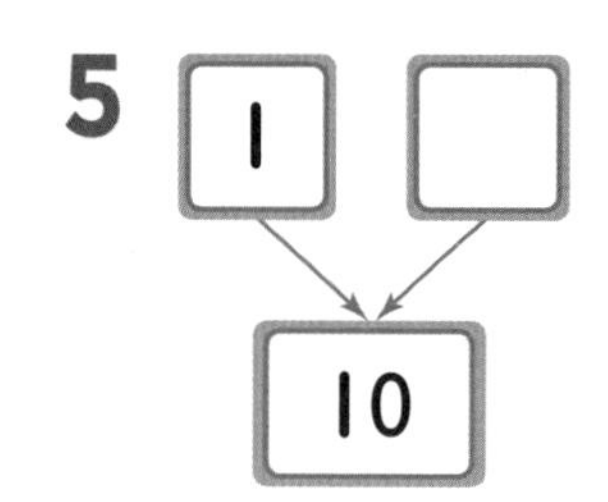

6
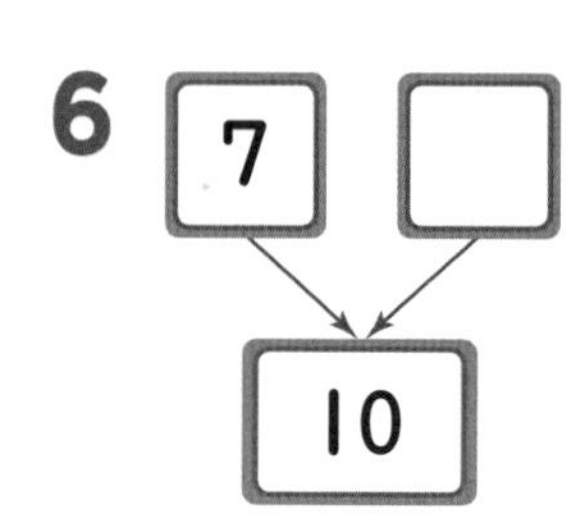

7
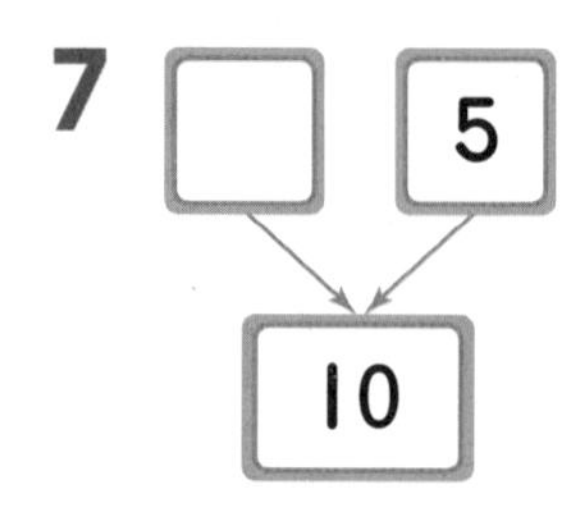

8
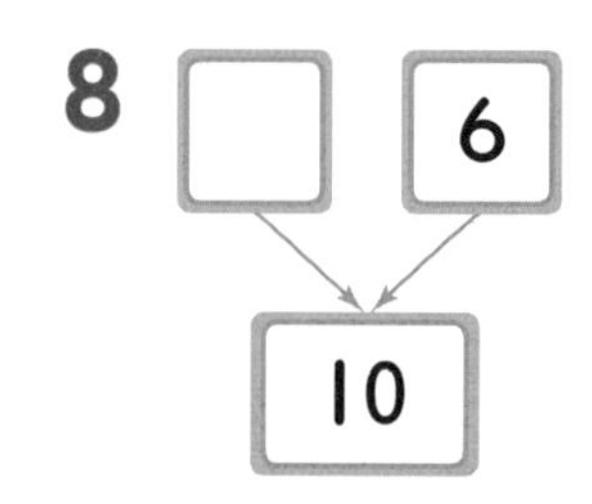

9
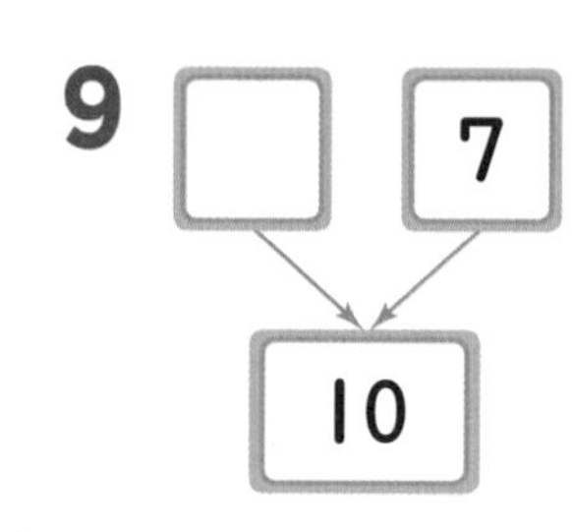

10
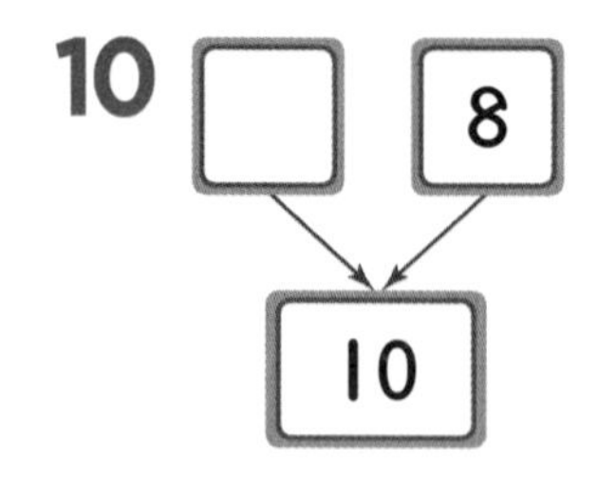

11
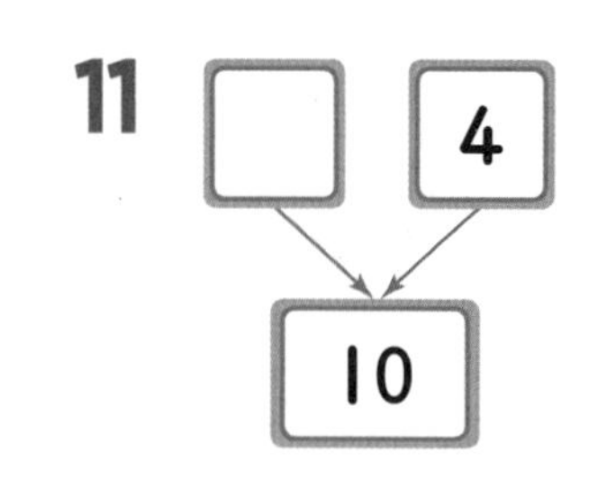

12
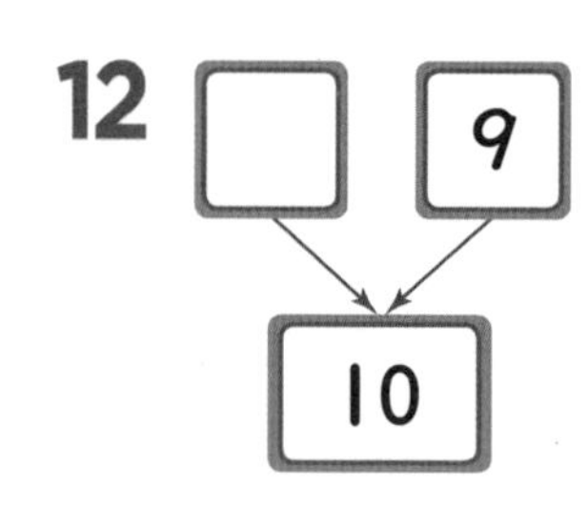

13
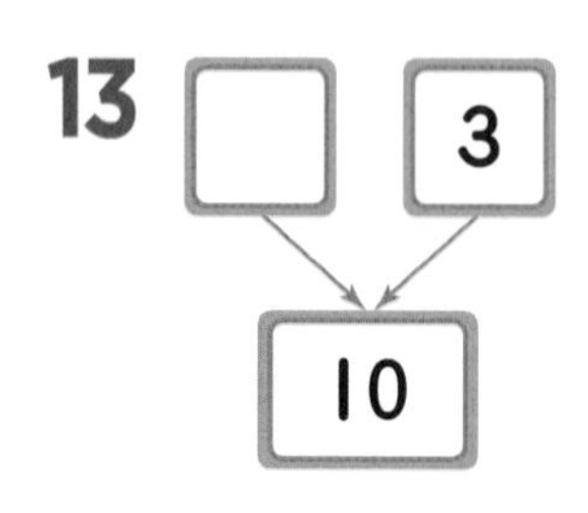

14

☐ 1

10

15
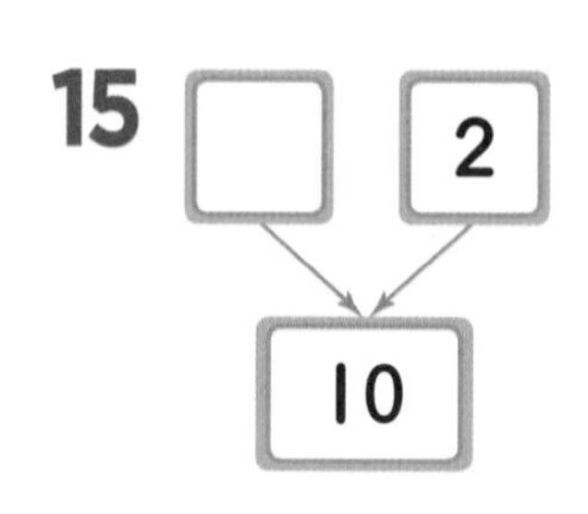

계산은 빠르고 정확하게!

걸린 시간	1~5분	5~7분	7~10분
맞은 개수	27~30개	21~26개	1~20개
평가	참 잘했어요.	잘했어요.	좀더 노력해요.

빈칸에 알맞은 수를 써넣으시오. (16 ~ 30)

16

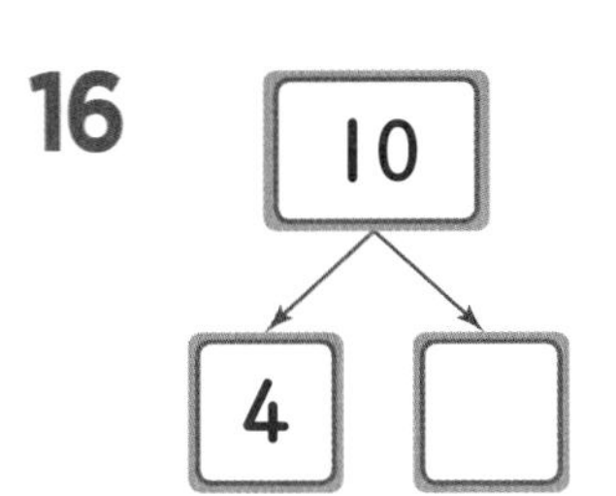

17

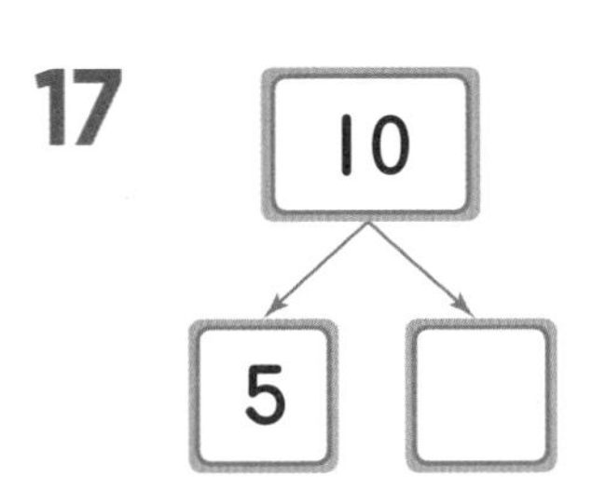

18

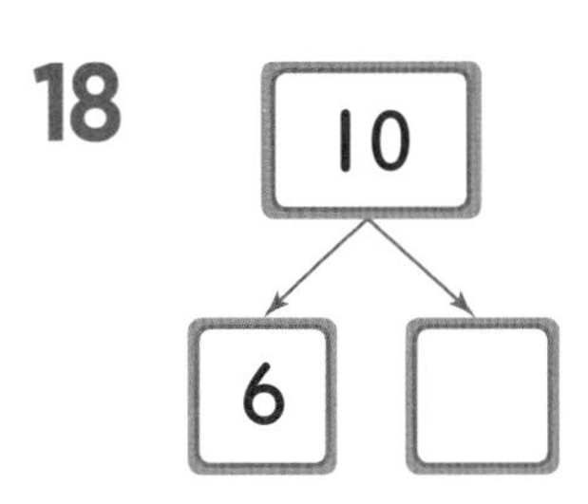

19

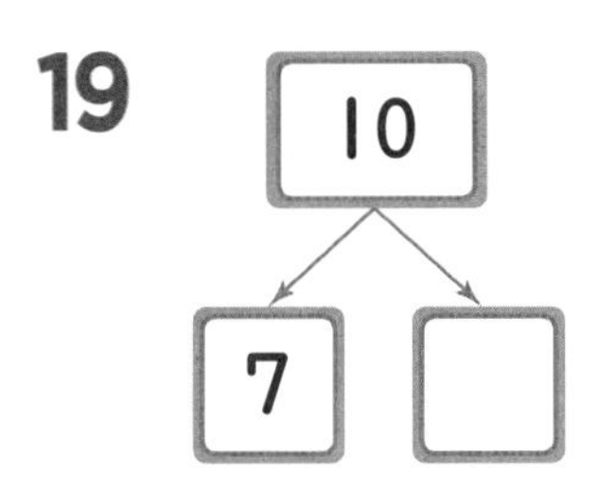

20

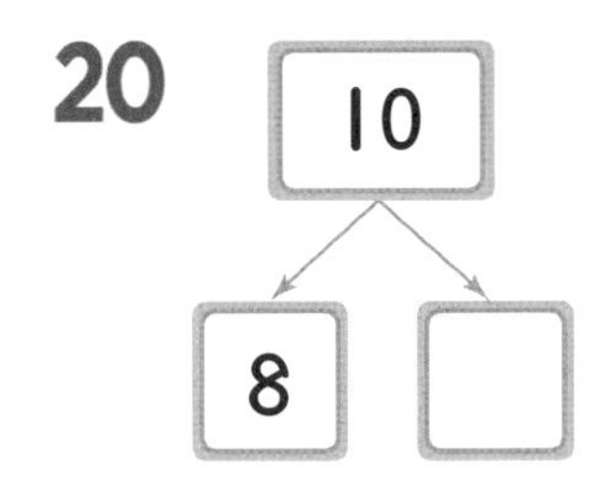

21

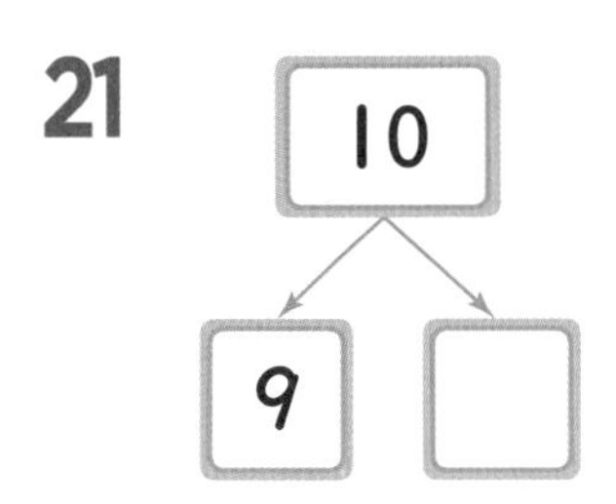

22

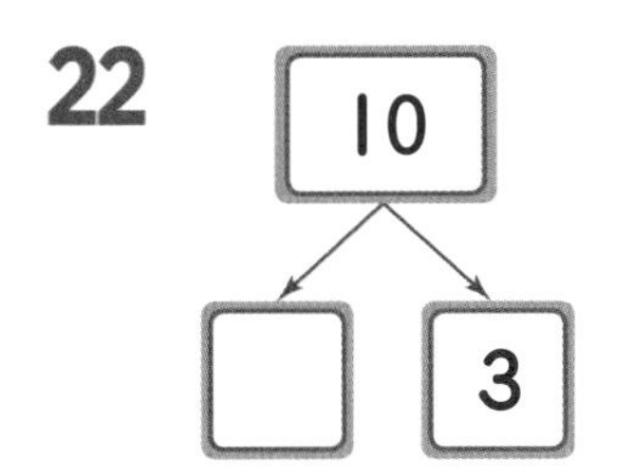

23

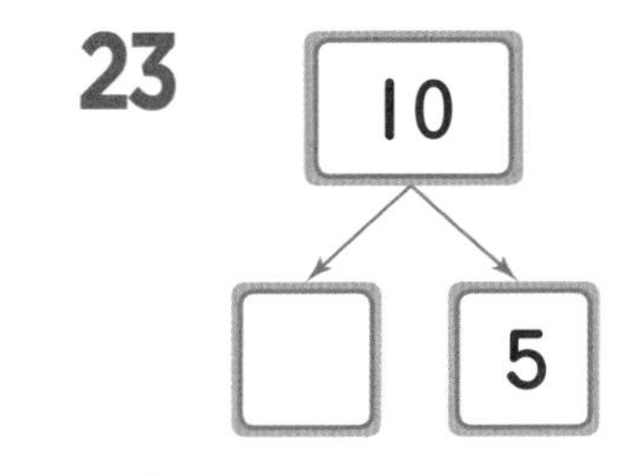

24

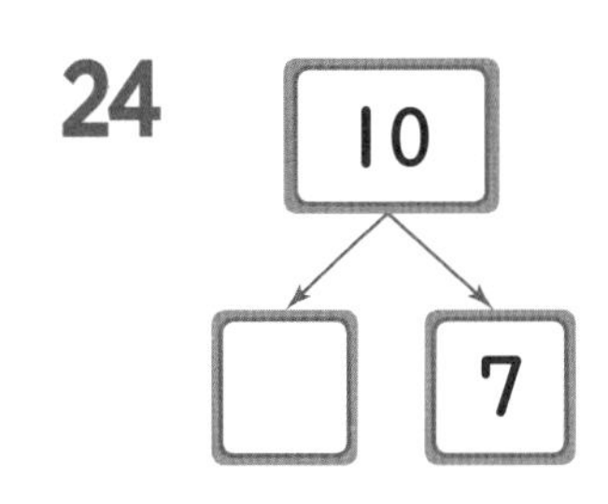

25

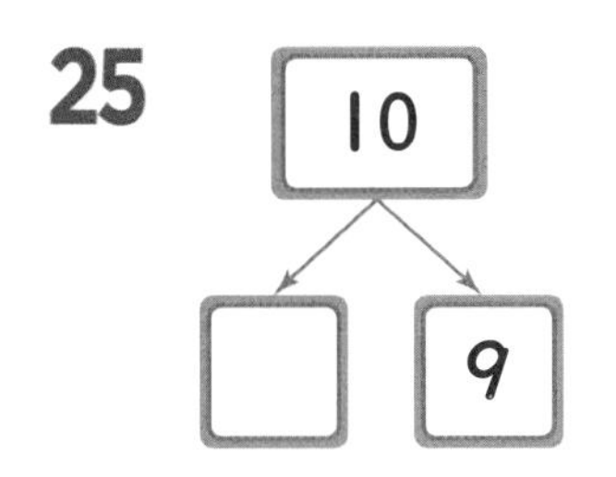

26

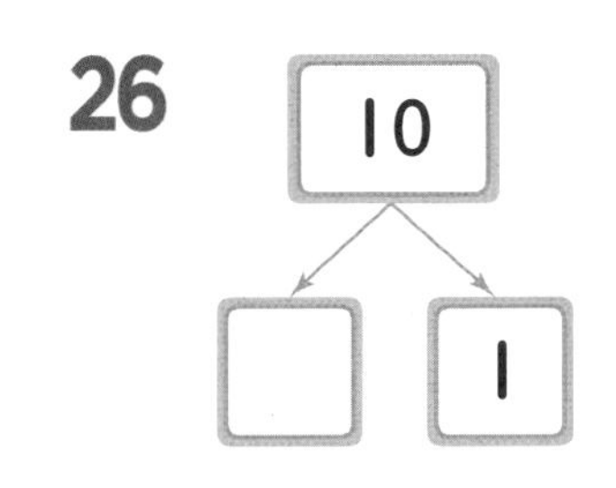

27

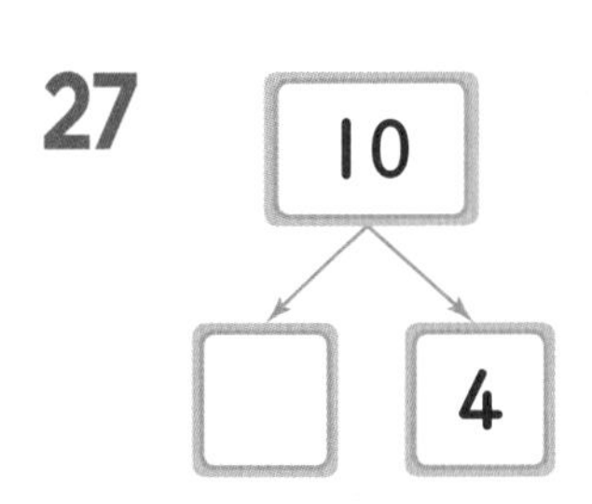

28

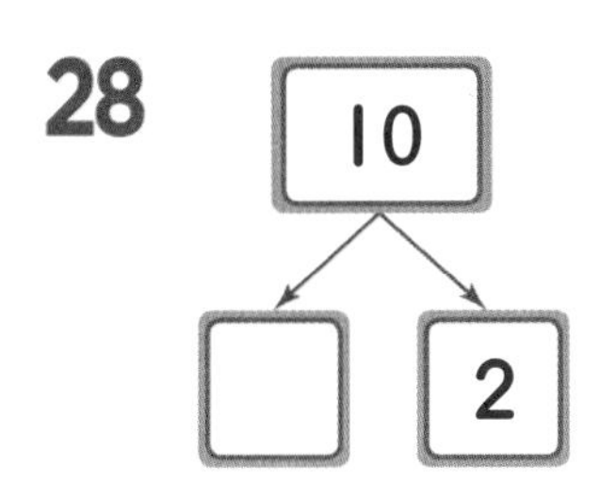

29

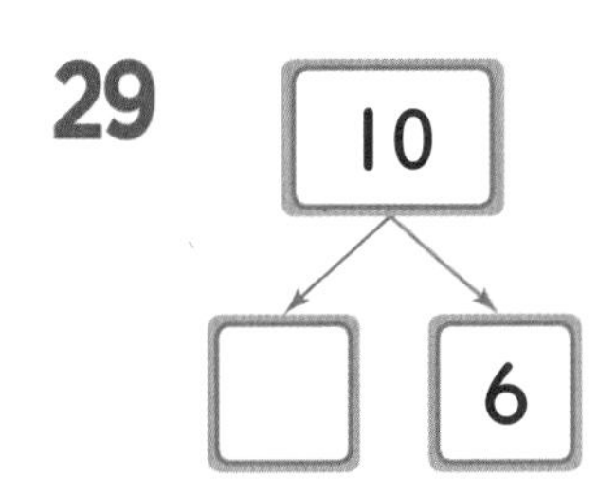

30

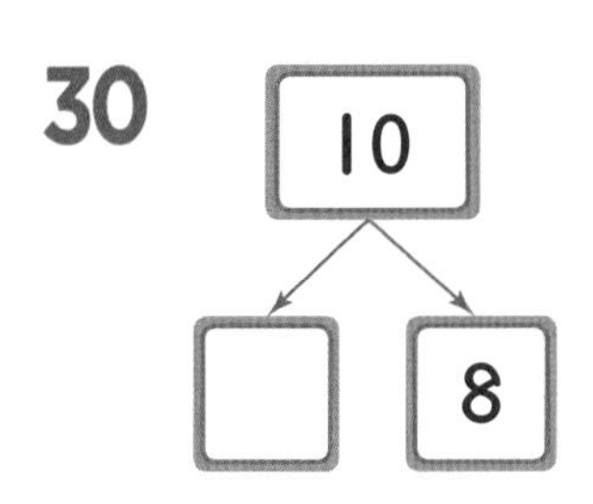

2 십 몇 알아보기(1)

10개씩 묶음 수	낱개	수	읽기	
1	1	11	십일	열하나
1	2	12	십이	열둘
1	3	13	십삼	열셋

수를 세어 □ 안에 알맞은 수를 써넣으시오. (1 ~ 4)

1 [10] → □

2 [10] → □

3 [10] → □

4 [10] → □

크레파스의 수를 세어 알맞은 말에 ○표 하시오. (5 ~ 8)

5

(십, 십일, 열, 열하나)

6

(십일, 십이, 열하나, 열둘)

7

(십삼, 십일, 열셋, 열하나)

8

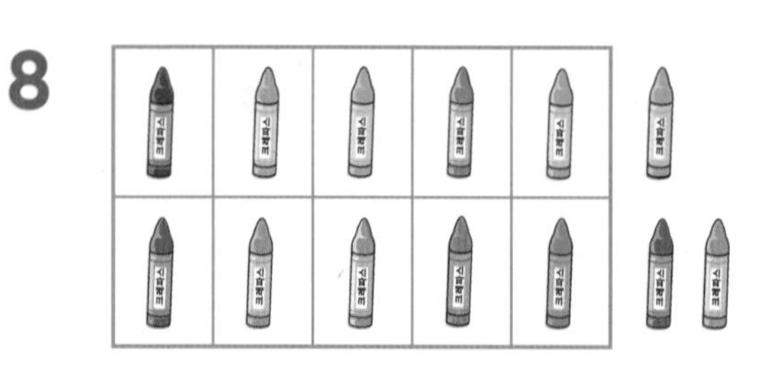

(십삼, 십이, 열셋, 열둘)

계산은 빠르고 정확하게!

걸린 시간	1~4분	4~6분	6~8분
맞은 개수	15~16개	12~14개	1~11개
평가	참 잘했어요.	잘했어요.	좀더 노력해요.

빈 곳에 알맞은 수를 써넣으시오. (9 ~ 12)

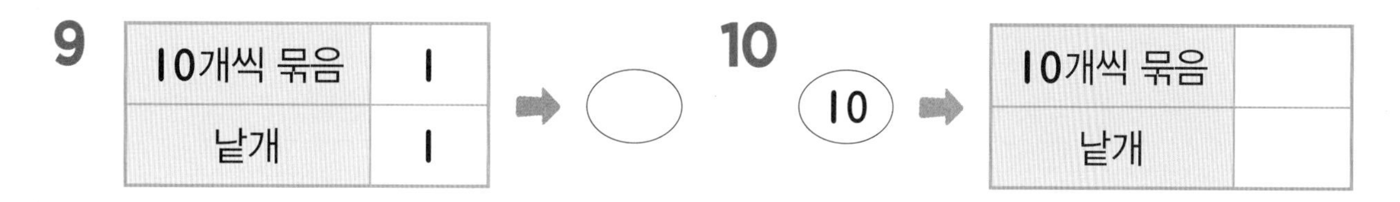

9

10개씩 묶음	1
낱개	1

➡ ( )

10

(10) ➡

10개씩 묶음	
낱개	

11

10개씩 묶음	1
낱개	3

➡ ( )

12

(12) ➡

10개씩 묶음	
낱개	

수를 세어 □ 안에 수를 쓰고, 두 가지 방법으로 읽어 보시오. (13 ~ 16)

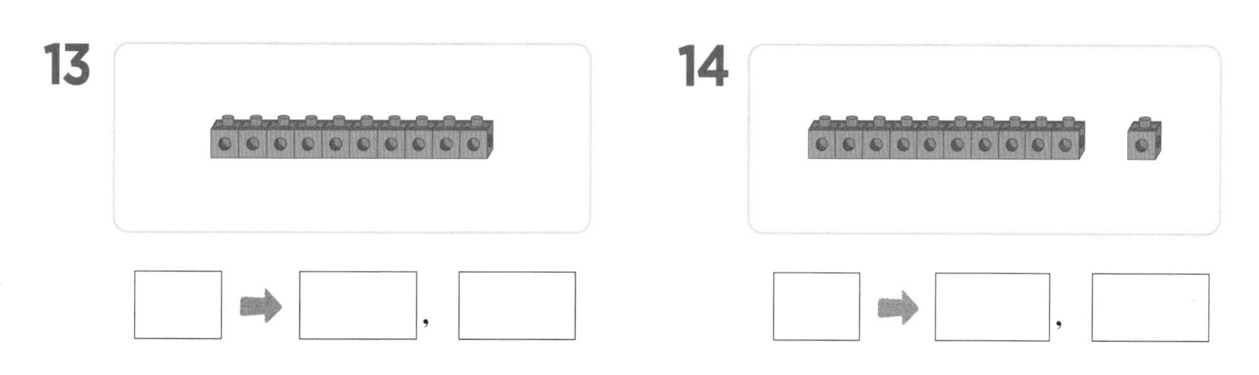

13

□ ➡ □, □

14

□ ➡ □, □

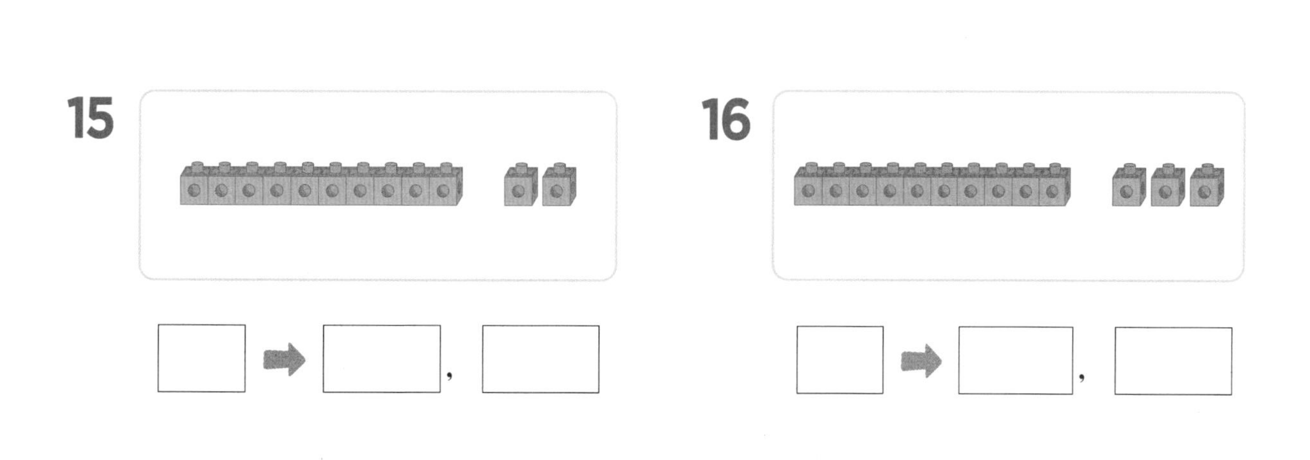

15

□ ➡ □, □

16

□ ➡ □, □

2 십 몇 알아보기(2)

10개씩 묶음 수	낱개	수	읽기	
1	4	14	십사	열넷
1	5	15	십오	열다섯
1	6	16	십육	열여섯

수를 세어 □ 안에 알맞은 수를 써넣으시오. (1~4)

1 **2**

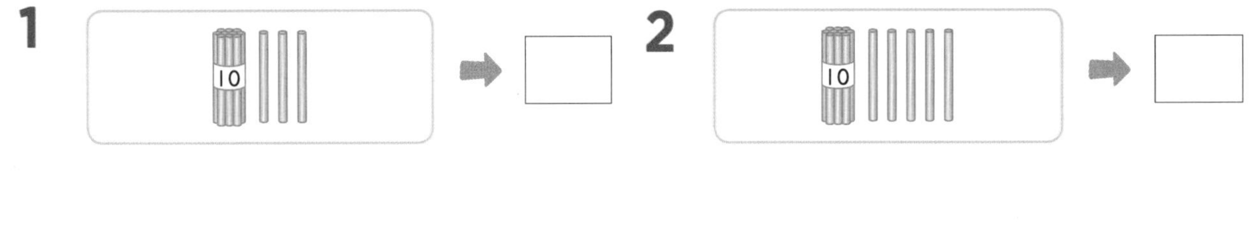

3 **4**

연결큐브의 수를 세어 알맞은 말에 ○표 하시오. (5~8)

5

(십삼, 십사, 열셋, 열넷)

6

(십사, 십오, 열넷, 열다섯)

7

(십오, 십육, 열다섯, 열여섯)

8

(십사, 십오, 열넷, 열다섯)

계산은 빠르고 정확하게!

걸린 시간	1~4분	4~6분	6~8분
맞은 개수	15~16개	12~14개	1~11개
평가	참 잘했어요.	잘했어요.	좀더 노력해요.

빈 곳에 알맞은 수를 써넣으시오. (9 ~ 12)

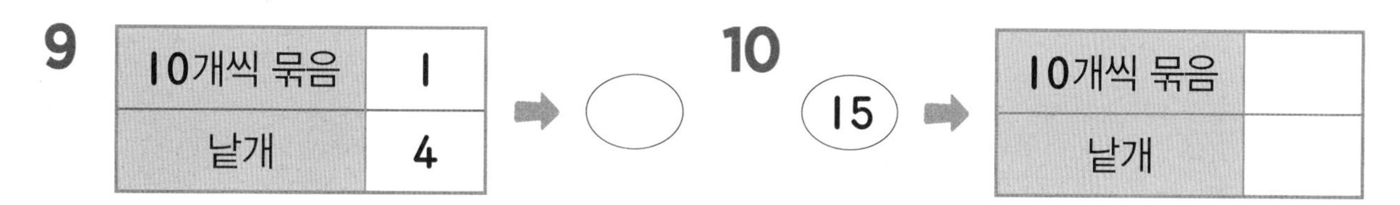

9

10개씩 묶음	1
낱개	4

➡ ( )

10

(15) ➡

10개씩 묶음	
낱개	

11

10개씩 묶음	1
낱개	3

➡ ( )

12

(16) ➡

10개씩 묶음	
낱개	

수를 세어 □ 안에 수를 쓰고, 두 가지 방법으로 읽어 보시오. (13 ~ 16)

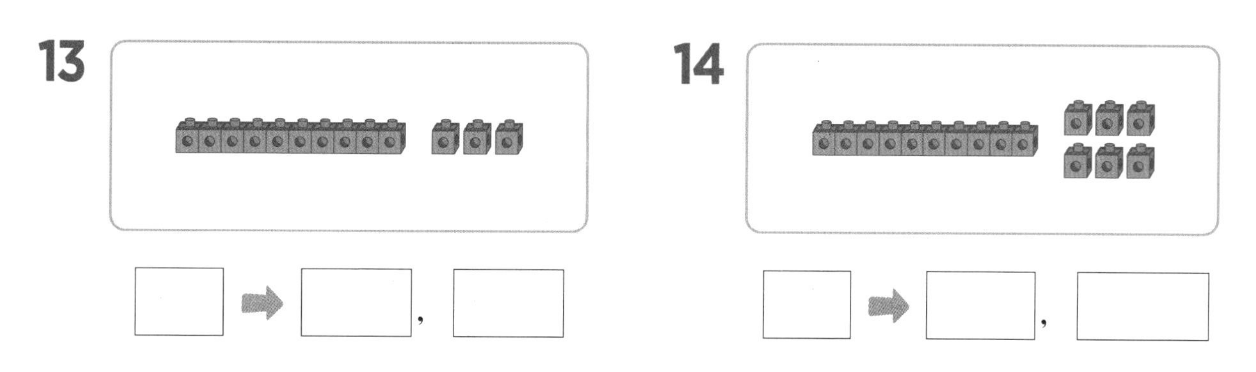

13

□ ➡ □, □

14

□ ➡ □, □

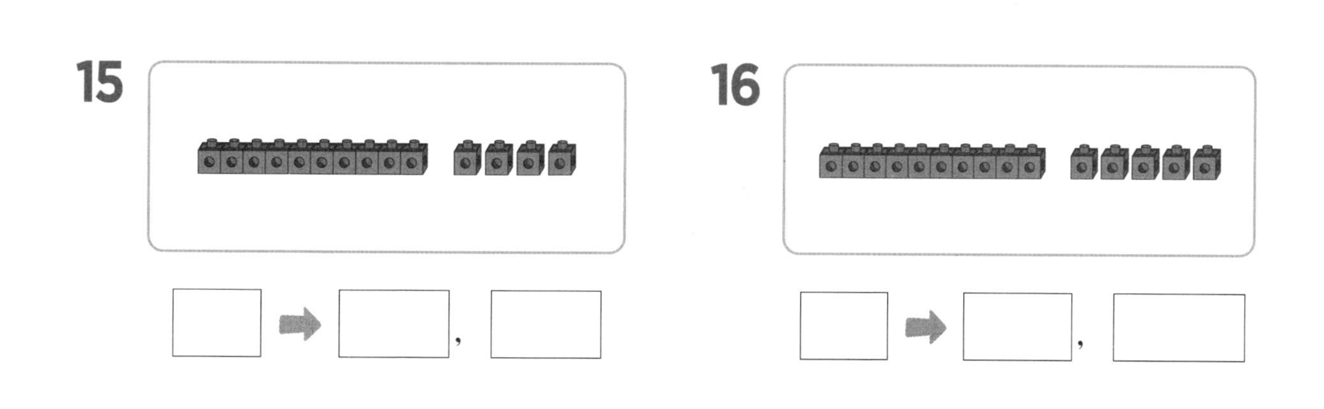

15

□ ➡ □, □

16

□ ➡ □, □

2 십 몇 알아보기(3)

10개씩 묶음 수	낱개	수	읽기	
1	7	17	십칠	열일곱
1	8	18	십팔	열여덟
1	9	19	십구	열아홉

수를 세어 □ 안에 알맞은 수를 써넣으시오. (1~4)

1 10 → □

2 10 → □

3 10 → □

4 10 → □

연결큐브의 수를 세어 알맞은 말에 ○표 하시오. (5~8)

5 (십육, 십칠, 열여섯, 열일곱)

6 (열여섯, 열일곱, 십육, 십칠)

7 (십칠, 십팔, 열일곱, 열여덟)

8 (열여덟, 열아홉, 십팔, 십구)

계산은 빠르고 정확하게!

걸린 시간	1~4분	4~6분	6~8분
맞은 개수	15~16개	12~14개	1~11개
평가	참 잘했어요.	잘했어요.	좀더 노력해요.

빈 곳에 알맞은 수를 써넣으시오. (9 ~ 12)

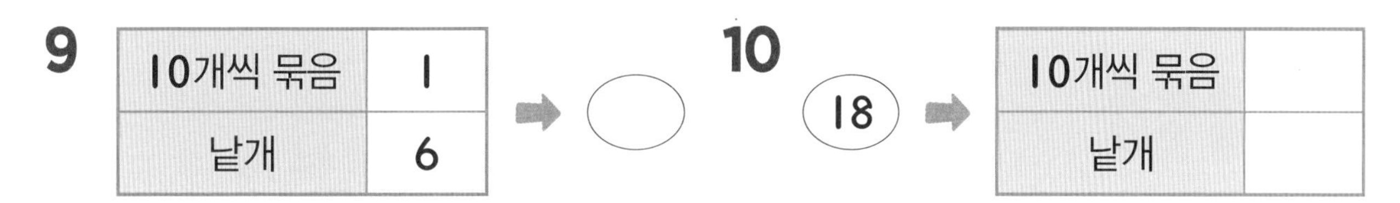

9

10개씩 묶음	1
낱개	6

10

10개씩 묶음	
낱개	

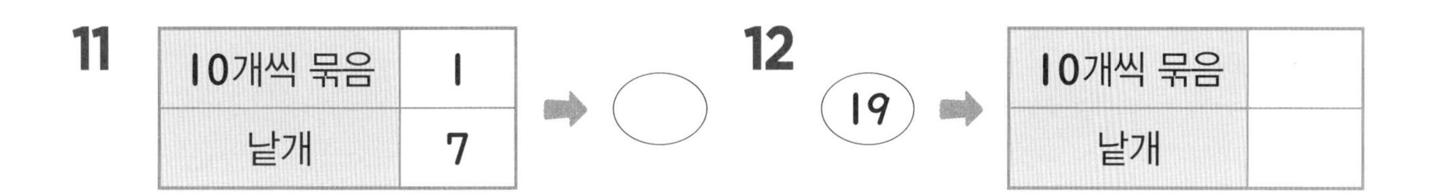

11

10개씩 묶음	1
낱개	7

12

10개씩 묶음	
낱개	

수를 세어 □ 안에 수를 쓰고, 두 가지 방법으로 읽어 보시오. (13 ~ 16)

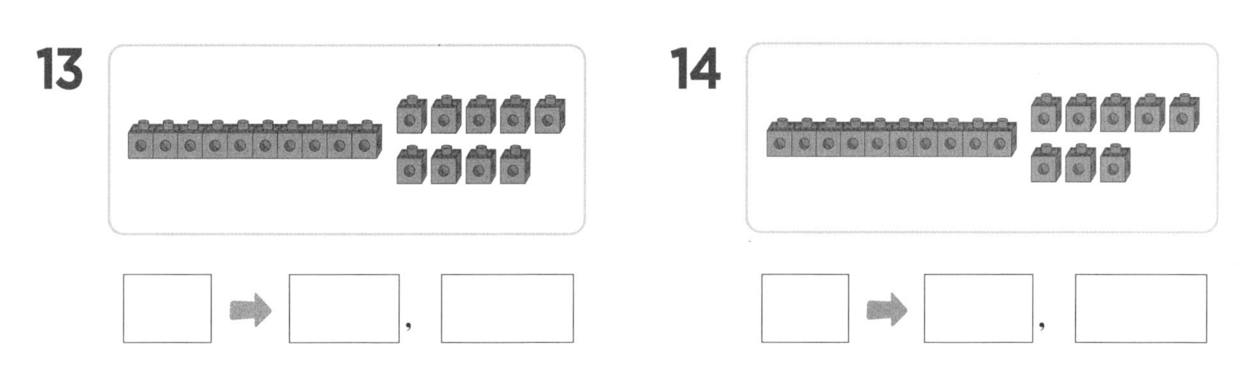

13 **14**

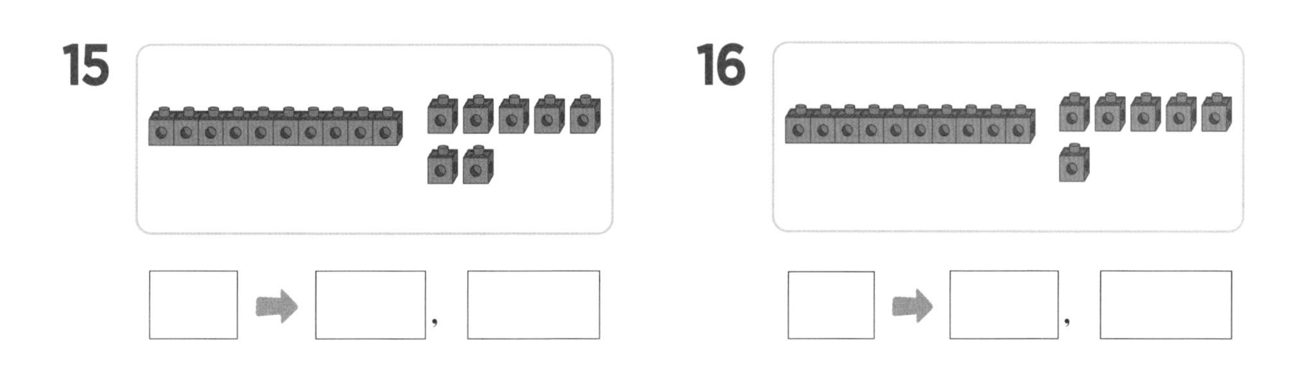

15 **16**

3 19까지의 수를 모으기와 가르기(1)

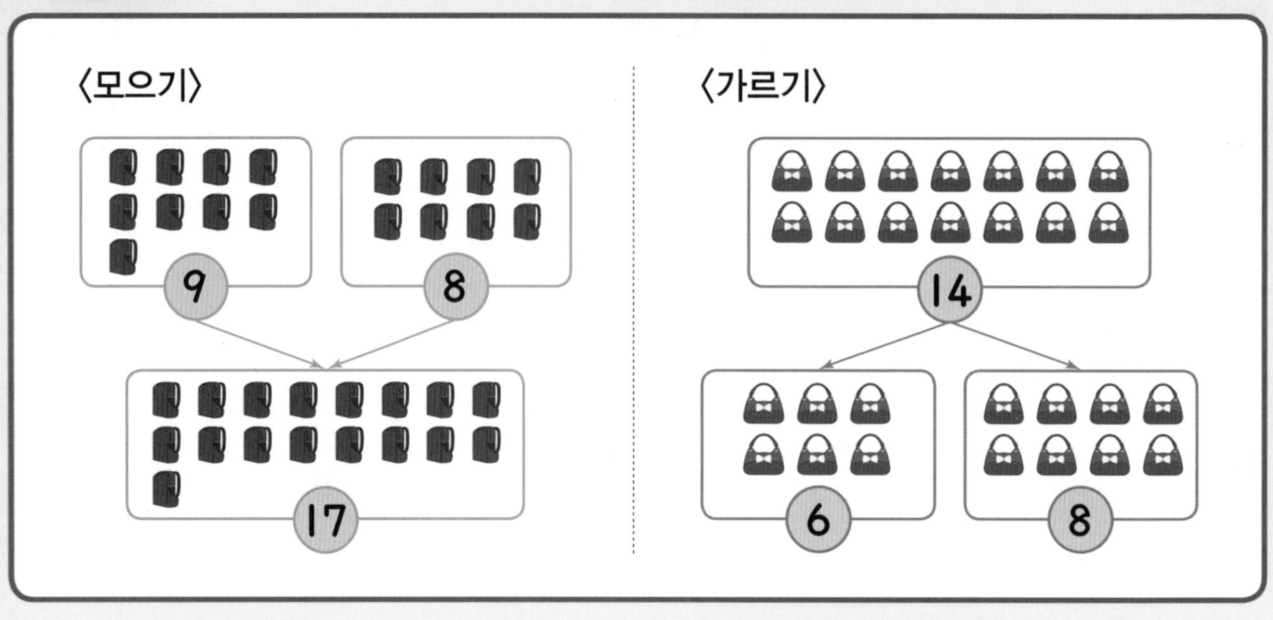

빈 곳에 알맞은 수만큼 ○를 그려 보시오. (1~6)

1

2

3

4

5

6

계산은 빠르고 정확하게!

걸린 시간	1~5분	5~8분	8~10분
맞은 개수	11~12개	8~10개	1~7개
평가	참 잘했어요.	잘했어요.	좀더 노력해요.

그림을 보고 빈칸에 알맞은 수를 써넣으시오. (7 ~ 12)

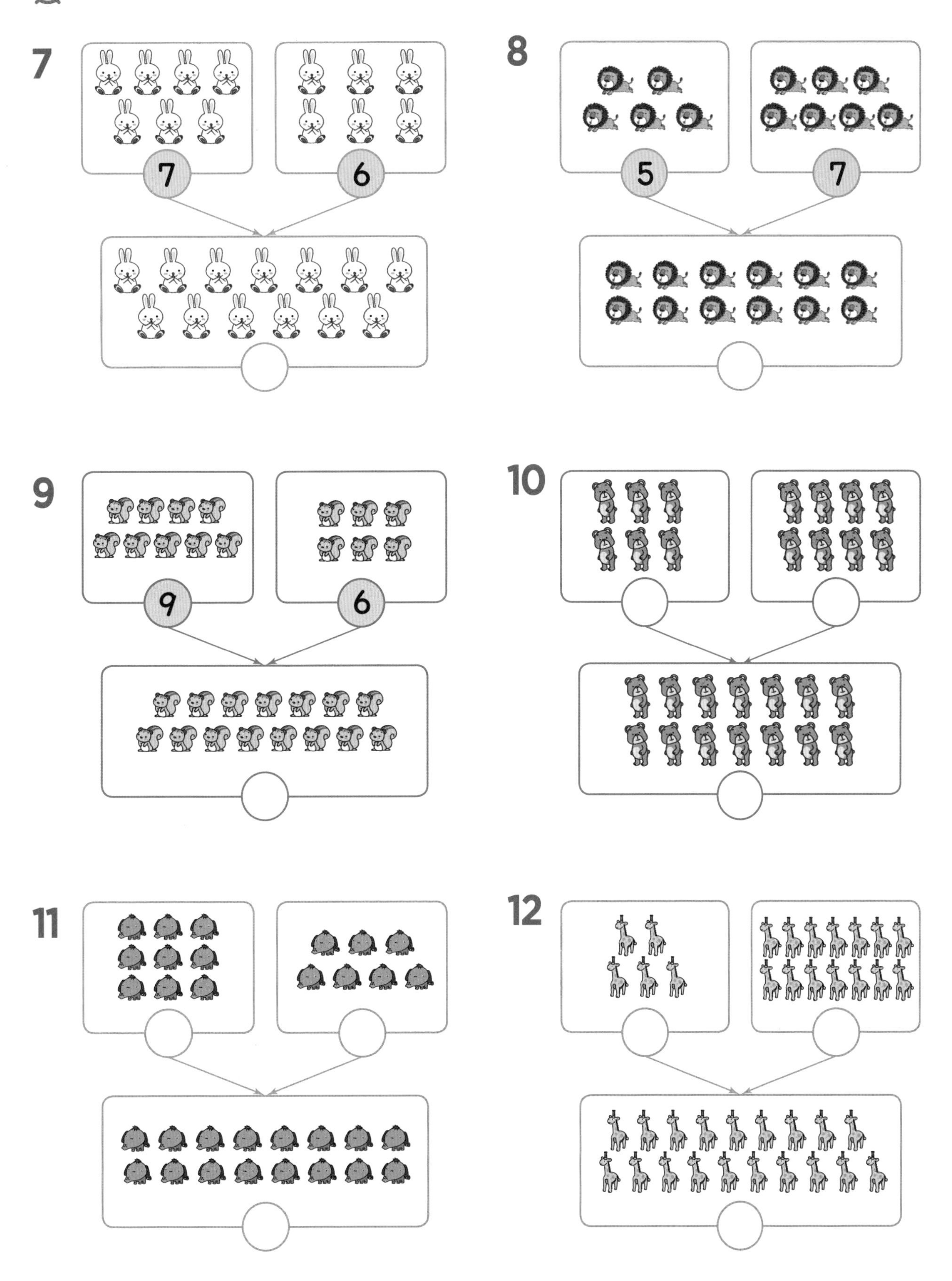

3 19까지의 수를 모으기와 가르기(2)

빈 곳에 알맞은 수만큼 ○를 그려 보시오. (1~8)

1
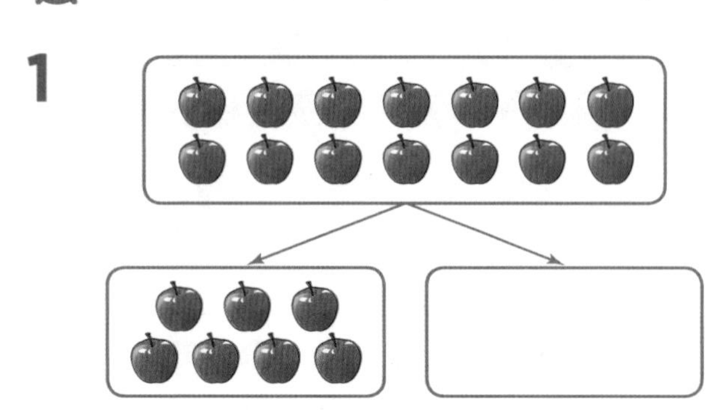

2
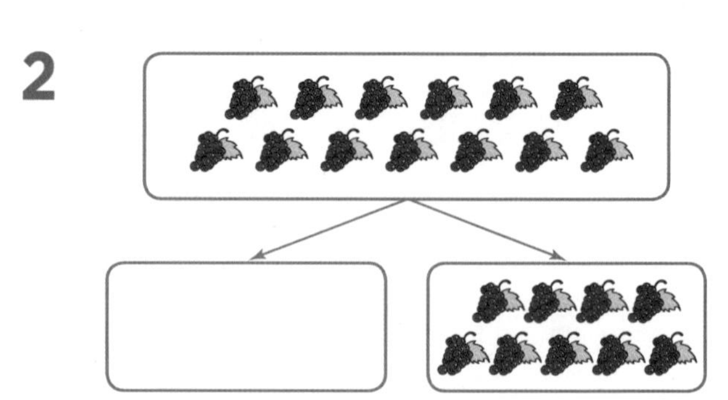

3
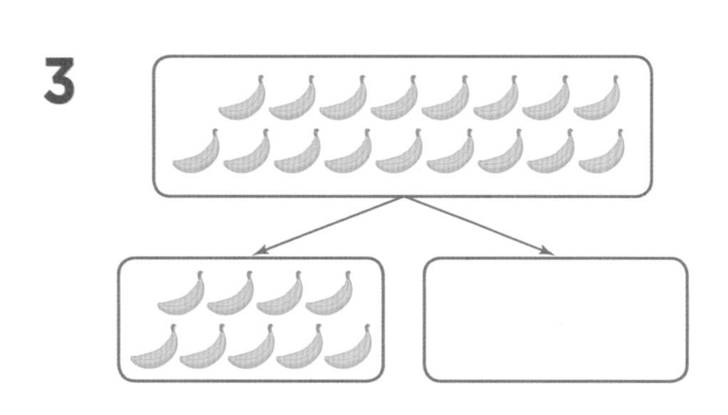

4
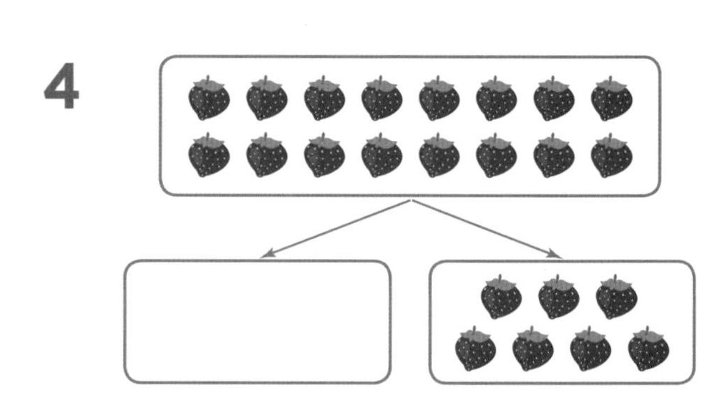

5
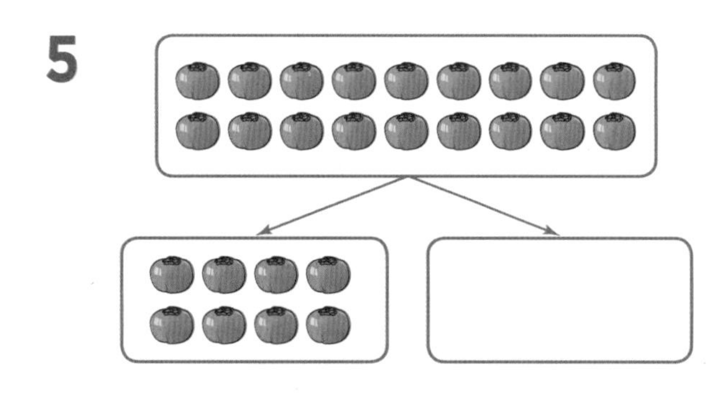

6
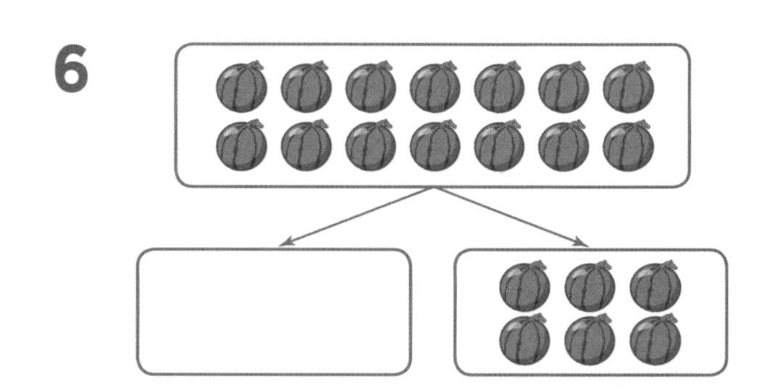

7
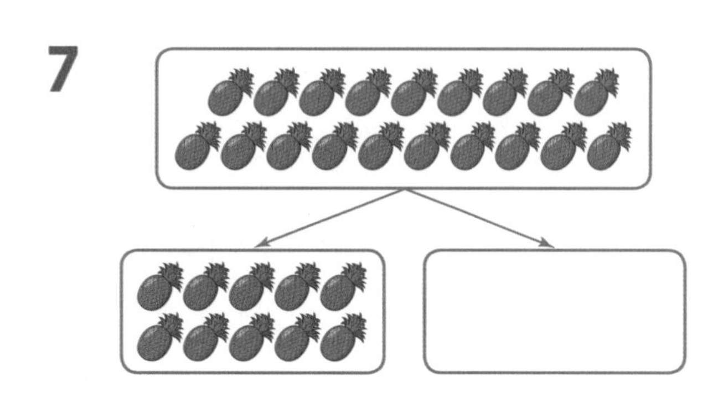

8
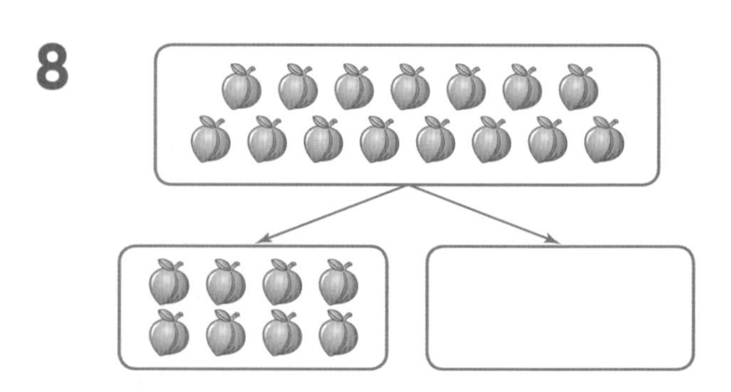

계산은 빠르고 정확하게!

걸린 시간	1~5분	5~8분	8~10분
맞은 개수	13~14개	10~12개	1~9개
평가	참 잘했어요.	잘했어요.	좀더 노력해요.

그림을 보고 빈칸에 알맞은 수를 써넣으시오. (9 ~ 14)

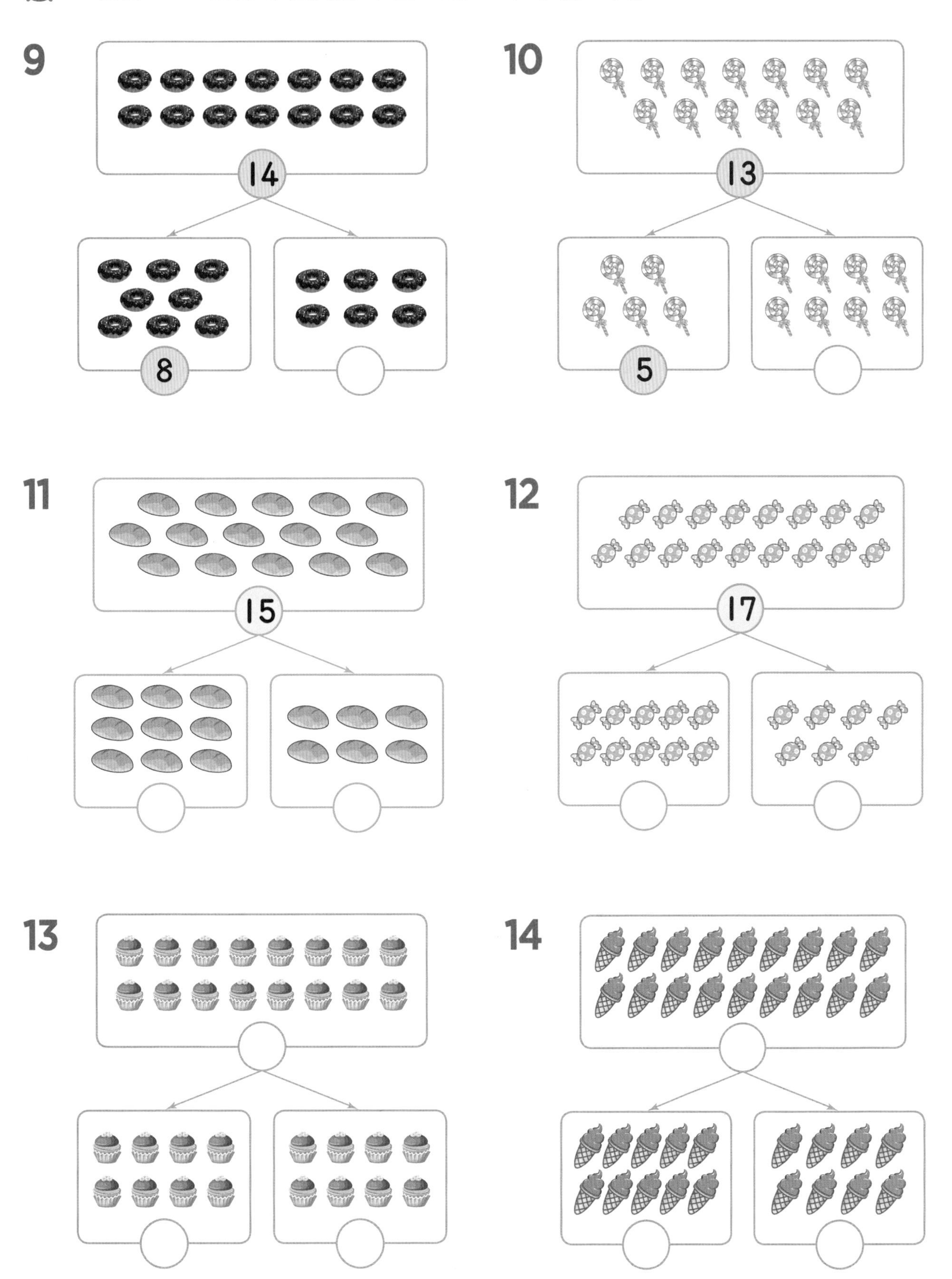

3 19까지의 수를 모으기와 가르기(3)

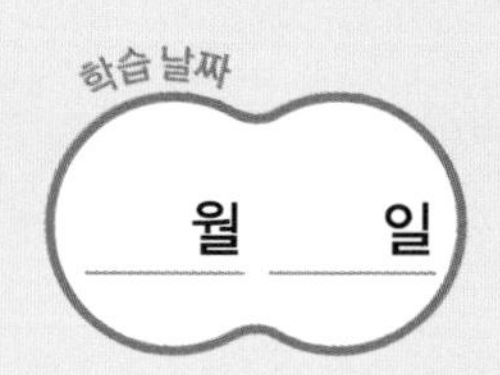

빈칸에 알맞은 수를 써넣으시오. (1 ~ 15)

1
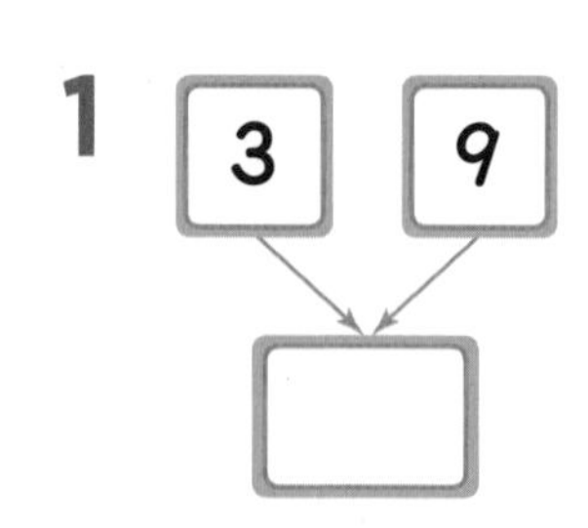

2
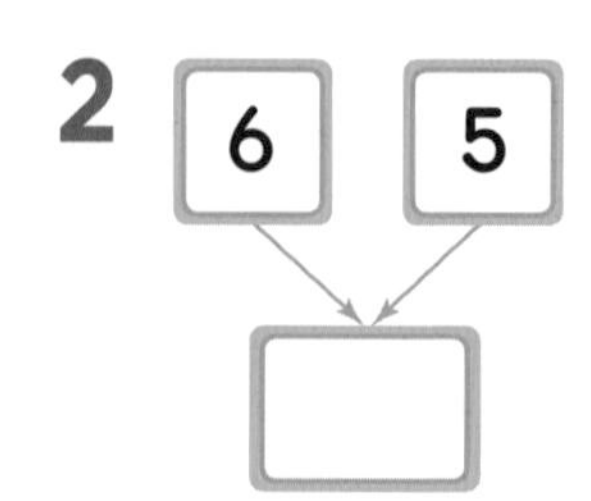

3
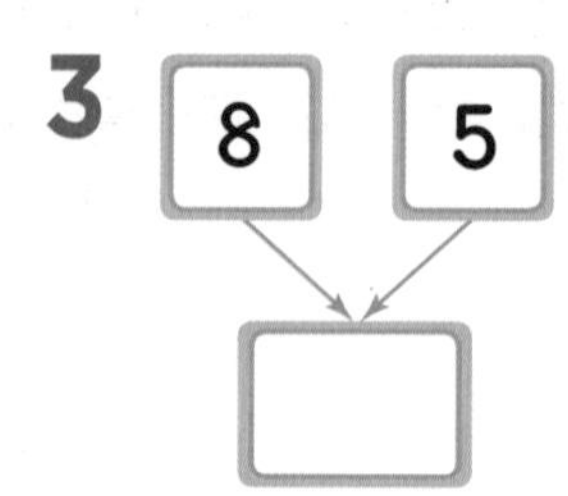

4
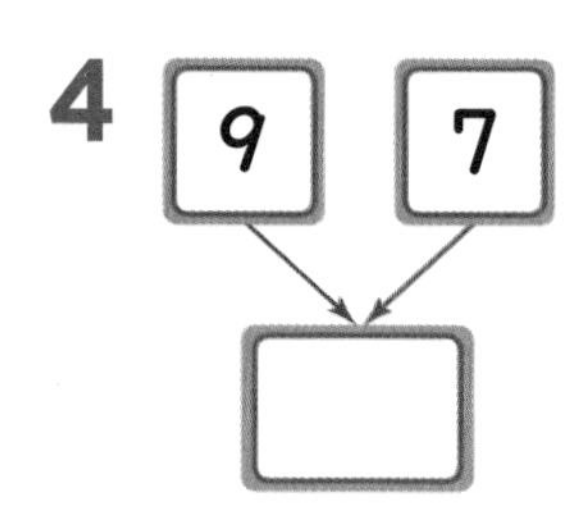

5
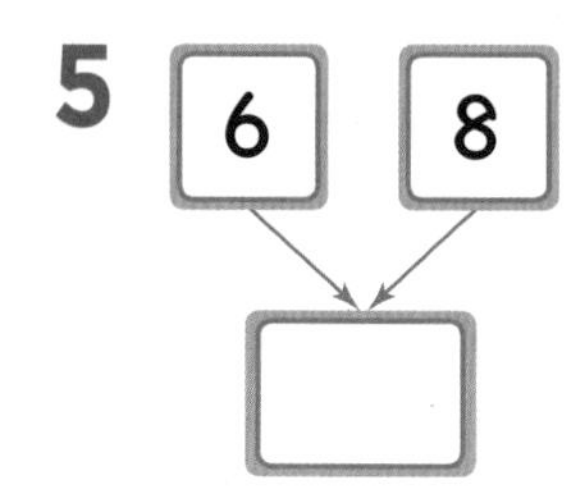

6
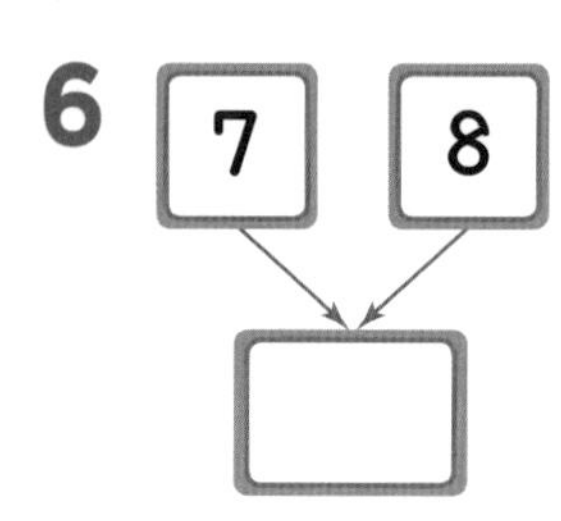

7
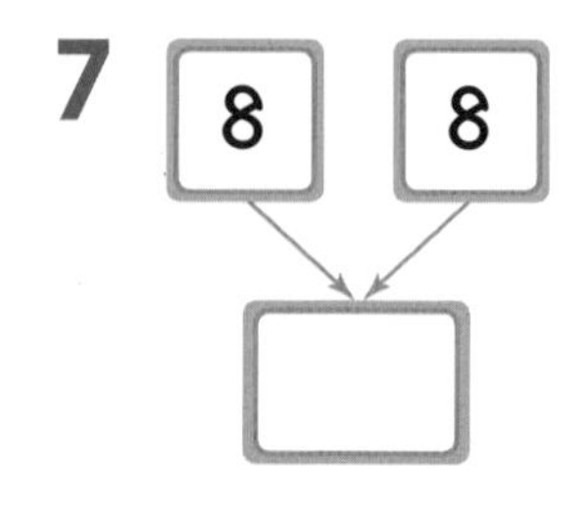

8
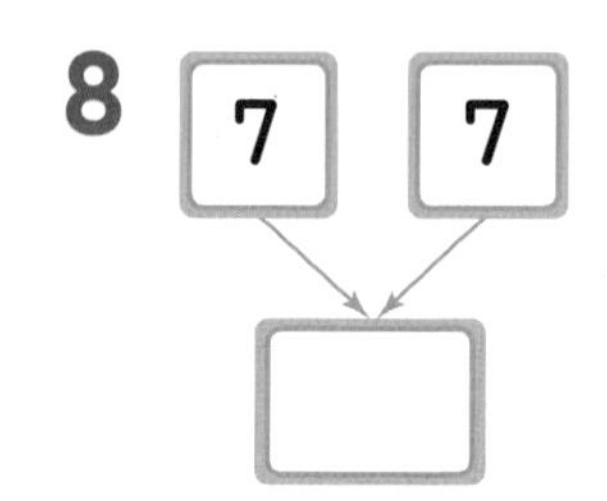

9
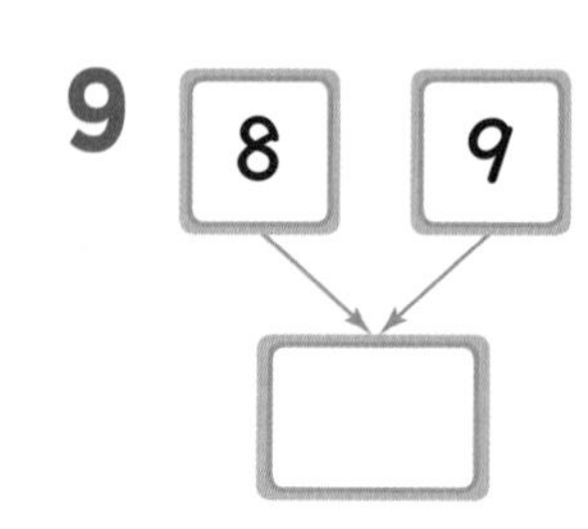

10 11 3 → ☐

11 12 4 → ☐

12
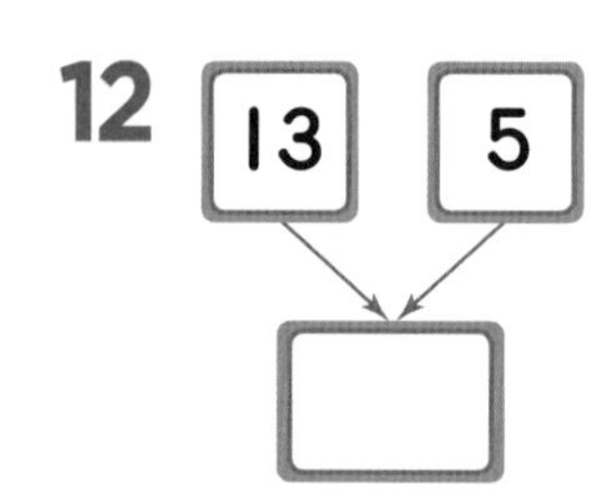

13 4 11 → ☐

14 5 12 → ☐

15
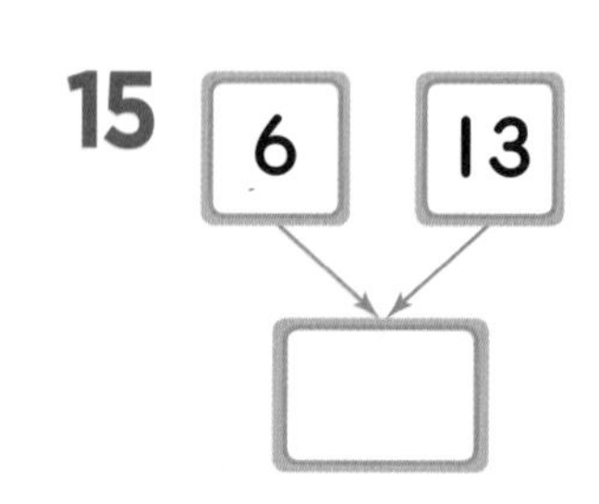

계산은 빠르고 정확하게!

걸린 시간	1~10분	10~15분	15~20분
맞은 개수	27~30개	21~26개	1~20개
평가	참 잘했어요.	잘했어요.	좀더 노력해요.

빈칸에 알맞은 수를 써넣으시오. (16 ~ 30)

16
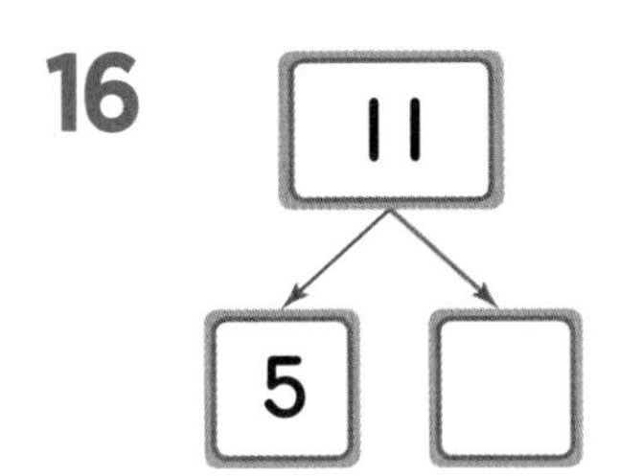

17
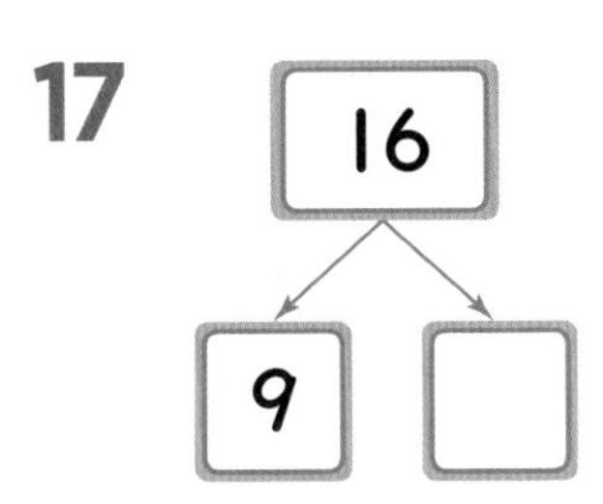

18
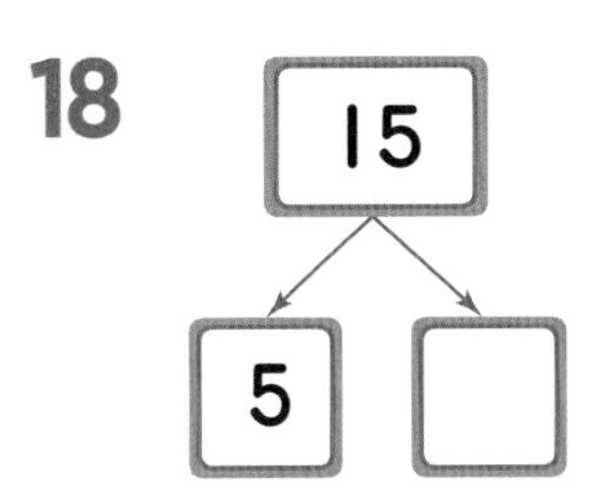

19
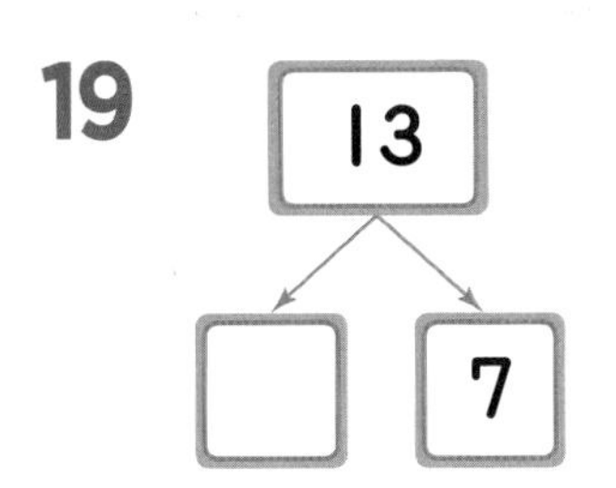

20
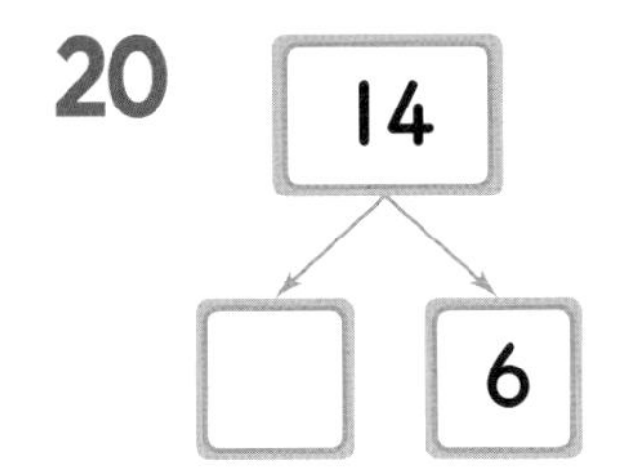

21
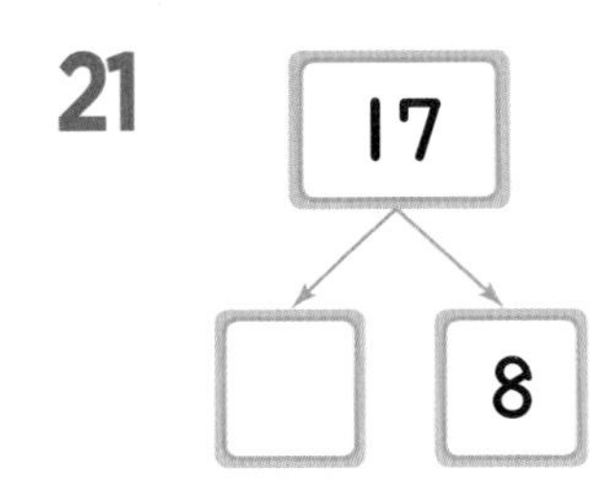

22
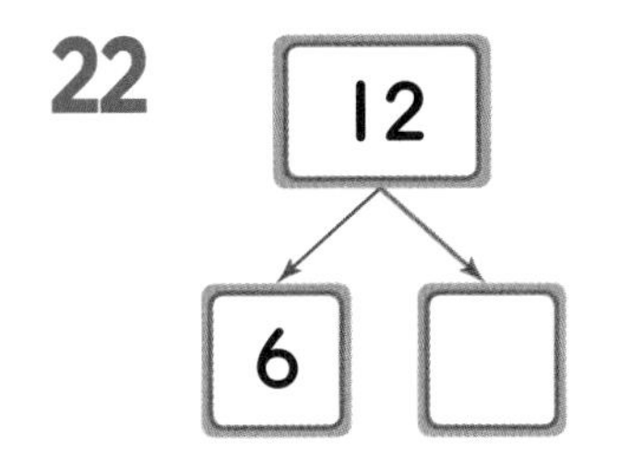

23
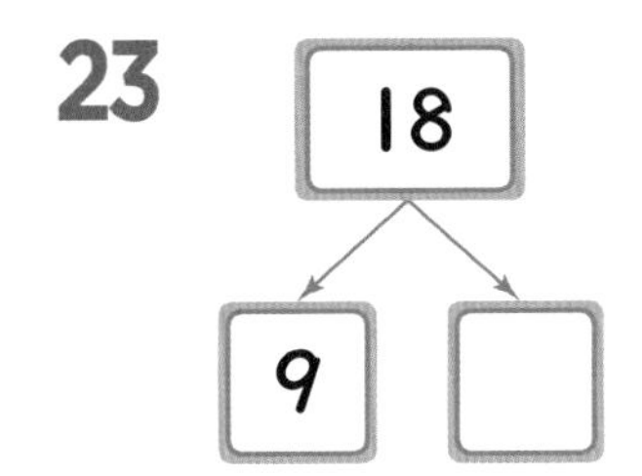

24
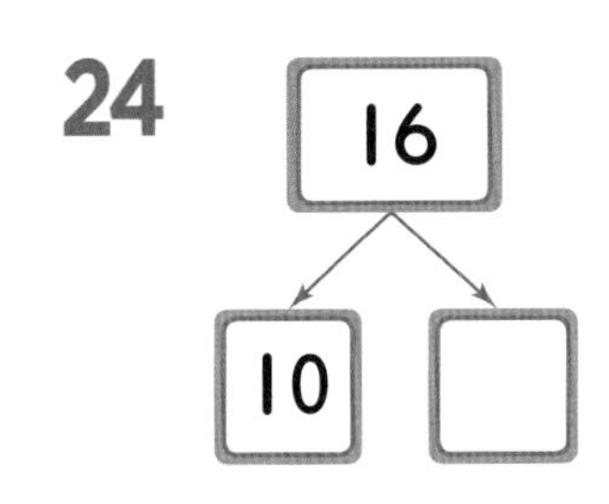

25
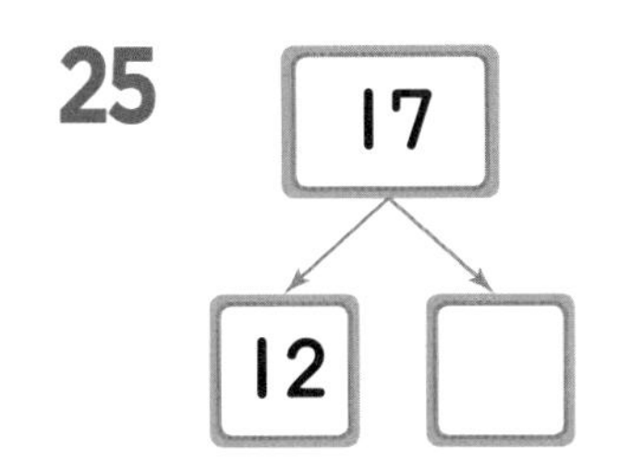

26
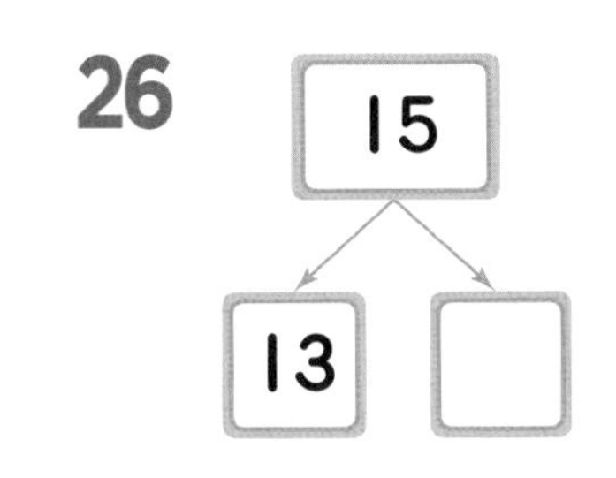

27
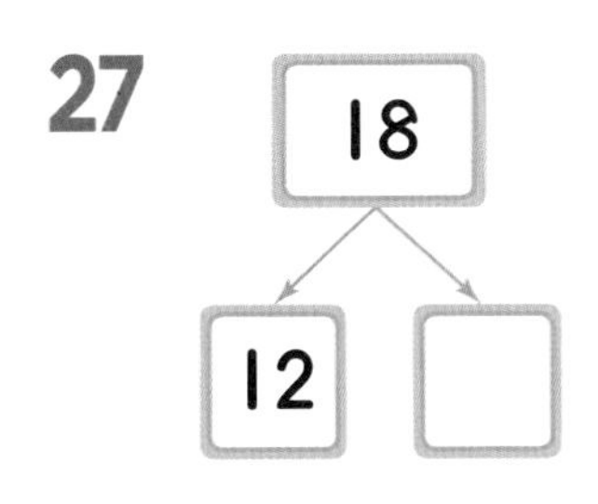

28
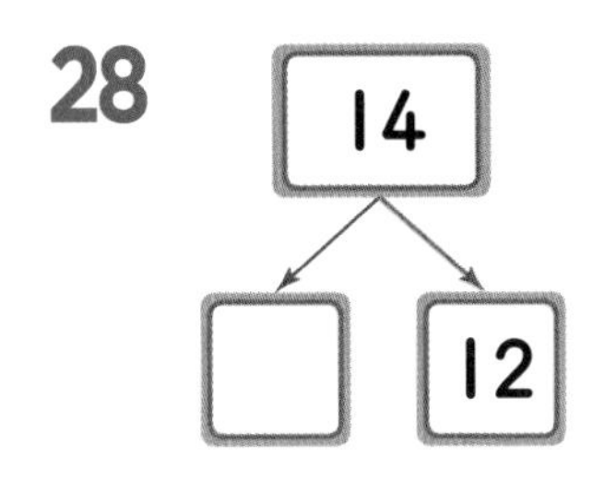

29
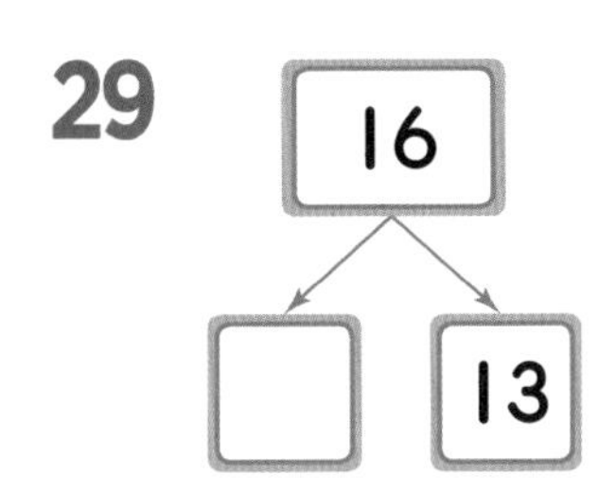

30
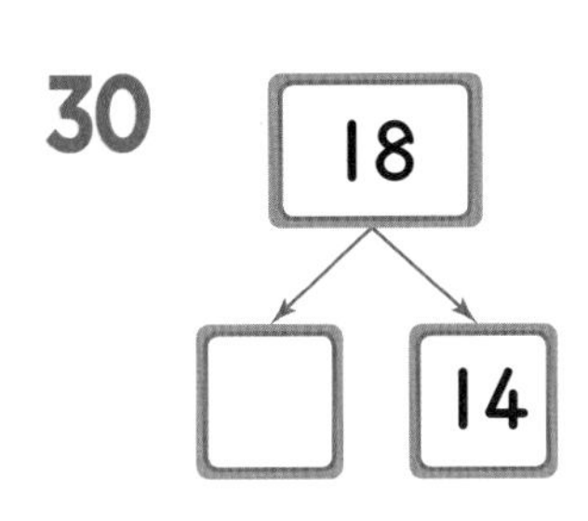

4 수의 크기 비교(1)

16 ○○○○○○○○○○○○○○○○

18 ○○○○○○○○○○○○○○○○○○

16은 18보다 작습니다.
18은 16보다 큽니다.

주어진 수만큼 ○를 그리면서 수를 세어 보고 알맞은 말에 ○표 하시오. (1~3)

1

9

12

9는 12보다 (큽니다, 작습니다).
12는 9보다 (큽니다, 작습니다).

2

13

15

13은 15보다 (큽니다, 작습니다).
15는 13보다 (큽니다, 작습니다).

3

19

17

19는 17보다 (큽니다, 작습니다).
17은 19보다 (큽니다, 작습니다).

계산은 빠르고 정확하게!

걸린 시간	1~5분	5~8분	8~10분
맞은 개수	10~11개	7~9개	1~6개
평가	참 잘했어요.	잘했어요.	좀더 노력해요.

연필의 개수만큼 수를 쓰고 더 큰 수에 ○표 하시오. (4 ~ 10)

4

5

6

7

8

9

10

11

4 수의 크기 비교(2)

두 수 중 더 큰 수를 찾아 빈 곳에 써넣으시오. (1 ~ 15)

1
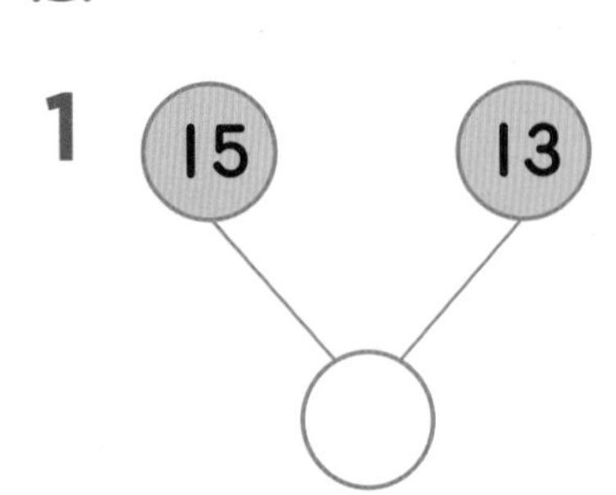

2
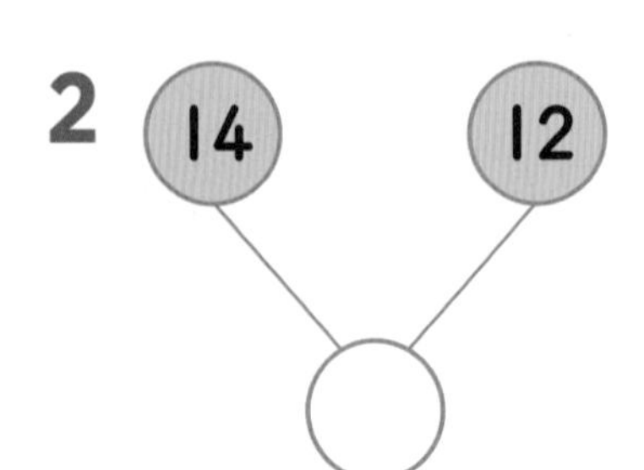

3
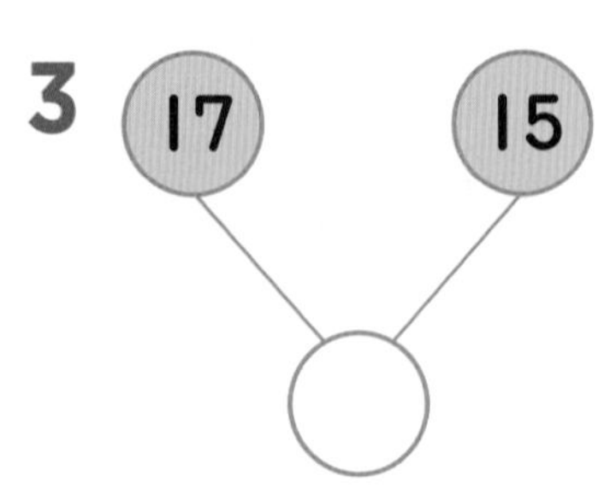

4
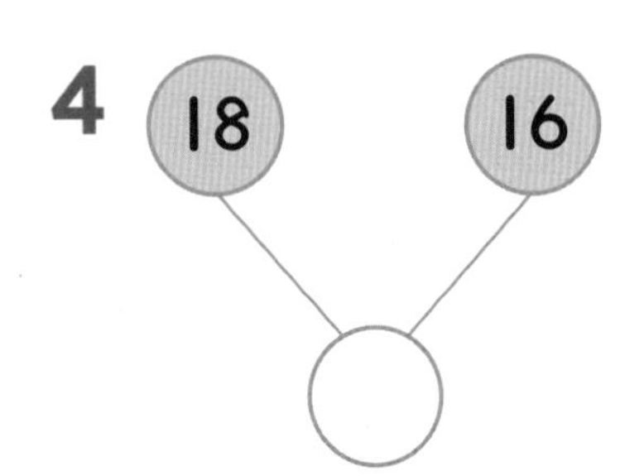

5
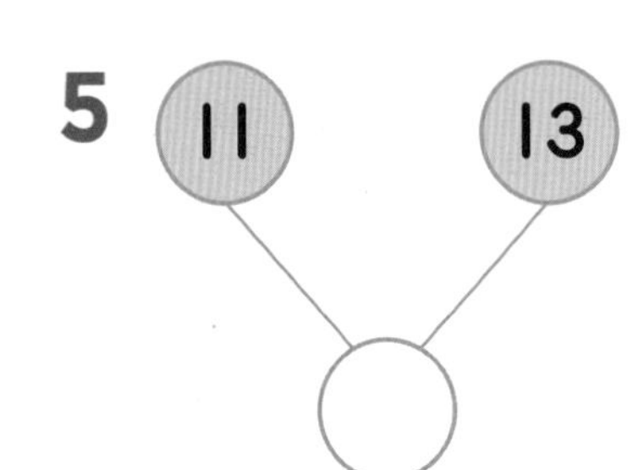

6
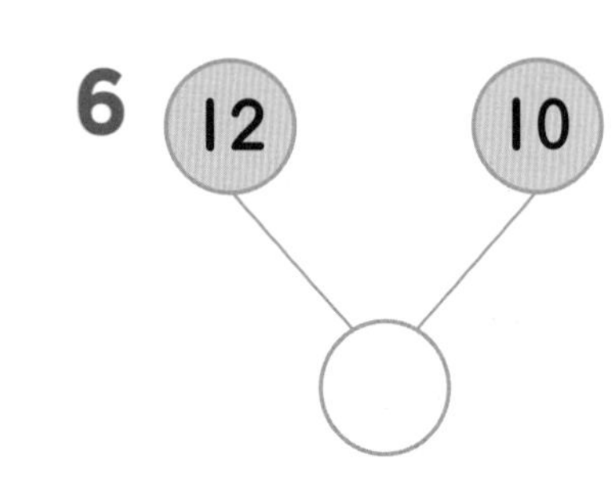

7
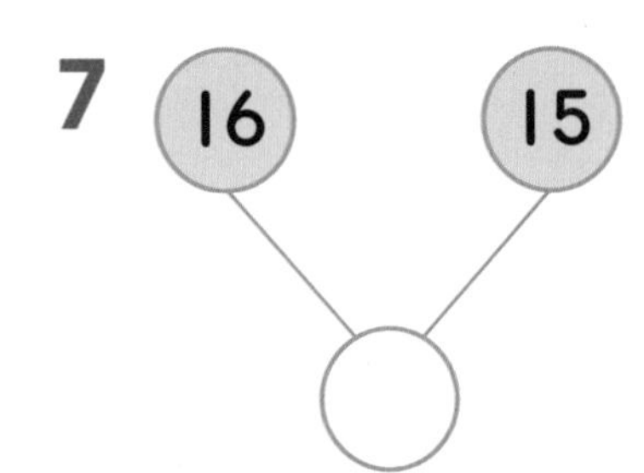

8
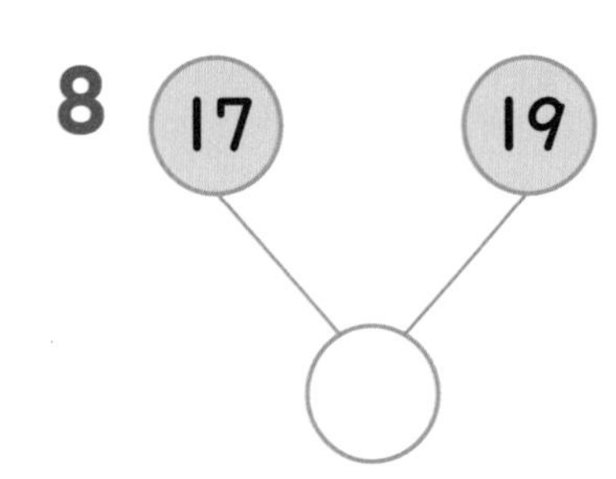

9
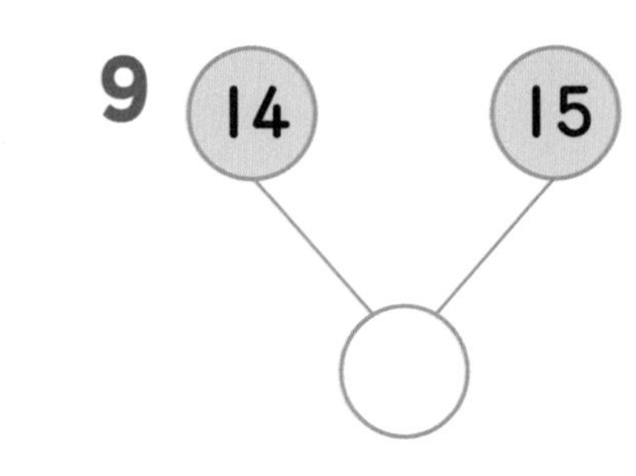

10
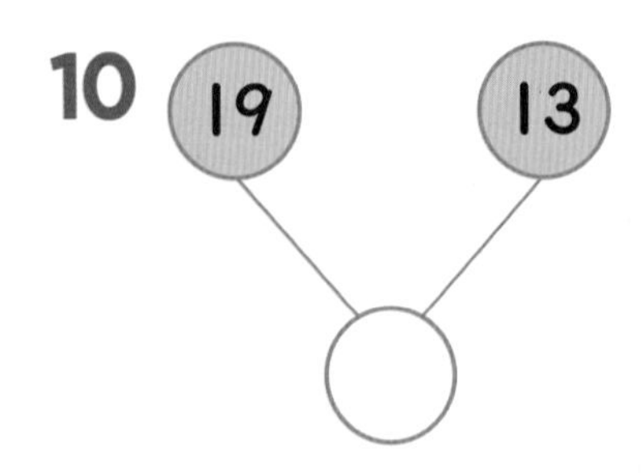

11
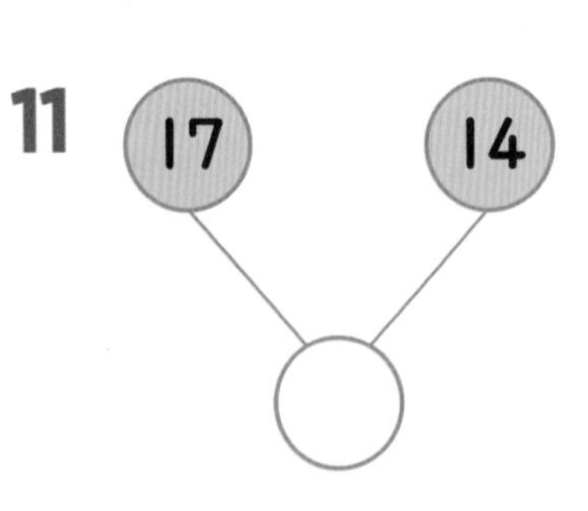

12
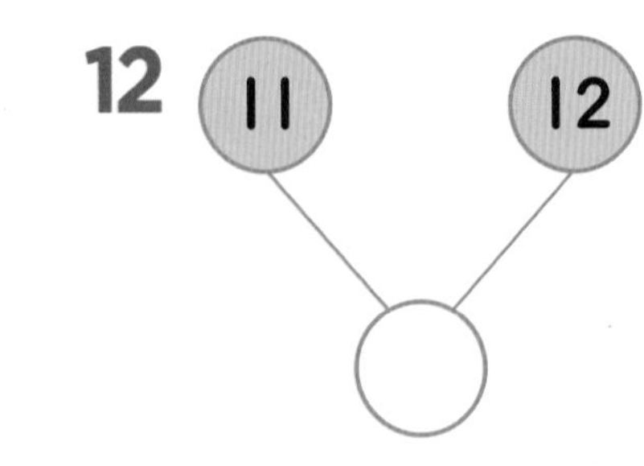

13
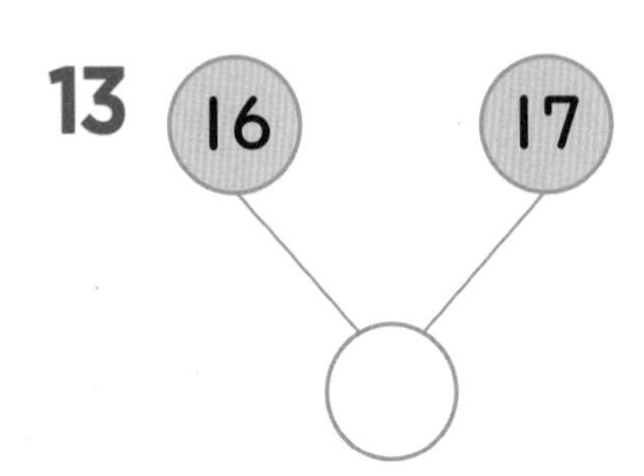

14
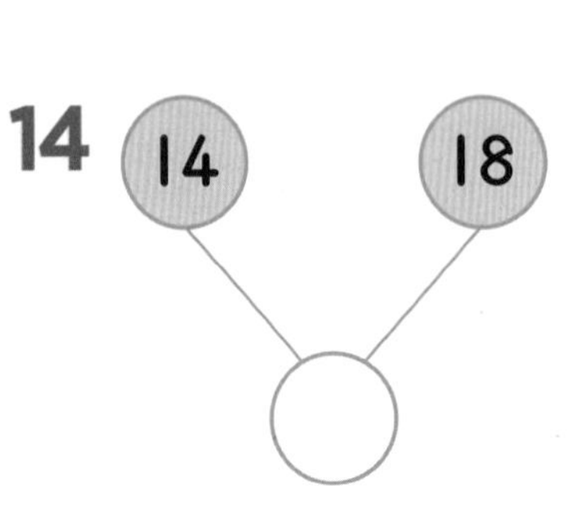

15
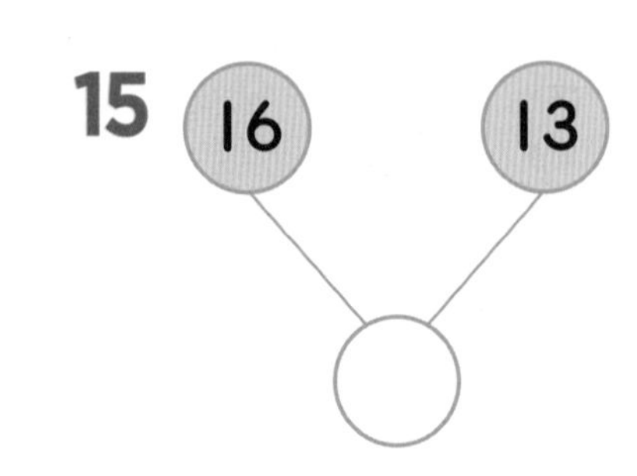

계산은 빠르고 정확하게!

걸린 시간	1~6분	6~8분	8~10분
맞은 개수	27~30개	21~26개	1~20개
평가	참 잘했어요.	잘했어요.	좀더 노력해요.

두 수 중 더 작은 수를 찾아 빈 곳에 써넣으시오. (16 ~ 30)

16
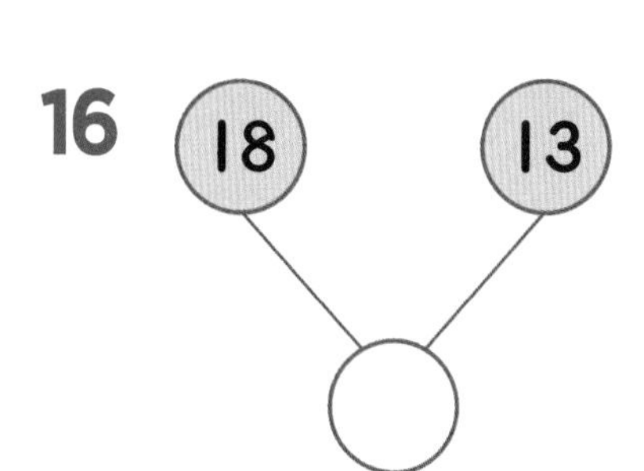

17
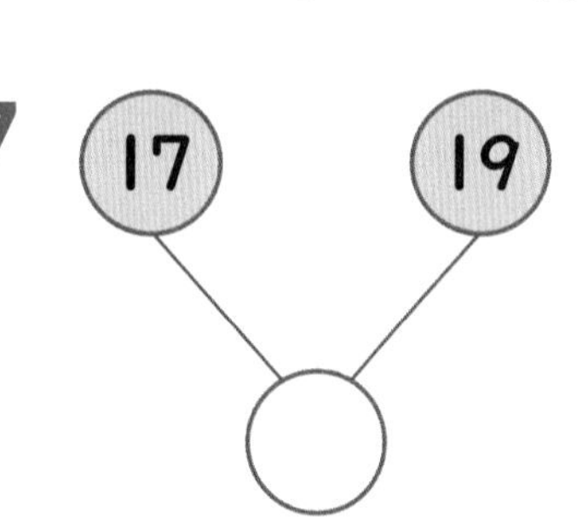

18
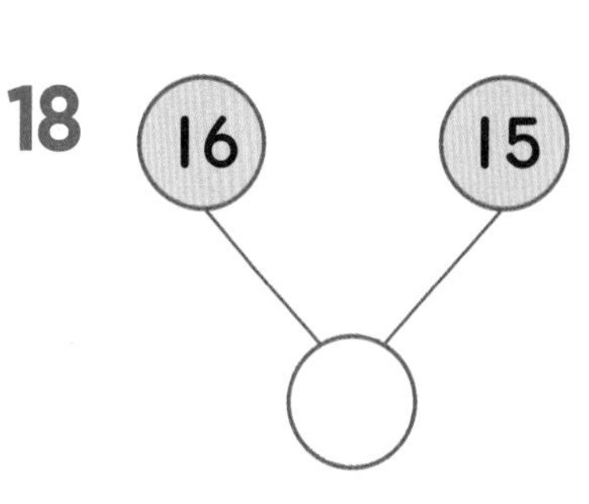

19
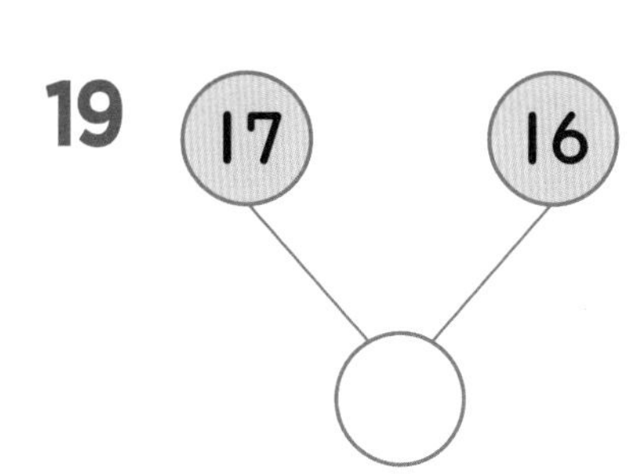

20
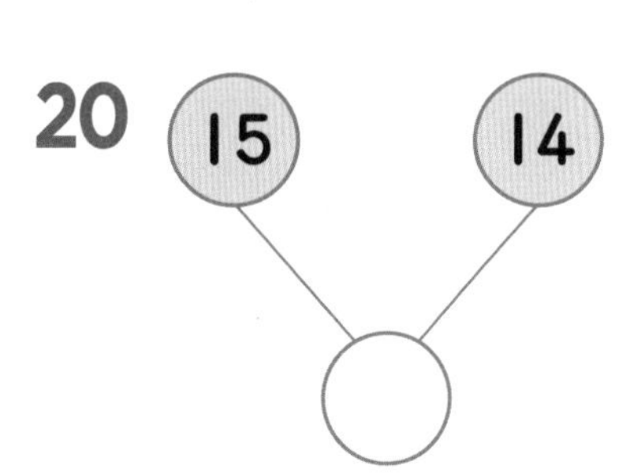

21
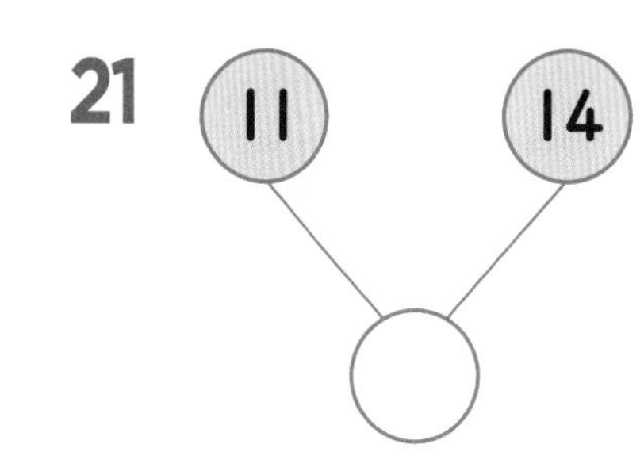

22
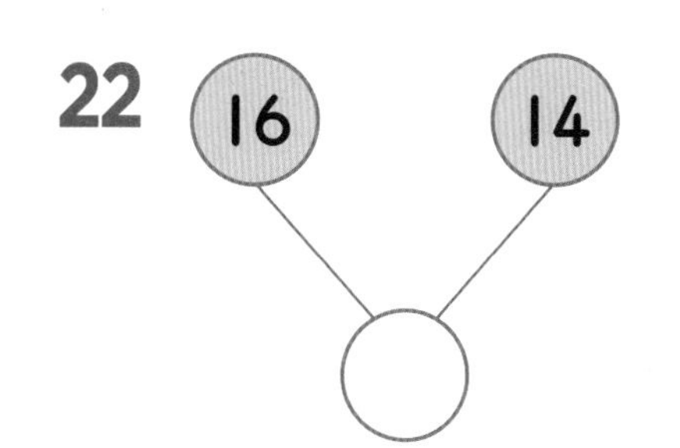

23
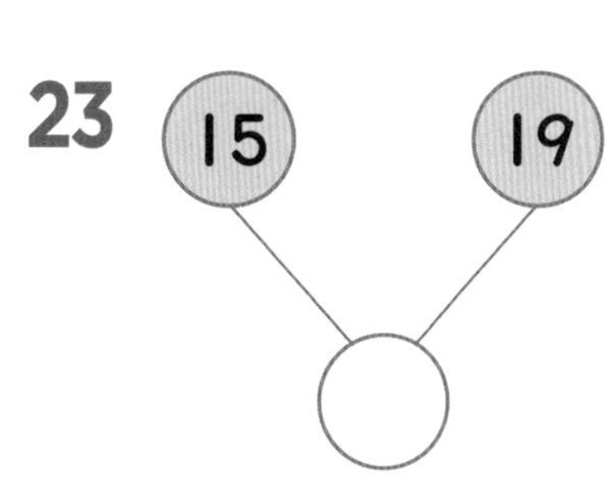

24
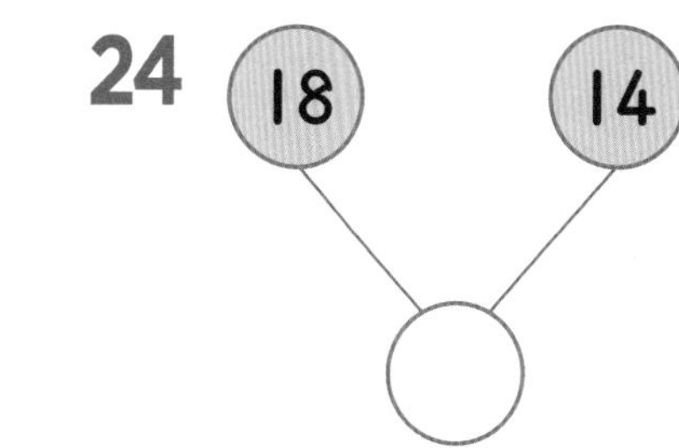

25
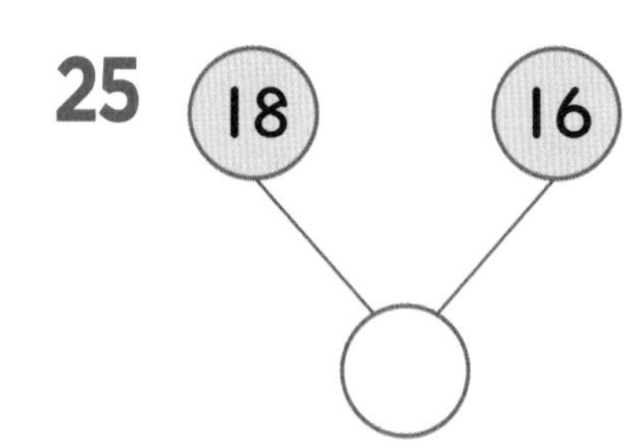

26
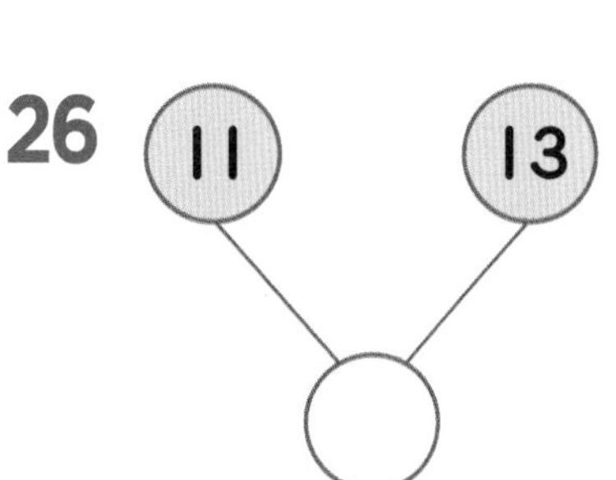

27
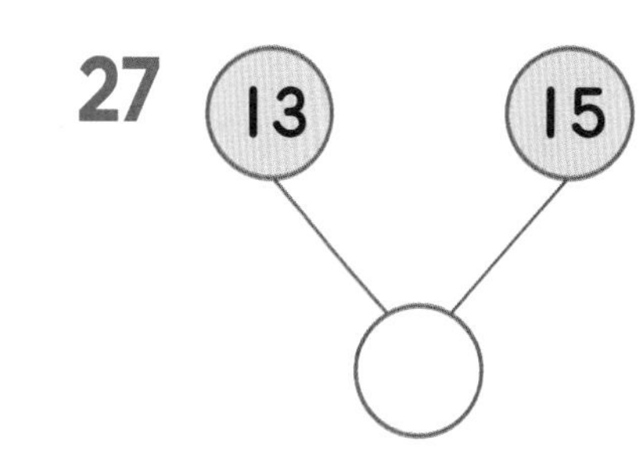

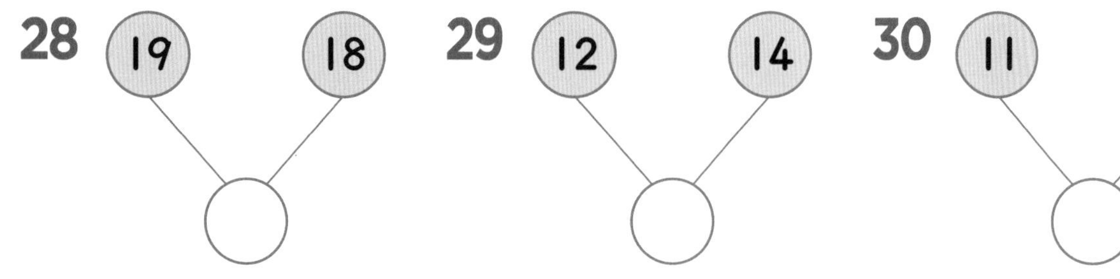

5 신기한 연산

모으기를 이용하여 빈 곳에 알맞은 수를 써넣으시오. (1 ~ 10)

1

9 4 2
13

2

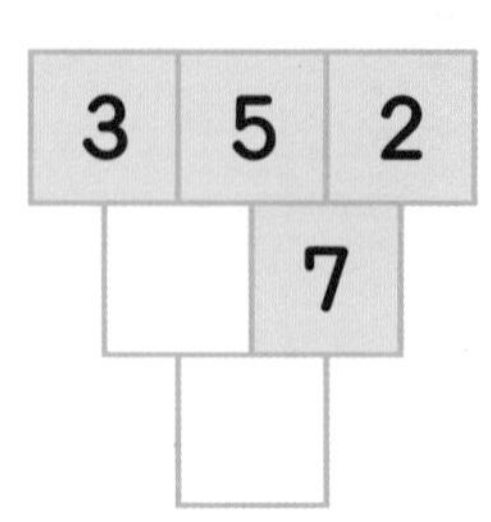

3

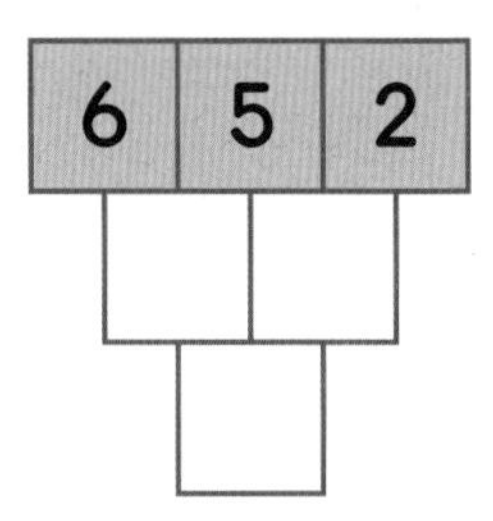

4

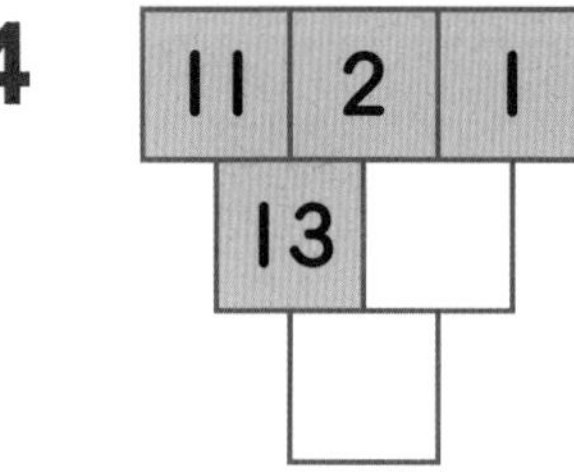

5

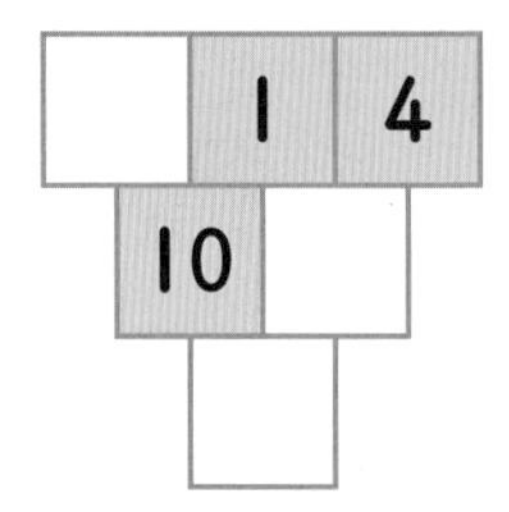

6

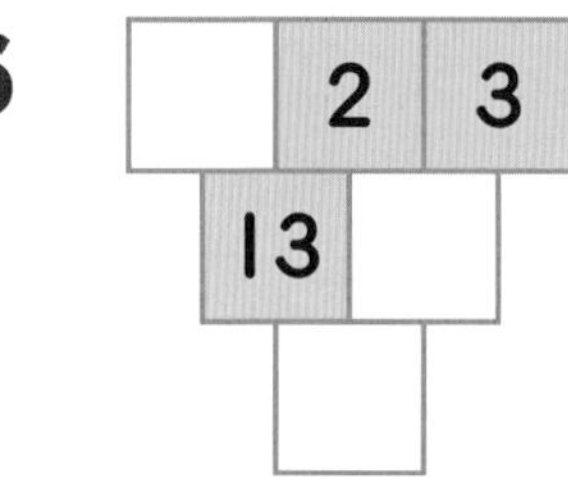

7

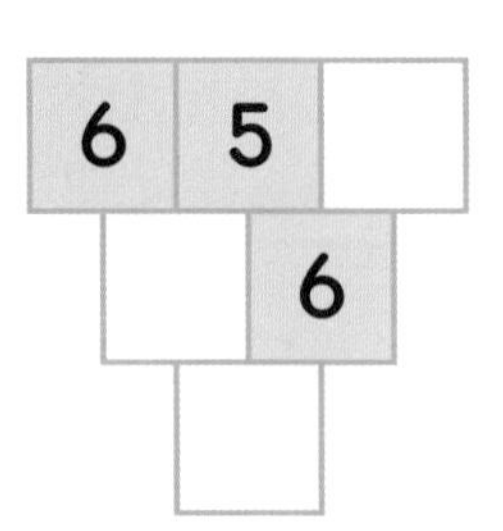

9

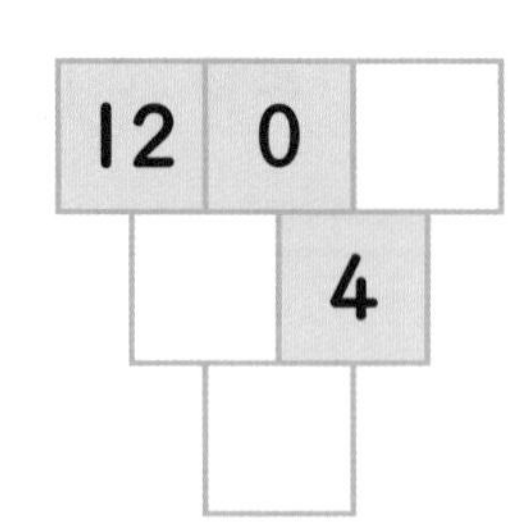

9

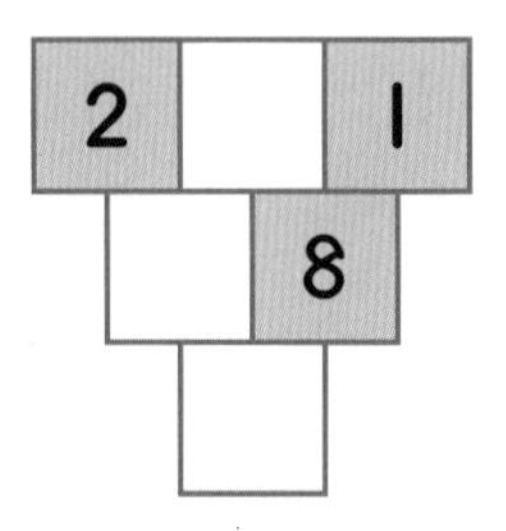

10

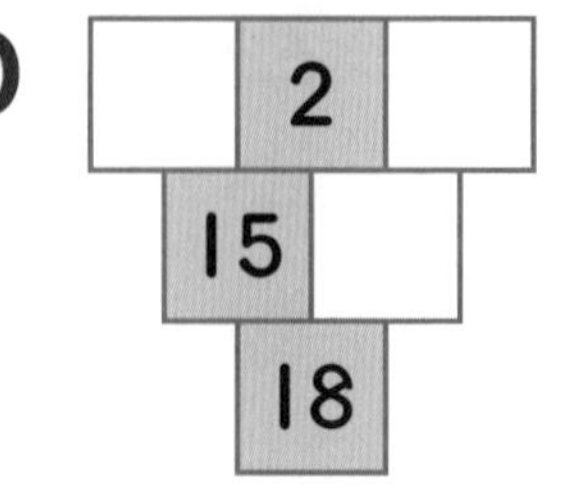

걸린 시간	1~6분	6~9분	9~12분
맞은 개수	19~20개	14~18개	1~13개
평가	참 잘했어요.	잘했어요.	좀더 노력해요.

가르기를 이용하여 빈 곳에 알맞은 수를 써넣으시오. (11 ~ 20)

11

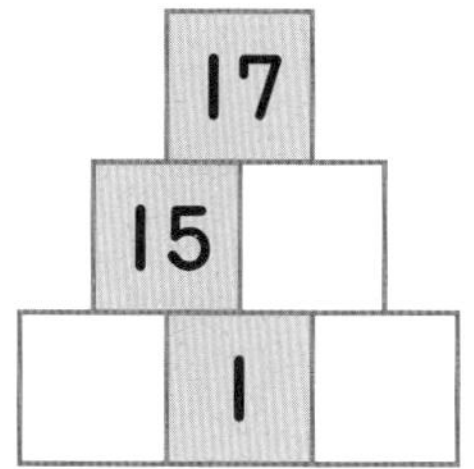

12

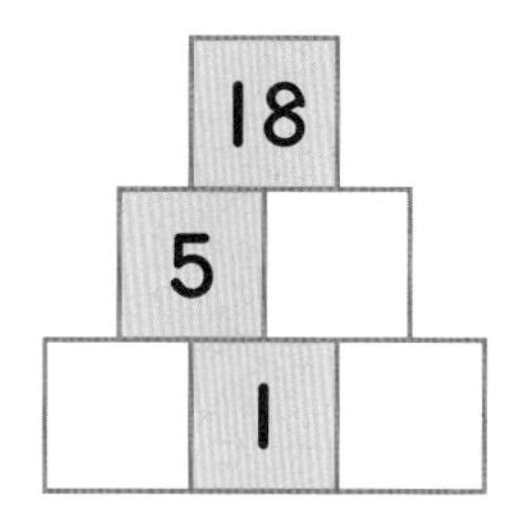

13

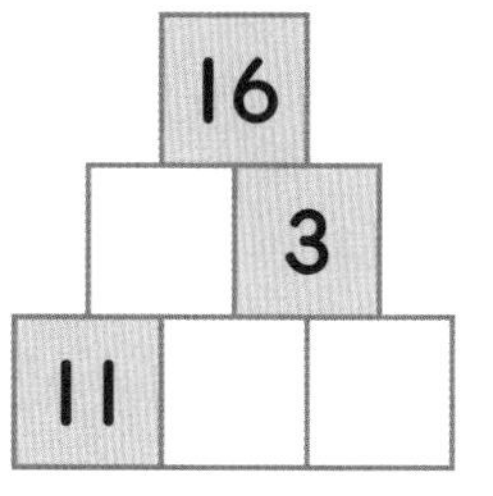

14

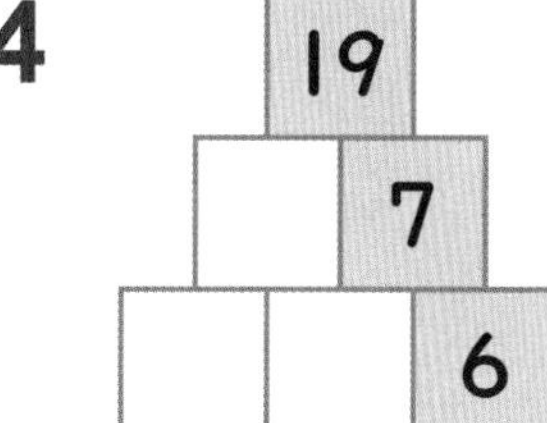

15

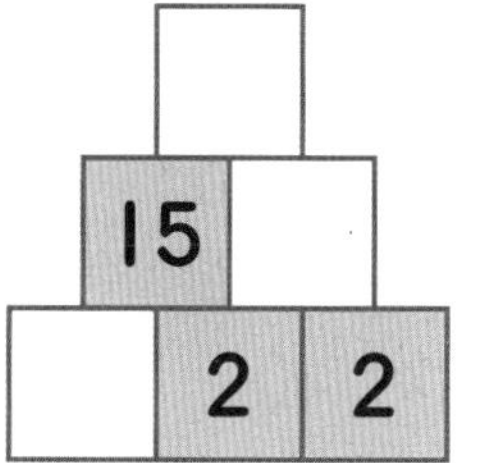

16

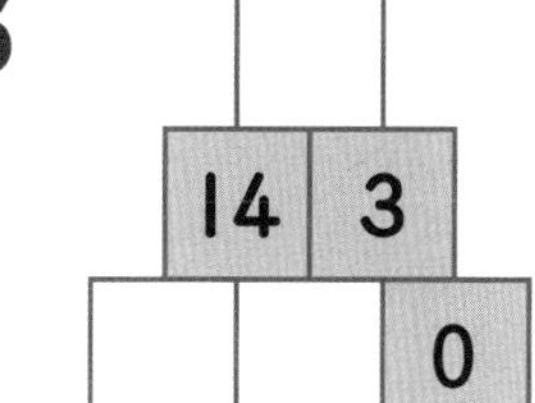

17

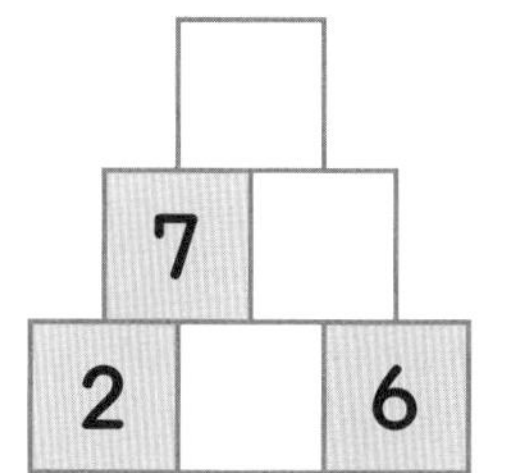

18

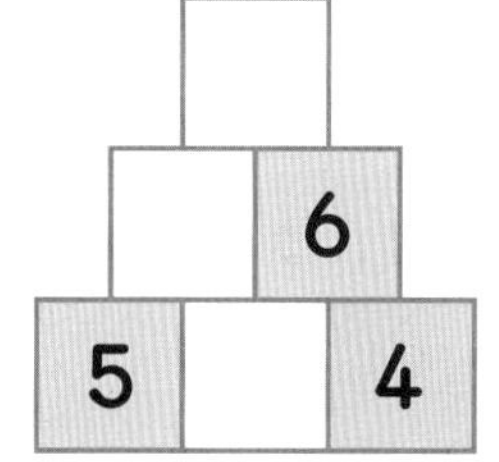

19

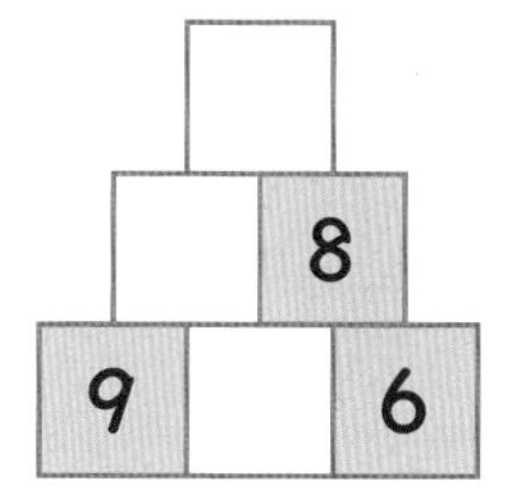

20

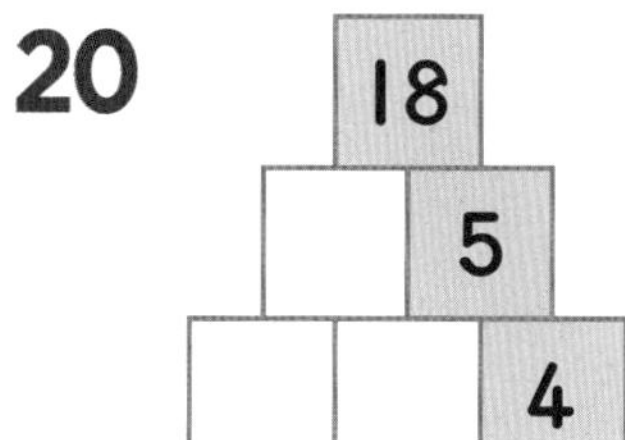

확인 평가

그림을 보고 빈칸에 알맞은 수를 써넣으시오. (1 ~ 4)

1

3

10

2

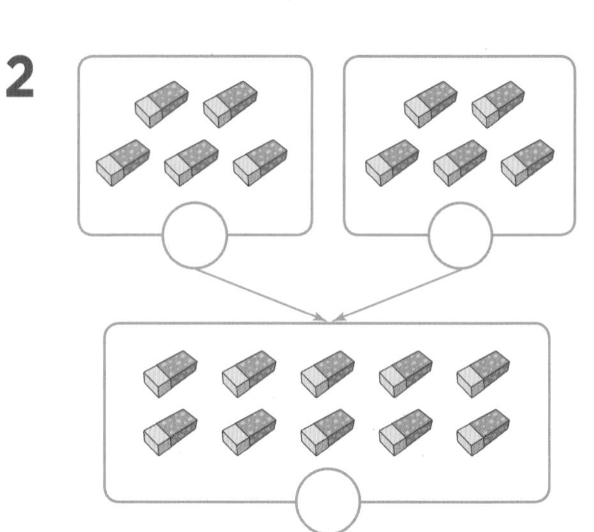

3

10

4

4

10

1

빈칸에 알맞은 수를 써넣으시오. (5 ~ 7)

5

8 □

10

6

4 □

10

7

10

7 □

걸린 시간	1~6분	6~9분	9~12분
맞은 개수	27~29개	21~26개	1~20개
평가	참 잘했어요.	잘했어요.	좀더 노력해요.

빈 곳에 알맞은 수를 써넣으시오. (8 ~ 11)

8

10개씩 묶음	1
낱개	8

➡ ( )

9

(12) ➡

10개씩 묶음	
낱개	

10

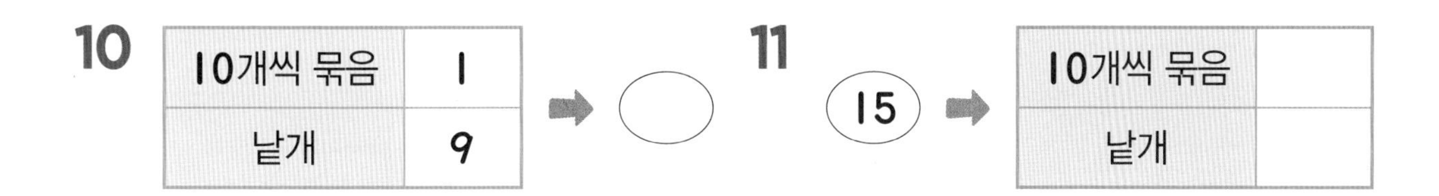

10개씩 묶음	1
낱개	9

➡ ( )

11

(15) ➡

10개씩 묶음	
낱개	

수를 두 가지 방법으로 읽으려고 합니다. ☐ 안에 알맞은 말을 써넣으시오.

(12 ~ 17)

12

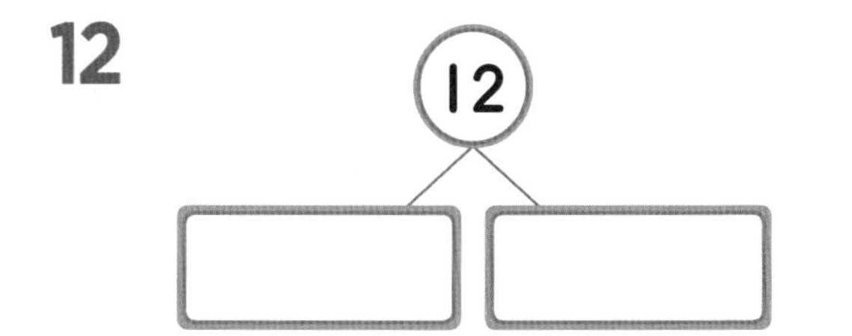

13

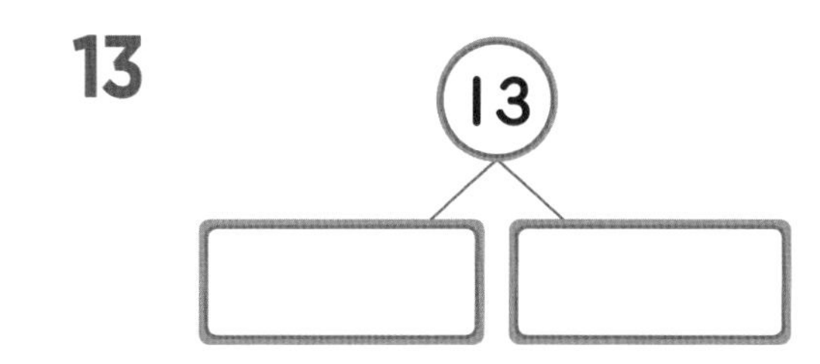

14

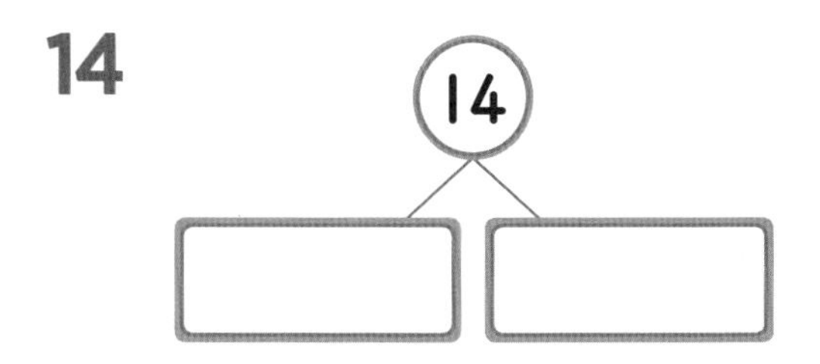

15

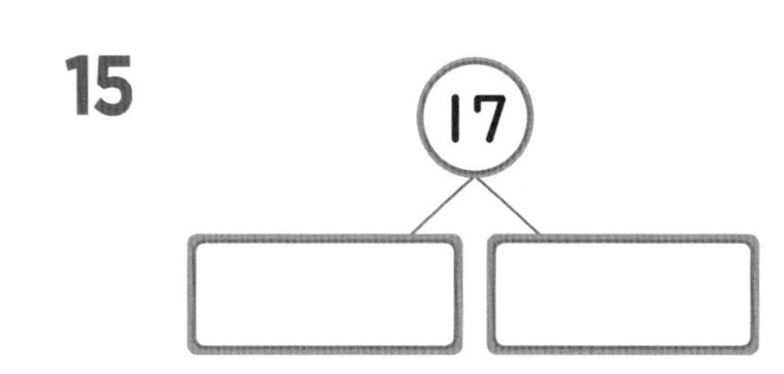

16

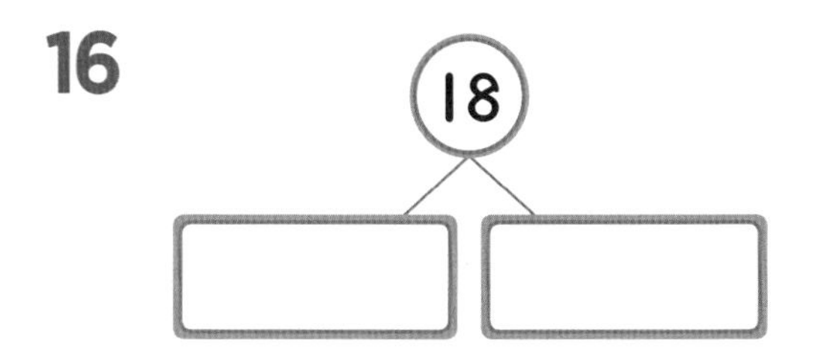

17

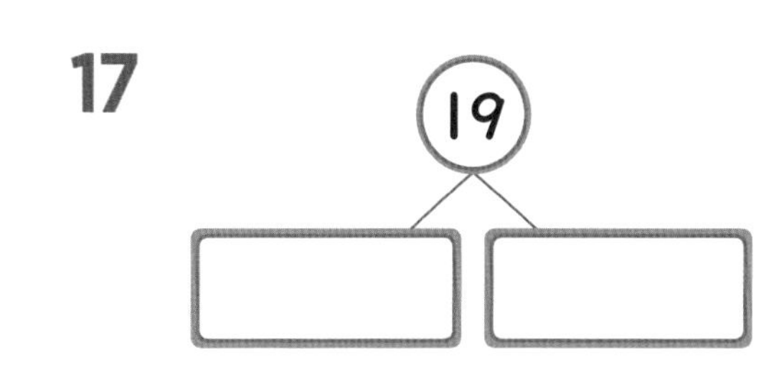

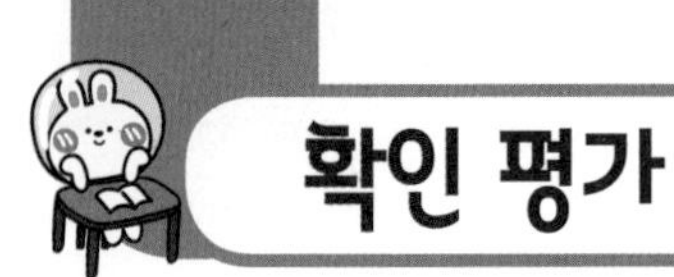

빈칸에 알맞은 수를 써넣으시오. (18 ~ 23)

18
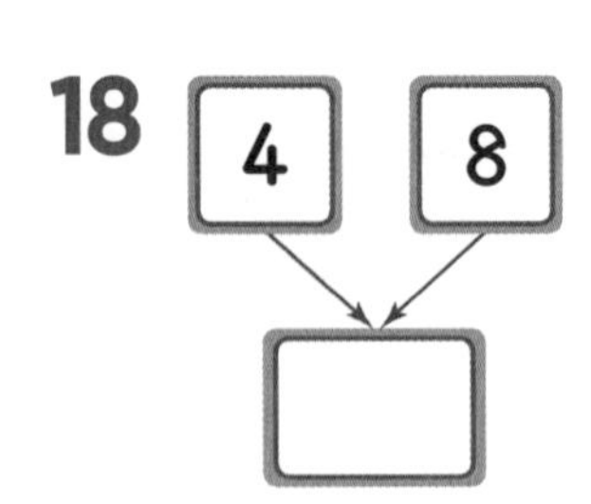

19
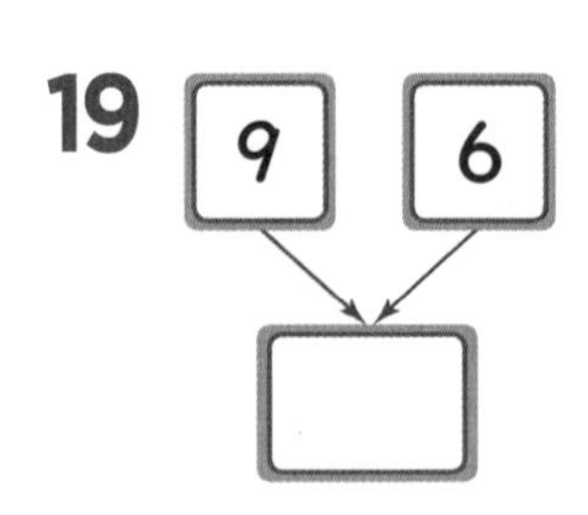

20
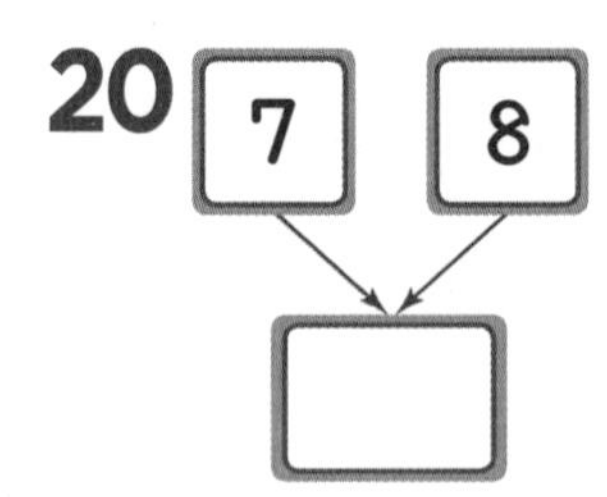

21
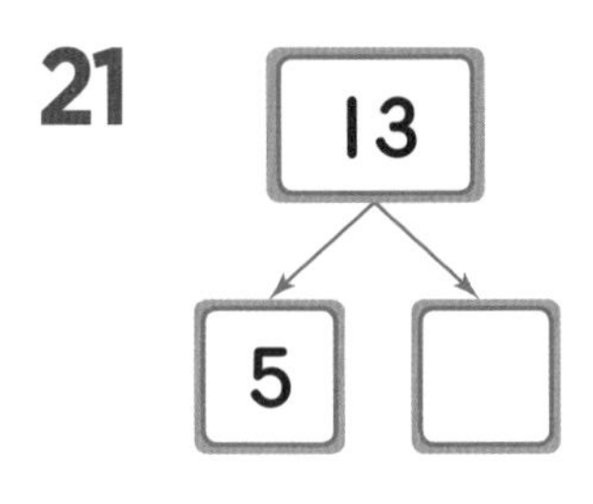

22
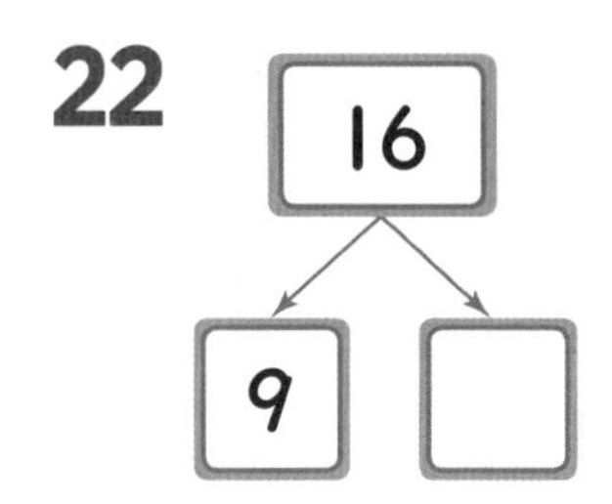

23
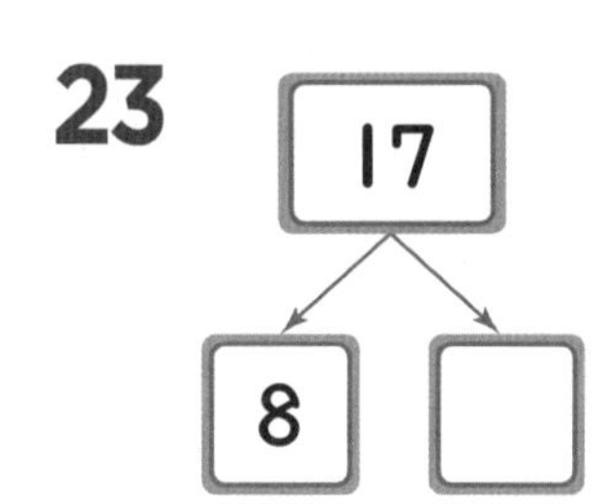

두 수 중 더 큰 수를 찾아 빈 곳에 써넣으시오. (24 ~ 29)

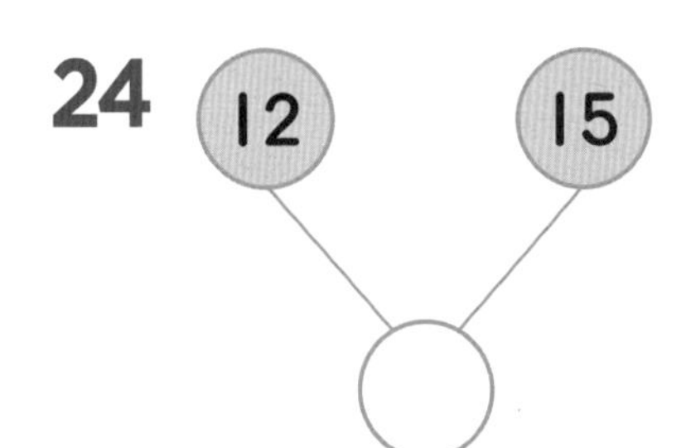

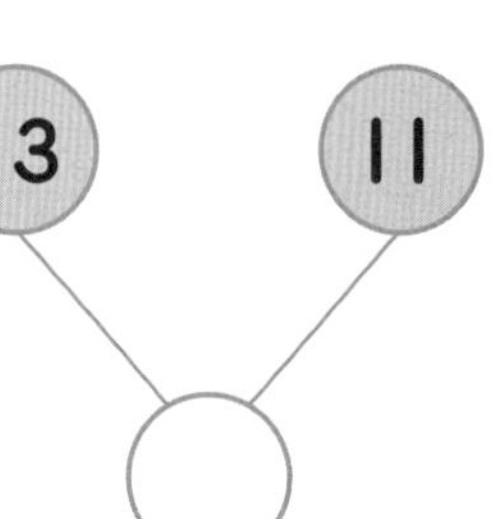

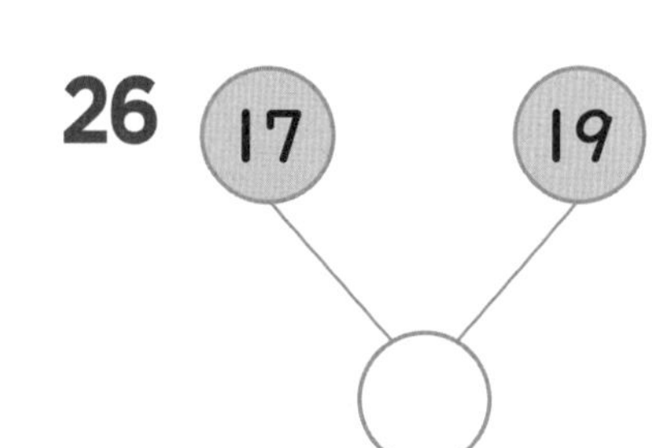

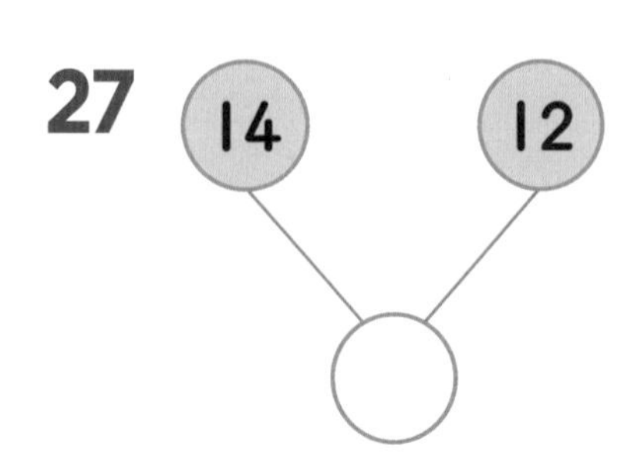

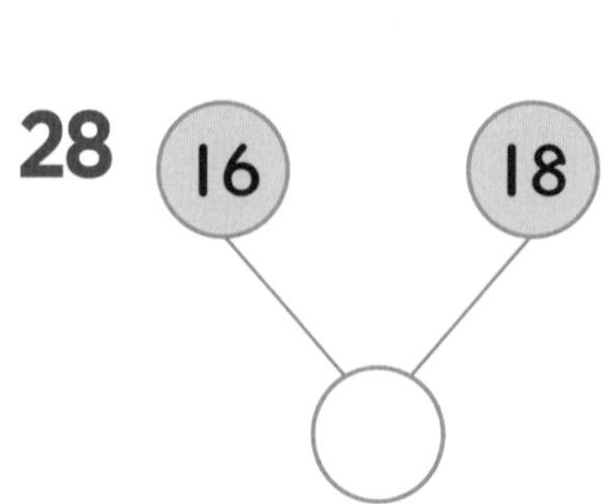

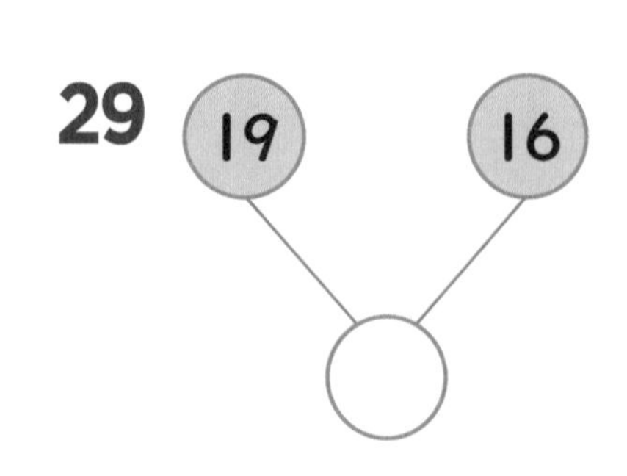

2

50까지의 수

1 몇십 알아보기(1)

10개씩 2묶음
➡ 20(이십, 스물)

10개씩 3묶음
➡ 30(삼십, 서른)

10개씩 4묶음
➡ 40(사십, 마흔)

10개씩 5묶음
➡ 50(오십, 쉰)

그림을 보고 □ 안에 알맞은 수를 써넣으시오. (1~4)

1

10개씩 묶음이 □개이므로

□입니다.

2

10개씩 묶음이 □개이므로

□입니다.

3

10개씩 묶음이 □개이므로

□입니다.

4

10개씩 묶음이 □개이므로

□입니다.

걸린 시간	1~3분	3~5분	5~7분
맞은 개수	8~9개	6~7개	1~5개
평가	참 잘했어요.	잘했어요.	좀더 노력해요.

그림을 보고 □ 안에 알맞은 수나 말을 써넣으시오. (5 ~ 9)

5

➡ 10개씩 □ 묶음이므로 □ 이고, 십 또는 □ 이라고 읽습니다.

6

➡ 10개씩 □ 묶음이므로 □ 이고, 이십 또는 □ 이라고 읽습니다.

7

➡ 10개씩 □ 묶음이므로 □ 이고, 삼십 또는 □ 이라고 읽습니다.

8

➡ 10개씩 □ 묶음이므로 □ 이고, 사십 또는 □ 이라고 읽습니다.

9

➡ 10개씩 □ 묶음이므로 □ 이고, 오십 또는 □ 이라고 읽습니다.

몇십 알아보기(2)

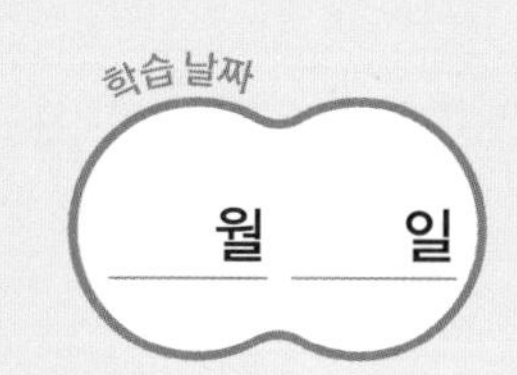

그림을 10개씩 묶어 보고 □ 안에 알맞은 수나 말을 써넣으시오. (1~6)

1

10개씩 2묶음이므로 □ 이고

□ 또는 □ 이라고 읽습니다.

2

10개씩 □ 묶음이므로 □ 이고

□ 또는 □ 이라고 읽습니다.

3

10개씩 □ 묶음이므로 □ 이고

□ 또는 □ 이라고 읽습니다.

4

10개씩 □ 묶음이므로 □ 이고

□ 또는 □ 이라고 읽습니다.

5

10개씩 □ 묶음이므로 □ 이고

□ 또는 □ 이라고 읽습니다.

6

10개씩 □ 묶음이므로 □ 이고

□ 또는 □ 이라고 읽습니다.

계산은 빠르고 정확하게!

걸린 시간	1~6분	6~9분	9~12분
맞은 개수	13~14개	11~12개	1~10개
평가	참 잘했어요.	잘했어요.	좀더 노력해요.

□ 안에 알맞은 수나 말을 써넣으시오. (7 ~ 14)

7

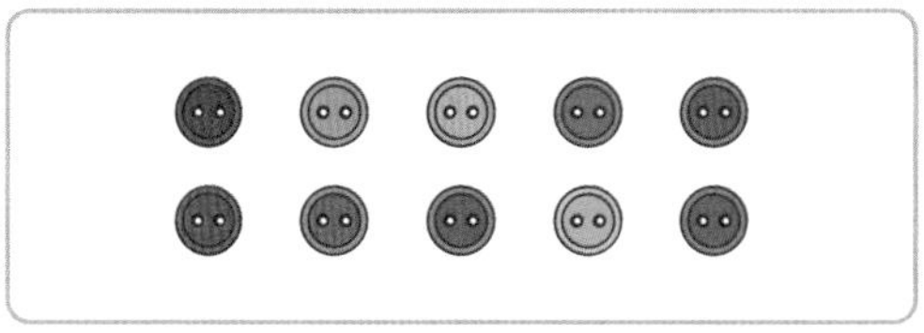

10개씩 □ 묶음이므로 □ 이고

□ 또는 □ 이라고 읽습니다.

8

10개씩 □ 묶음이므로 □ 이고

□ 또는 □ 이라고 읽습니다.

9

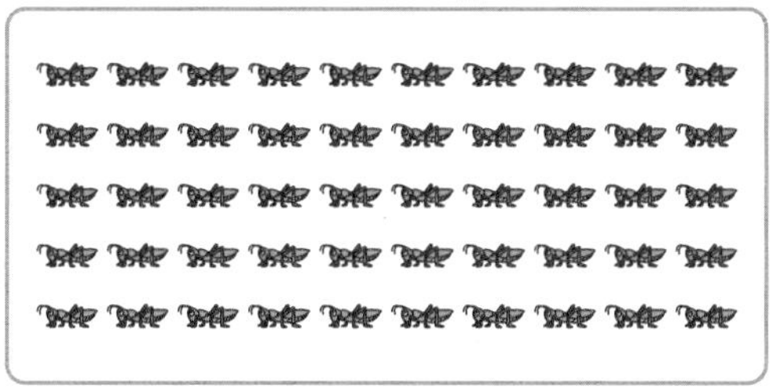

10개씩 □ 묶음이므로 □ 이고

□ 또는 □ 이라고 읽습니다.

10

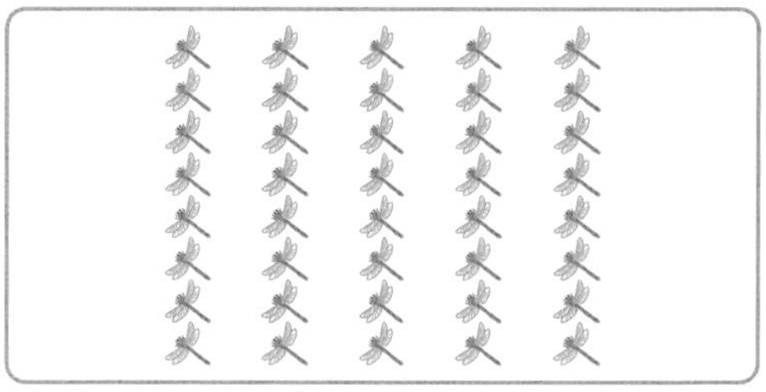

10개씩 □ 묶음이므로 □ 이고

□ 또는 □ 이라고 읽습니다.

11

10개씩 □ 묶음이므로 □ 이고

□ 또는 □ 이라고 읽습니다.

12

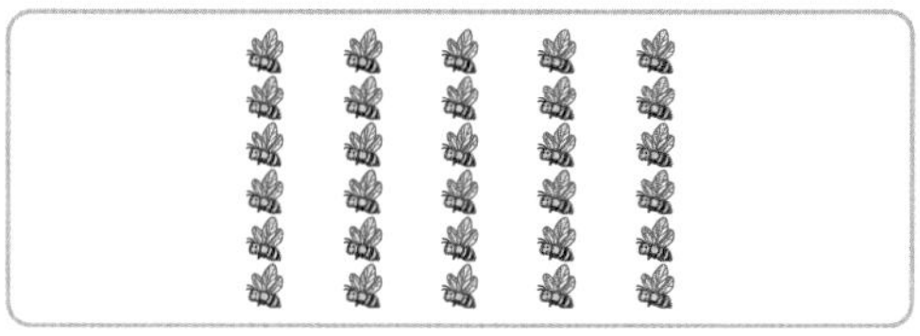

10개씩 □ 묶음이므로 □ 이고

□ 또는 □ 이라고 읽습니다.

13

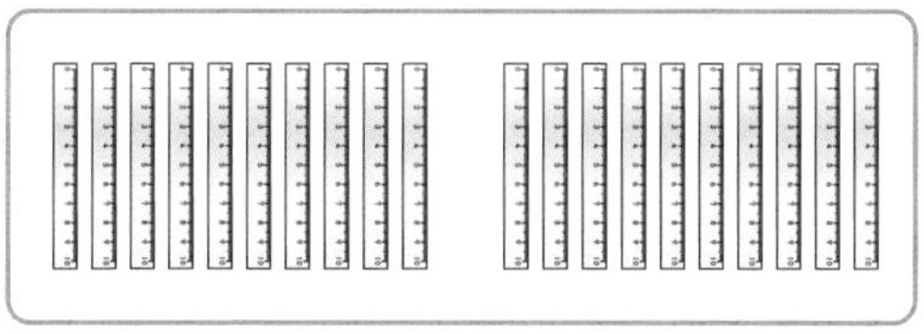

10개씩 □ 묶음이므로 □ 이고

□ 또는 □ 이라고 읽습니다.

14

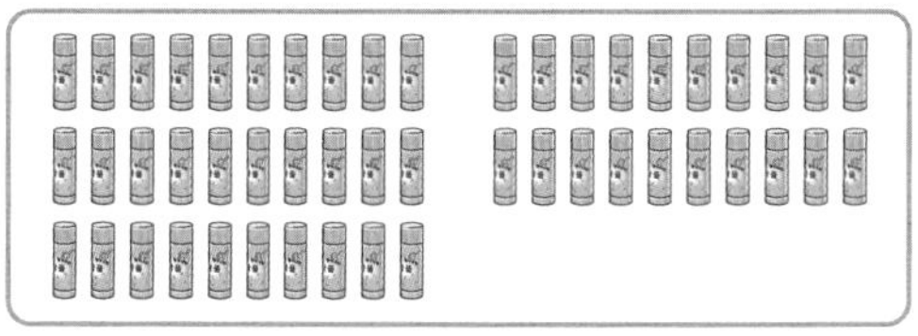

10개씩 □ 묶음이므로 □ 이고

□ 또는 □ 이라고 읽습니다.

2 50까지의 수(1)

㉠ 24 알아보기

(10개씩 묶음 그림)	(낱개 그림)	수	읽기
10개씩 묶음 2개	낱개 4개	24	이십사
			스물넷

10개씩 묶음 ▲개와 낱개 ●개 ➡ ▲●

수를 세어 □ 안에 알맞은 수를 써넣으시오. (1~8)

1 ➡ □

2 ➡ □

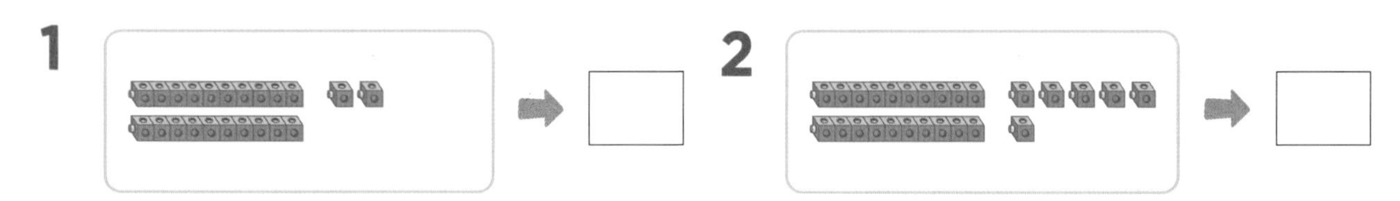

3 ➡ □

4 ➡ □

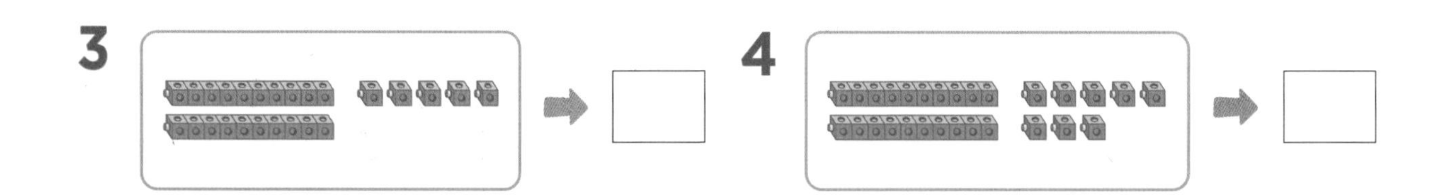

5 ➡ □

6 ➡ □

7 ➡ □

8 ➡ □

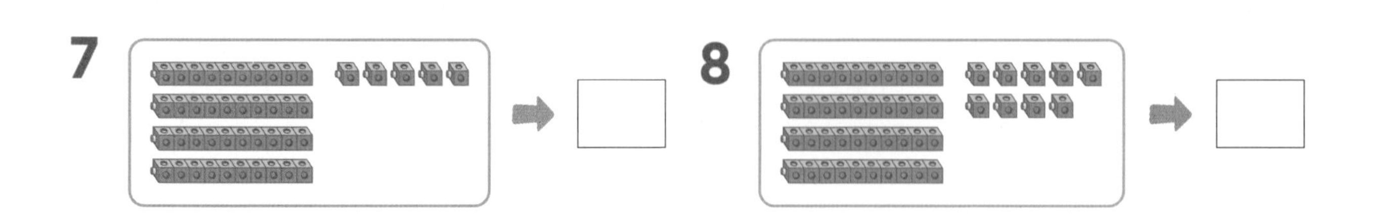

계산은 빠르고 정확하게!

걸린 시간	1~4분	4~6분	6~8분
맞은 개수	17~18개	13~16개	1~12개
평가	참 잘했어요.	잘했어요.	좀더 노력해요.

주머니에 들어 있는 동전은 모두 얼마인지 써 보시오. (9 ~ 18)

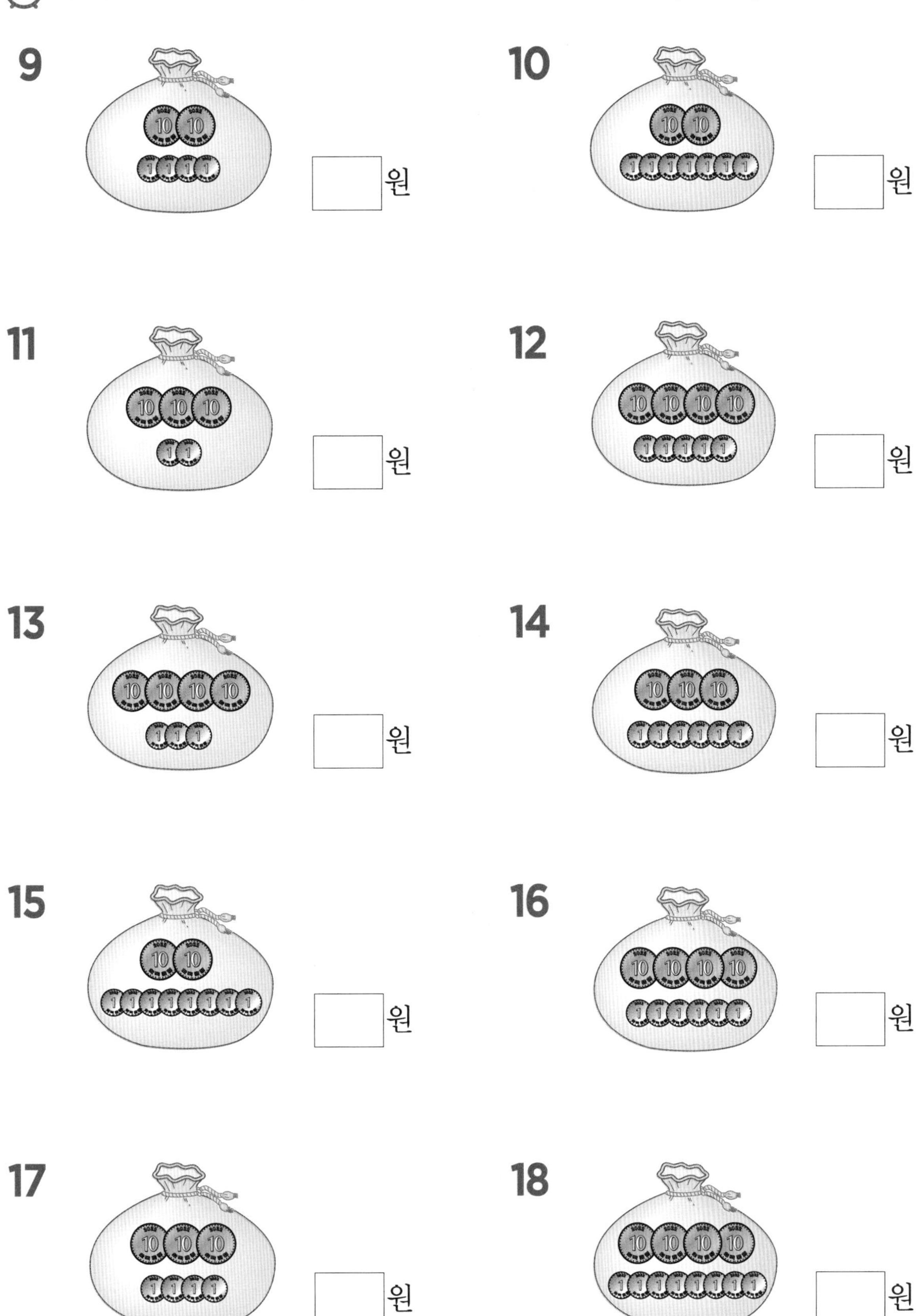

2 50까지의 수(2)

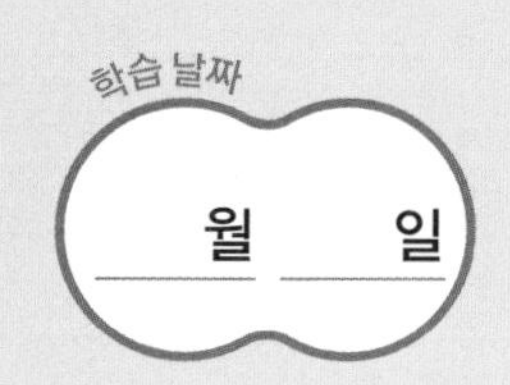

빈 곳에 알맞은 수를 써넣으시오. (1~10)

1

10개씩 묶음	2
낱개	1

➡ ( )

2

(24) ➡

10개씩 묶음	
낱개	

3

10개씩 묶음	2
낱개	5

➡ ( )

4

(26) ➡

10개씩 묶음	
낱개	

5

10개씩 묶음	2
낱개	7

➡ ( )

6

(29) ➡

10개씩 묶음	
낱개	

7

10개씩 묶음	3
낱개	2

➡ ( )

8

(35) ➡

10개씩 묶음	
낱개	

9

10개씩 묶음	3
낱개	7

➡ ( )

10

(39) ➡

10개씩 묶음	
낱개	

계산은 빠르고 정확하게!

걸린 시간	1~4분	4~6분	6~8분
맞은 개수	19~20개	14~18개	1~13개
평가	참 잘했어요.	잘했어요.	좀더 노력해요.

빈 곳에 알맞은 수를 써넣으시오. (11 ~ 20)

11

10개씩 묶음	3
낱개	1

➡ ( )

12

(34) ➡

10개씩 묶음	
낱개	

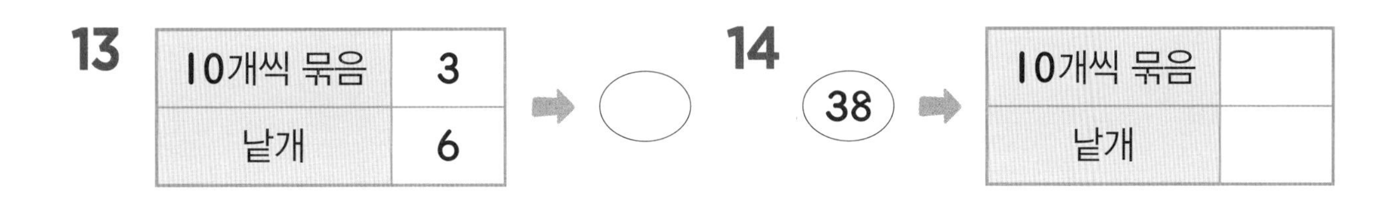

13

10개씩 묶음	3
낱개	6

➡ ( )

14

(38) ➡

10개씩 묶음	
낱개	

15

10개씩 묶음	4
낱개	0

➡ ( )

16

(42) ➡

10개씩 묶음	
낱개	

17

10개씩 묶음	4
낱개	3

➡ ( )

18

(45) ➡

10개씩 묶음	
낱개	

19

10개씩 묶음	4
낱개	7

➡ ( )

20

(49) ➡

10개씩 묶음	
낱개	

2 50까지의 수(3)

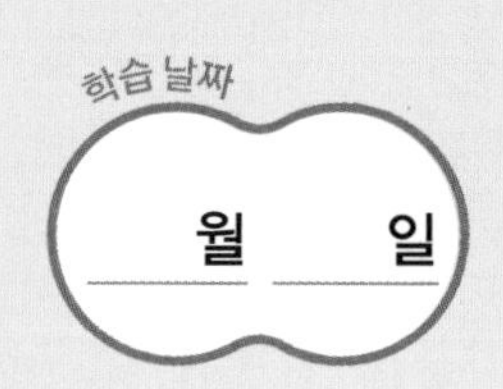

수로 쓰시오. (1 ~ 18)

1 이십사 ➡ ☐

2 이십팔 ➡ ☐

3 스물둘 ➡ ☐

4 스물다섯 ➡ ☐

5 스물여덟 ➡ ☐

6 삼십삼 ➡ ☐

7 삼십오 ➡ ☐

8 서른넷 ➡ ☐

9 서른아홉 ➡ ☐

10 서른하나 ➡ ☐

11 서른일곱 ➡ ☐

12 사십육 ➡ ☐

13 사십구 ➡ ☐

14 사십팔 ➡ ☐

15 마흔둘 ➡ ☐

16 마흔여섯 ➡ ☐

17 마흔여덟 ➡ ☐

18 마흔아홉 ➡ ☐

계산은 빠르고 정확하게!

걸린 시간	1~5분	5~7분	7~9분
맞은 개수	24~26개	18~23개	1~17개
평가	참 잘했어요.	잘했어요.	좀더 노력해요.

수를 세어 두 가지 방법으로 읽어 보시오. (19 ~ 26)

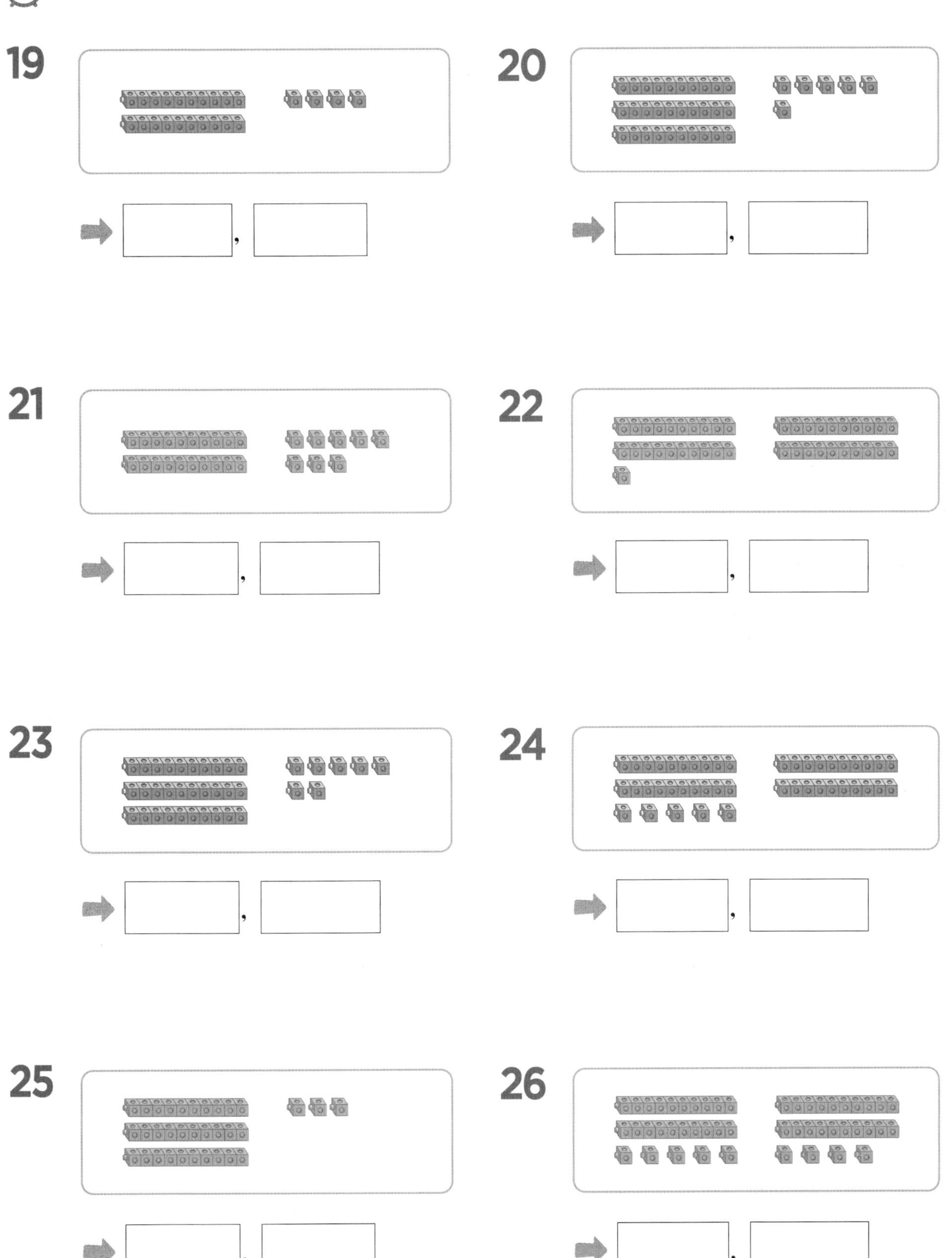

2 50까지의 수(4)

수를 읽고 □와 빈칸에 알맞은 수를 써넣으시오. (1 ~ 12)

1

스물다섯 (25)	10개씩 묶음(개)	낱개(개)

2

삼십일 (□)	10개씩 묶음(개)	낱개(개)

3

마흔넷 (□)	10개씩 묶음(개)	낱개(개)

4

이십구 (□)	10개씩 묶음(개)	낱개(개)

5

서른여섯 (□)	10개씩 묶음(개)	낱개(개)

6

사십오 (□)	10개씩 묶음(개)	낱개(개)

7

스물여덟 (□)	10개씩 묶음(개)	낱개(개)

8

이십육 (□)	10개씩 묶음(개)	낱개(개)

9

서른둘 (□)	10개씩 묶음(개)	낱개(개)

10

삼십사 (□)	10개씩 묶음(개)	낱개(개)

11

마흔일곱 (□)	10개씩 묶음(개)	낱개(개)

12

사십팔 (□)	10개씩 묶음(개)	낱개(개)

계산은 빠르고 정확하게!

걸린 시간	1~6분	6~8분	8~10분
맞은 개수	20~24개	16~19개	1~15개
평가	참 잘했어요.	잘했어요.	좀더 노력해요.

수를 쓰고 두 가지 방법으로 읽어 보시오. (13 ~ 24)

13

10개씩 묶음(개)	낱개 (개)		
2	1		

14

10개씩 묶음(개)	낱개 (개)		
3	2		

15

10개씩 묶음(개)	낱개 (개)		
4	3		

16

10개씩 묶음(개)	낱개 (개)		
2	4		

17

10개씩 묶음(개)	낱개 (개)		
3	5		

18

10개씩 묶음(개)	낱개 (개)		
4	6		

19

10개씩 묶음(개)	낱개 (개)		
2	7		

20

10개씩 묶음(개)	낱개 (개)		
3	8		

21

10개씩 묶음(개)	낱개 (개)		
4	9		

22

10개씩 묶음(개)	낱개 (개)		
1	3		

23

10개씩 묶음(개)	낱개 (개)		
3	0		

24

10개씩 묶음(개)	낱개 (개)		
5	0		

50까지의 수의 순서(1)

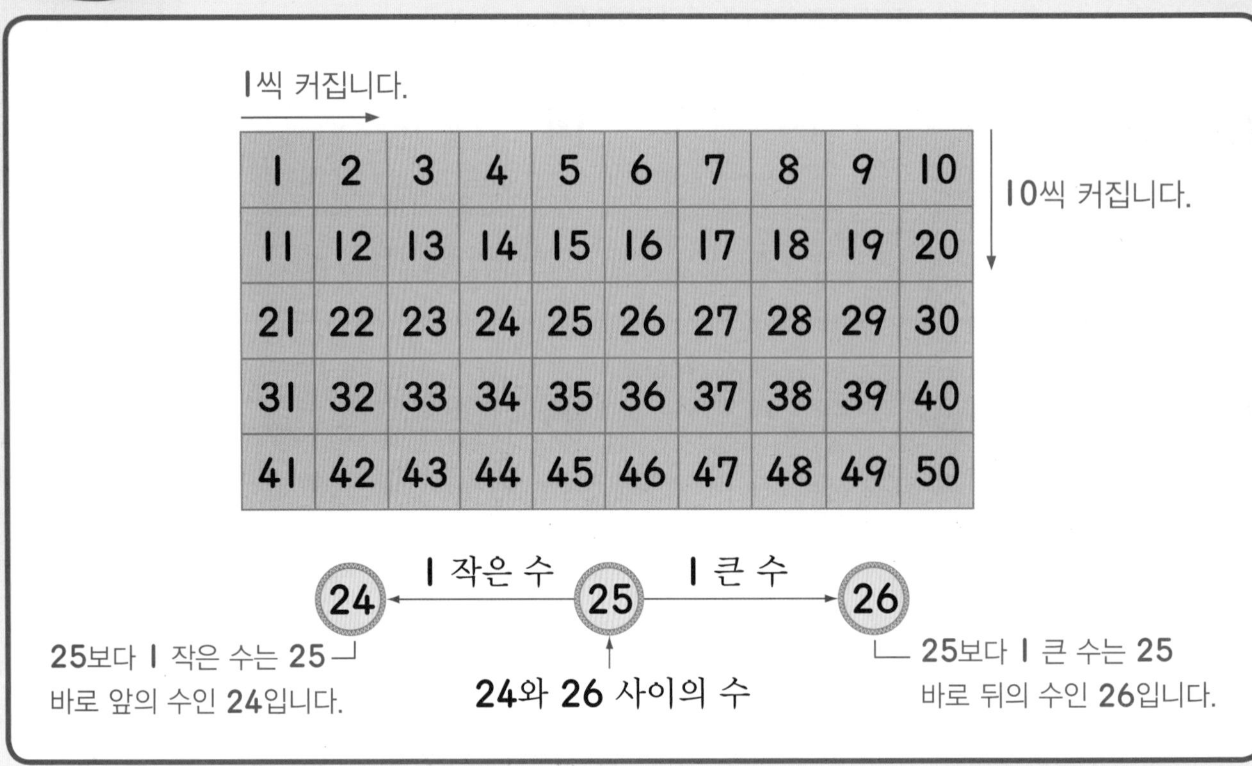

1	2	3	4	5	6	7	8	9	10
11	12	13	14	15	16	17	18	19	20
21	22	23	24	25	26	27	28	29	30
31	32	33	34	35	36	37	38	39	40
41	42	43	44	45	46	47	48	49	50

순서에 알맞게 쓰시오. (1 ~ 8)

계산은 빠르고 정확하게!

걸린 시간	1~4분	4~6분	6~8분
맞은 개수	19~20개	14~18개	1~13개
평가	참 잘했어요.	잘했어요.	좀더 노력해요.

순서에 맞게 빈칸에 알맞은 수를 써넣으시오. (9 ~ 20)

3 50까지의 수의 순서(2)

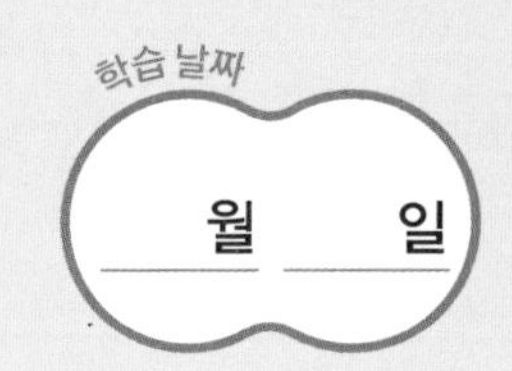

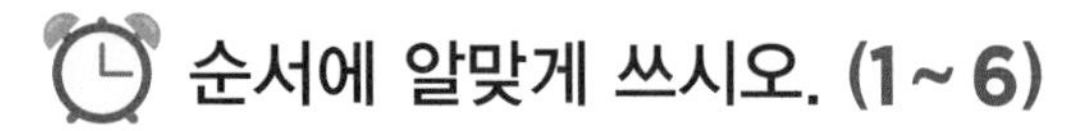

순서에 알맞게 쓰시오. (1 ~ 6)

1

2

3

4

5

6

29 | | | 32 | | | 35 | | | 38

계산은 빠르고 정확하게!

걸린 시간	1~4분	4~6분	6~8분
맞은 개수	11~12개	9~10개	1~8개
평가	참 잘했어요.	잘했어요.	좀더 노력해요.

순서에 알맞게 쓰시오. (7 ~ 12)

7

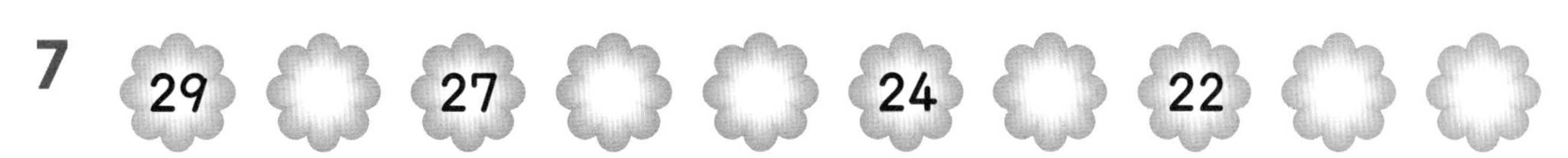

8

9

10

11

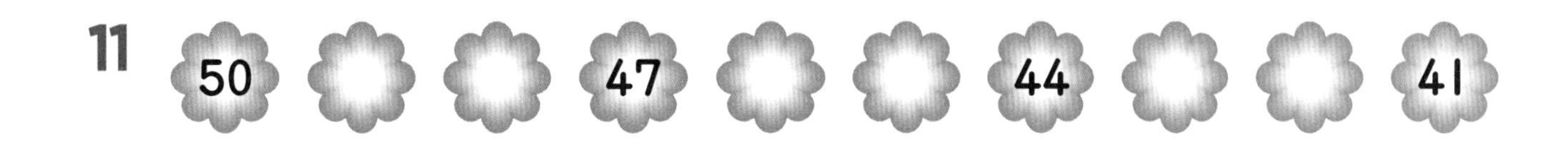

12 42 ☐ 40 ☐ ☐ 37 ☐ ☐ ☐ 33

50까지의 수의 순서(3)

□ 안에 알맞은 수를 써넣으시오. (1 ~ 12)

1

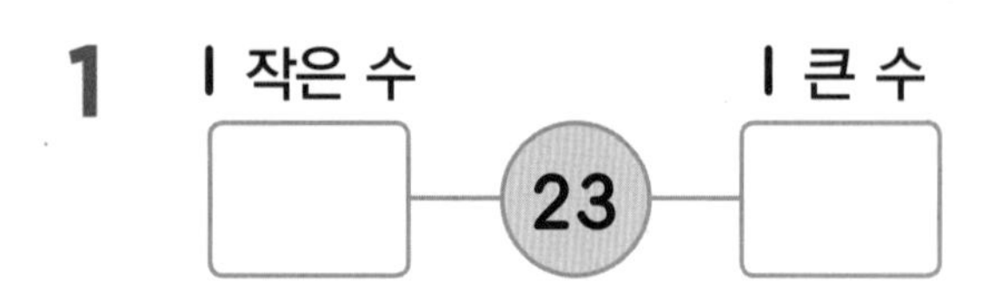

2

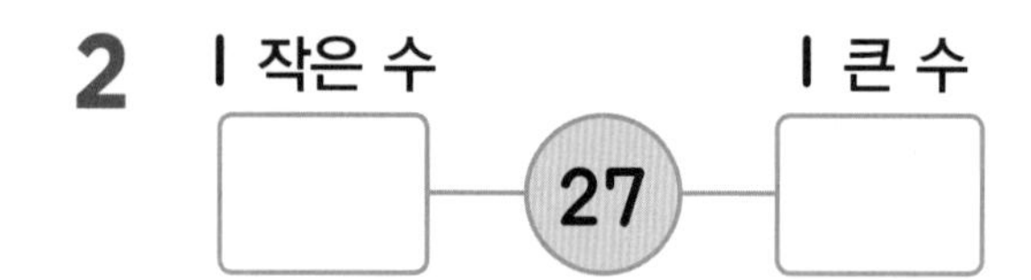

3

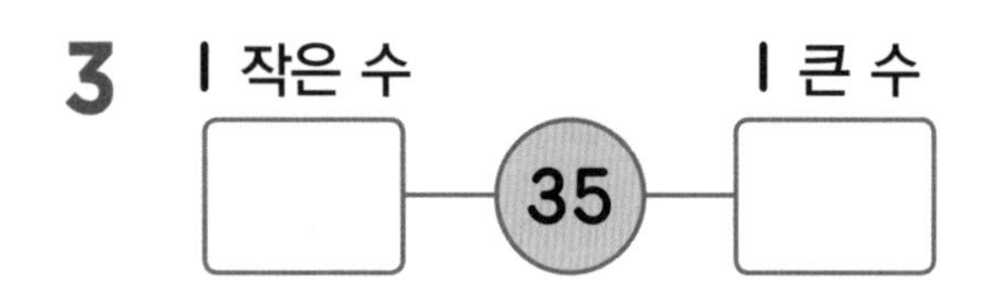

4

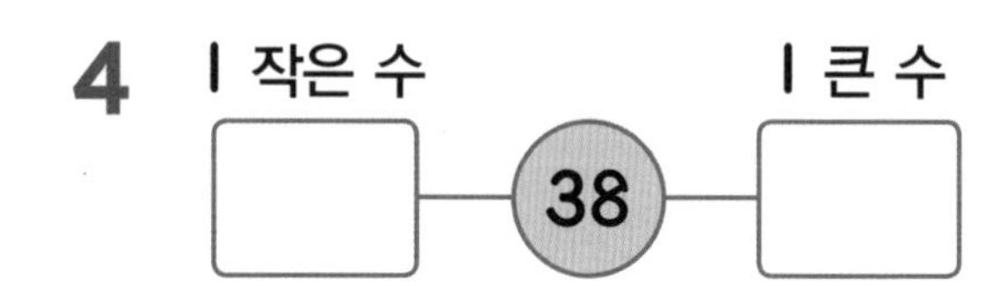

5

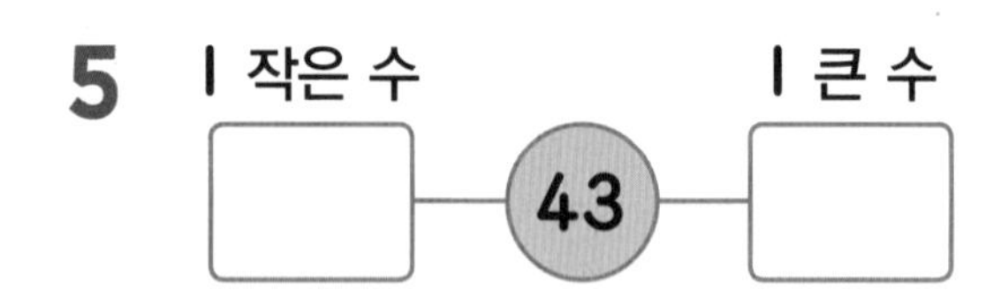

6

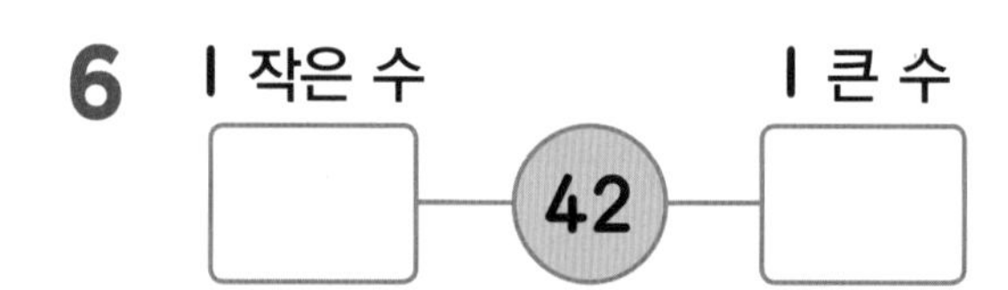

7

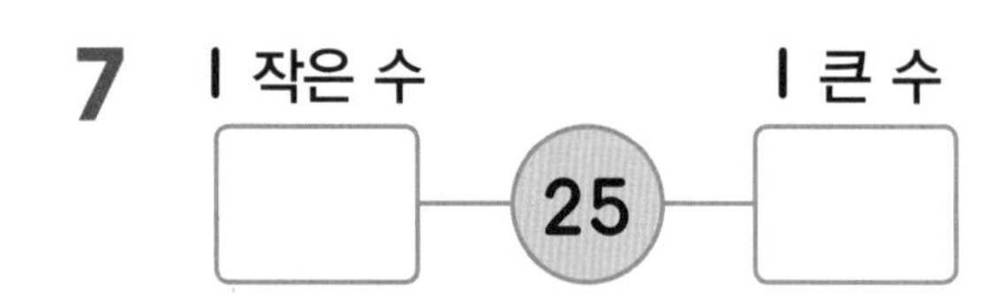

8

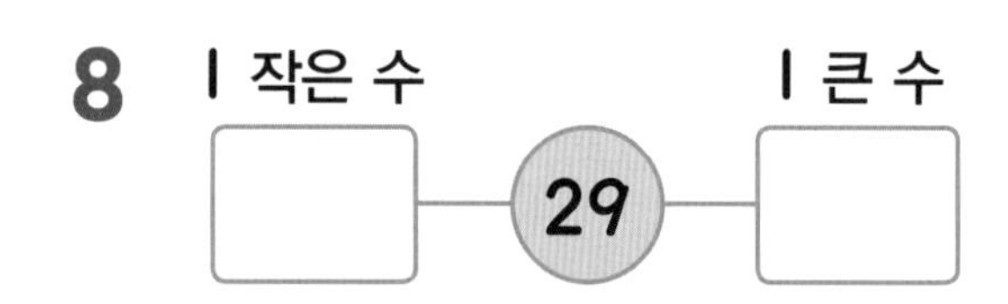

9

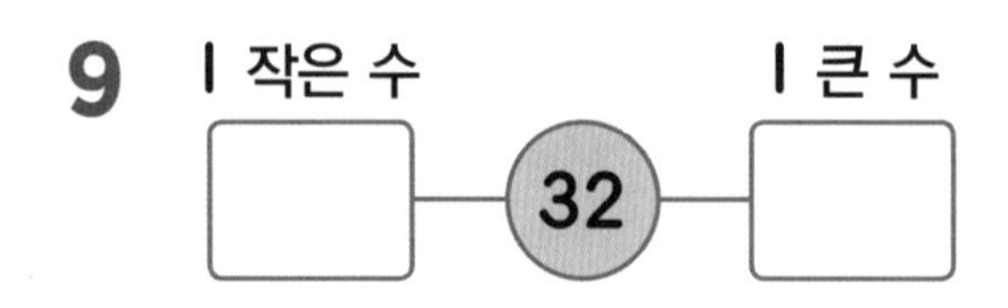

10

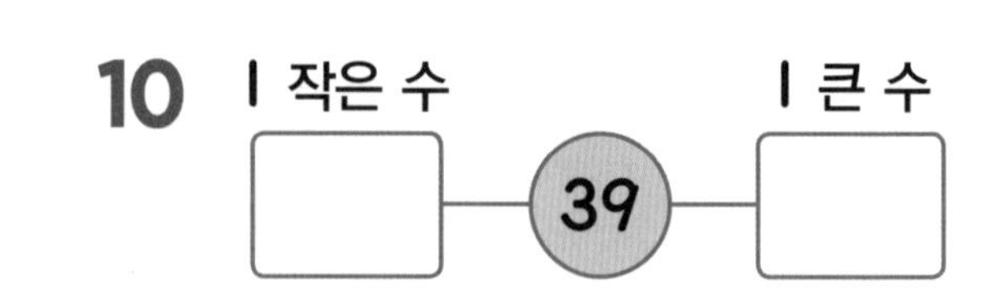

11 1 작은 수 □ — 40 — □ 1 큰 수

12 1 작은 수 □ — 44 — □ 1 큰 수

계산은 빠르고 정확하게!

걸린 시간	1~5분	5~7분	7~10분
맞은 개수	18~20개	14~17개	1~13개
평가	참 잘했어요.	잘했어요.	좀더 노력해요.

수의 왼쪽에는 1 작은 수, 오른쪽에는 1 큰 수, 위쪽에는 10 작은 수, 아래쪽에는 10 큰 수를 쓰시오. (13 ~ 20)

13
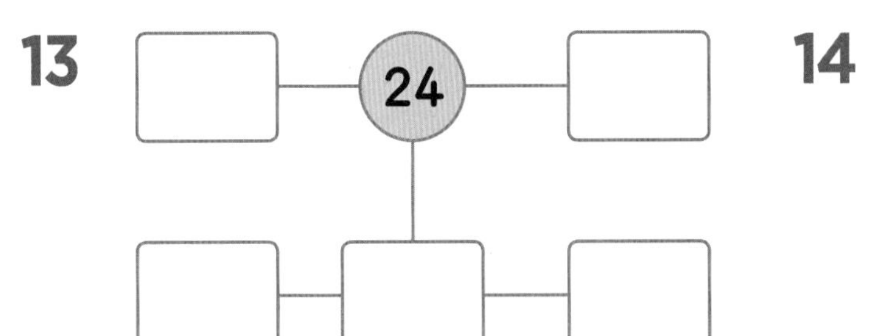

14
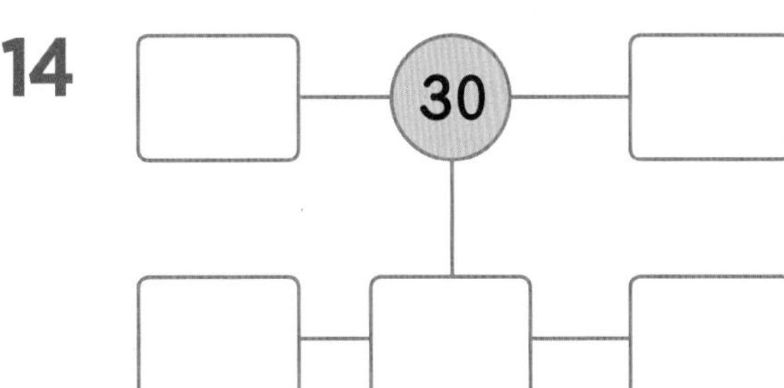

15
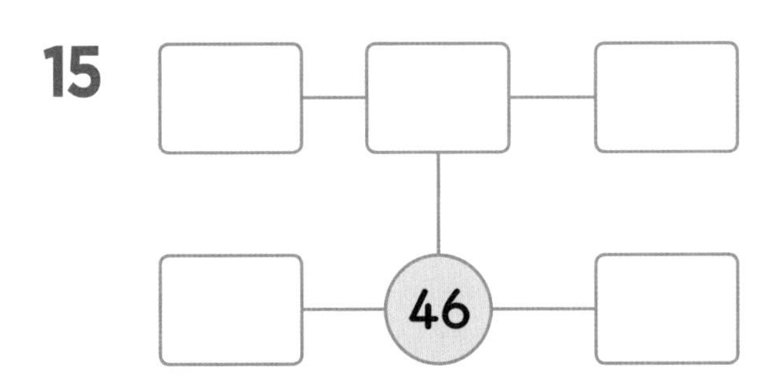

16
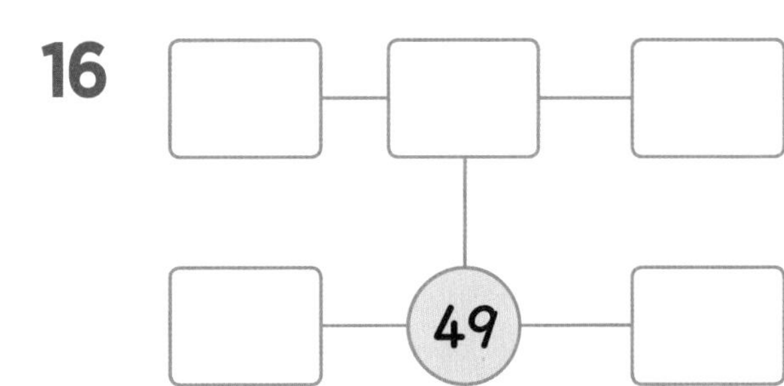

17
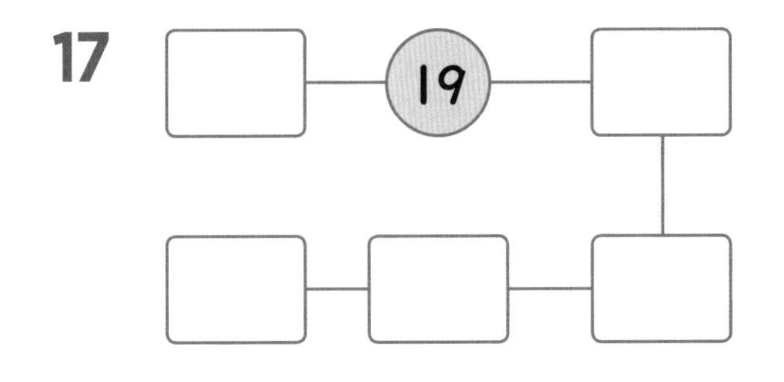

18
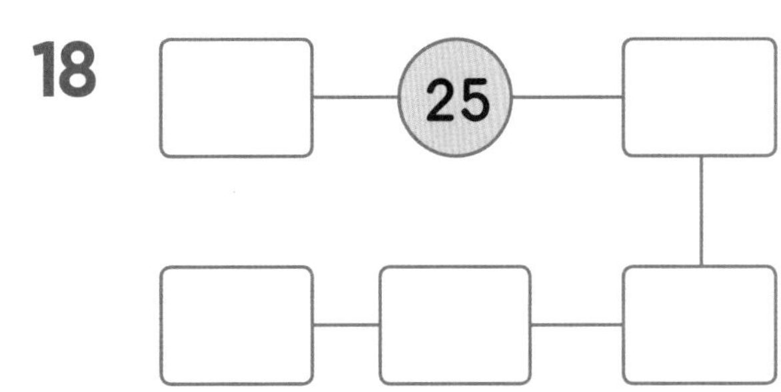

19
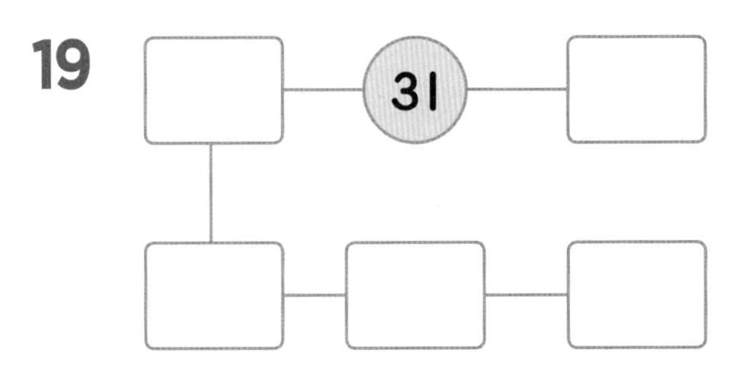

20
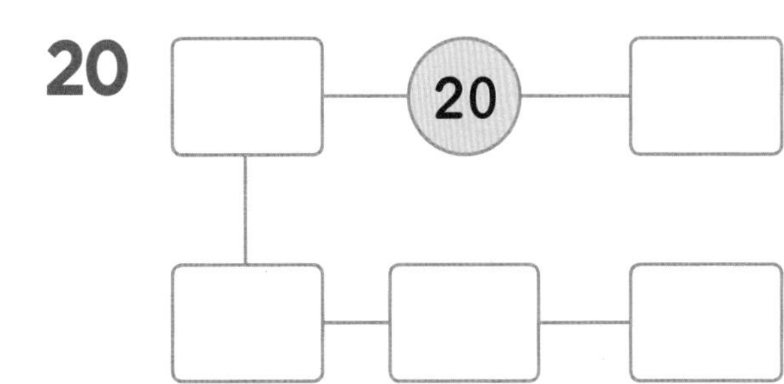

50까지의 수의 크기 비교(1)

〈두 수의 크기 비교〉

① 10개씩 묶음의 수를 비교합니다.

② 10개씩 묶음의 수가 다르면 10개씩 묶음의 수가 클수록 큰 수입니다.

③ 10개씩 묶음의 수가 같으면 낱개의 수가 클수록 큰 수입니다.

예 24와 18의 크기 비교

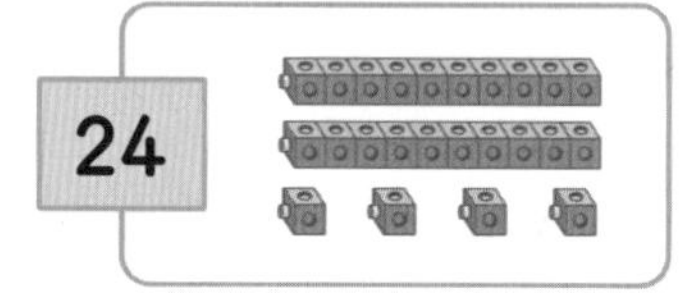

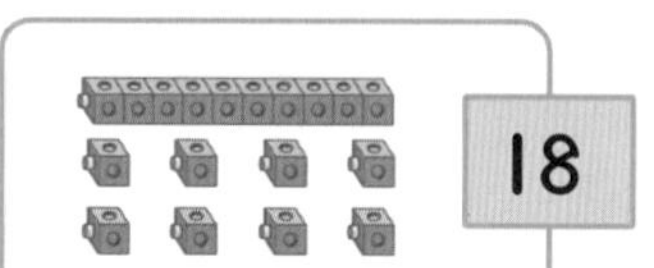

• 24는 18보다 큽니다.

• 18은 24보다 작습니다.

그림을 보고 알맞은 말에 ○표 하시오. (1 ~ 4)

1

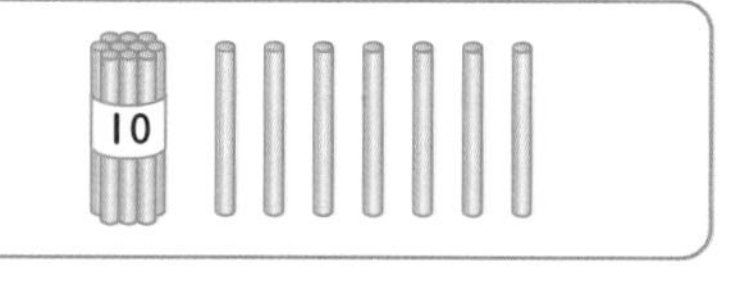

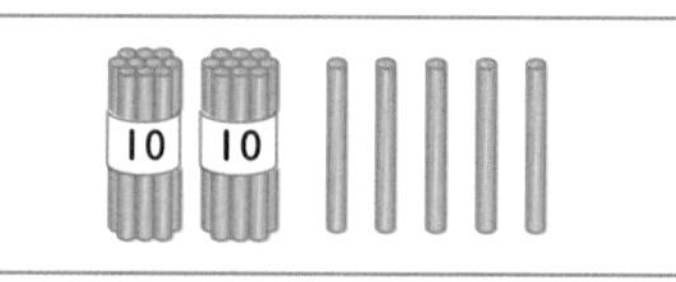

17은 25보다 (큽니다, 작습니다).

2

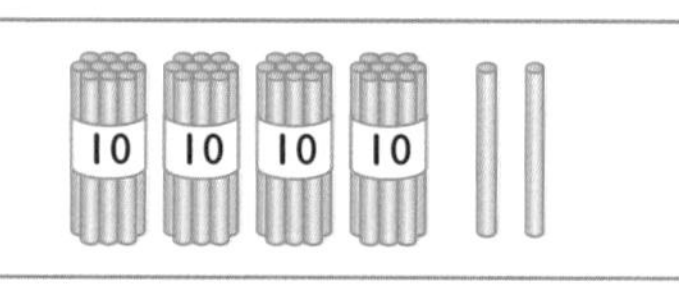

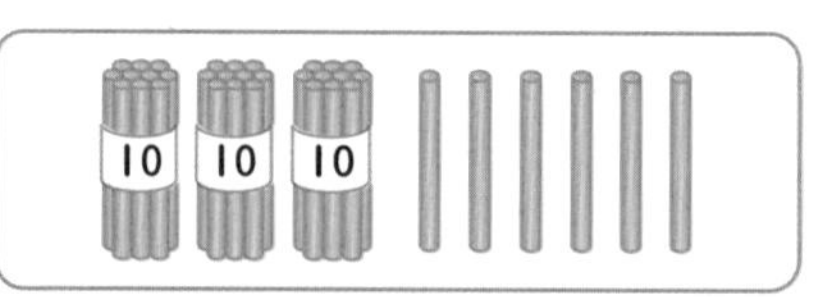

42는 36보다 (큽니다, 작습니다).

3

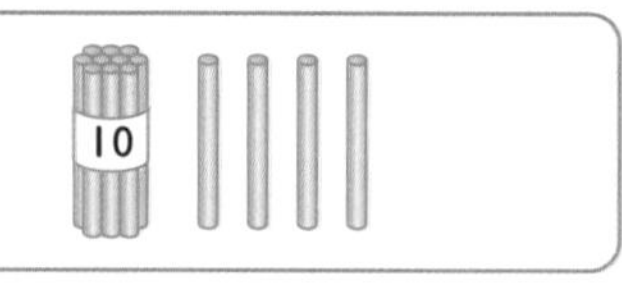

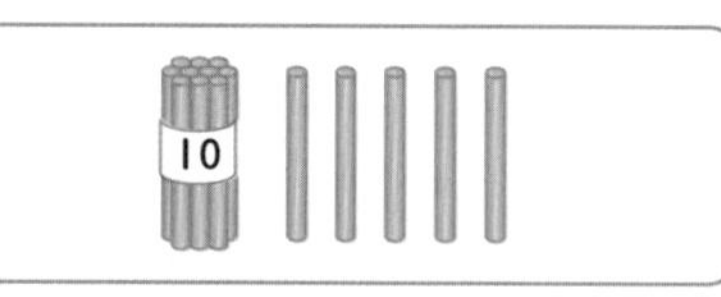

14는 15보다 (큽니다, 작습니다).

4

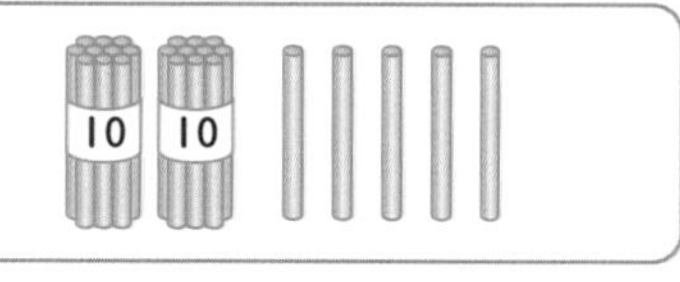

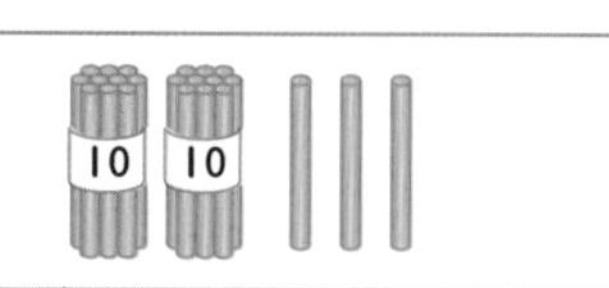

25는 23보다 (큽니다, 작습니다).

계산은 빠르고 정확하게!

걸린 시간	1~4분	4~6분	6~8분
맞은 개수	10~12개	7~9개	1~6개
평가	참 잘했어요.	잘했어요.	좀더 노력해요.

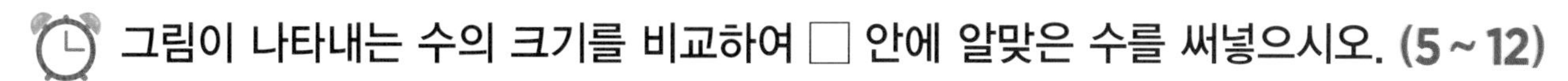

그림이 나타내는 수의 크기를 비교하여 □ 안에 알맞은 수를 써넣으시오. (5 ~ 12)

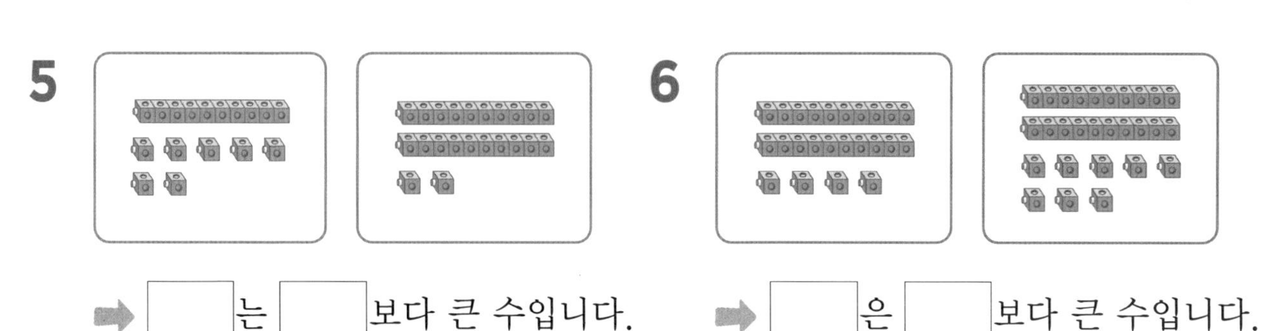

5 ➡ □는 □보다 큰 수입니다.

6 ➡ □은 □보다 큰 수입니다.

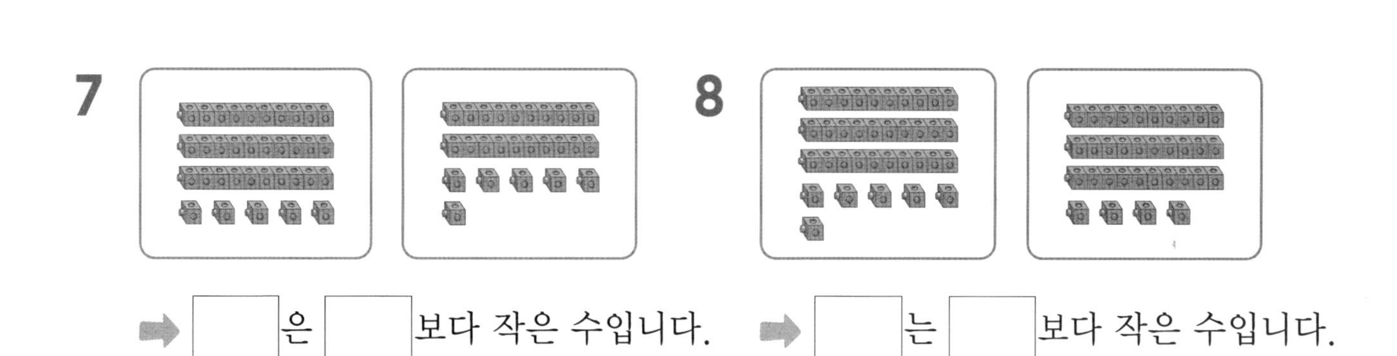

7 ➡ □은 □보다 작은 수입니다.

8 ➡ □는 □보다 작은 수입니다.

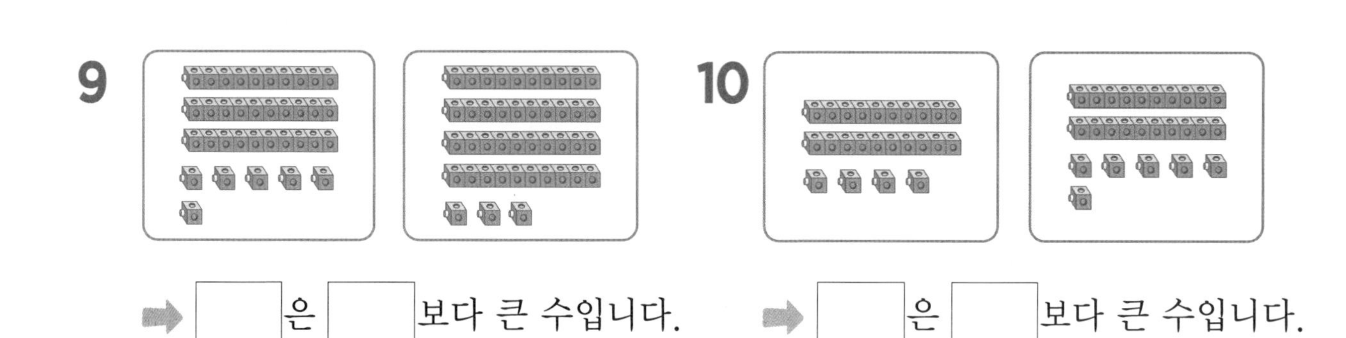

9 ➡ □은 □보다 큰 수입니다.

10 ➡ □은 □보다 큰 수입니다.

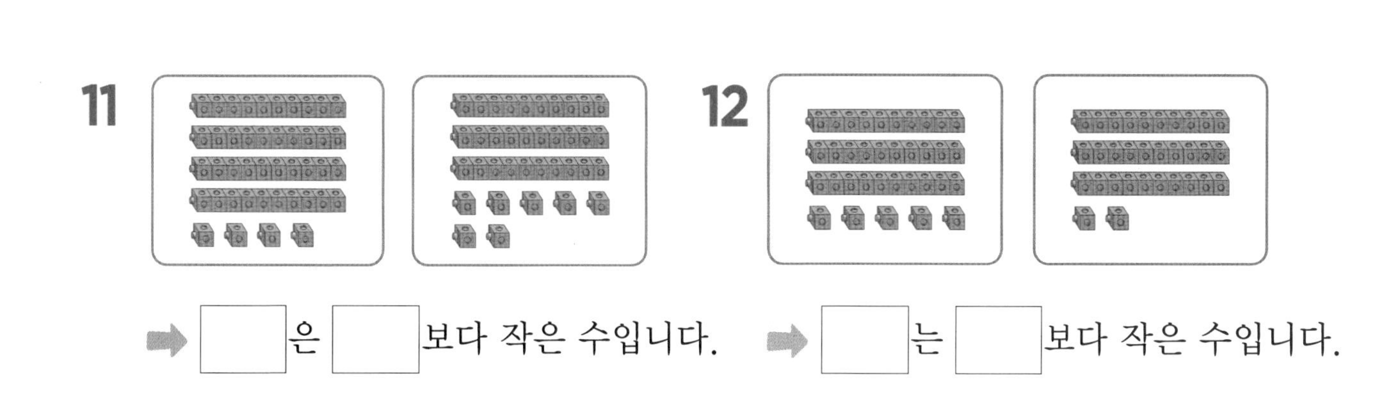

11 ➡ □은 □보다 작은 수입니다.

12 ➡ □는 □보다 작은 수입니다.

4 50까지의 수의 크기 비교(2)

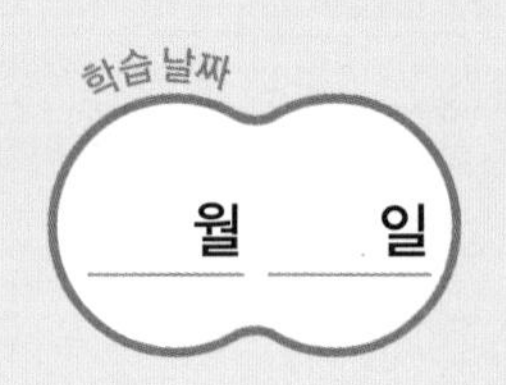

알맞은 말에 ○표 하시오. (1 ~ 16)

1 19는 26보다 (큽니다, 작습니다).

2 14는 17보다 (큽니다, 작습니다).

3 39는 35보다 (큽니다, 작습니다).

4 43은 28보다 (큽니다, 작습니다).

5 26은 18보다 (큽니다, 작습니다).

6 37은 28보다 (큽니다, 작습니다).

7 23은 30보다 (큽니다, 작습니다).

8 34는 42보다 (큽니다, 작습니다).

9 35는 18보다 (큽니다, 작습니다).

10 32는 10보다 (큽니다, 작습니다).

11 44는 38보다 (큽니다, 작습니다).

12 50은 47보다 (큽니다, 작습니다).

13 29는 38보다 (큽니다, 작습니다).

14 41은 29보다 (큽니다, 작습니다).

15 36은 29보다 (큽니다, 작습니다).

16 30은 34보다 (큽니다, 작습니다).

계산은 빠르고 정확하게!

걸린 시간	1~6분	6~8분	8~10분
맞은 개수	30~34개	24~29개	1~23개
평가	참 잘했어요.	잘했어요.	좀더 노력해요.

더 큰 수에 ○표 하시오. (17 ~ 25)

17 

18 27 32

19 24 27

20 

21 31 25

22 36 40

23 32 39

24 32 28

25 27 33

더 작은 수에 △표 하시오. (26 ~ 34)

26 

27 32 24

28 41 34

29 50 40

30 29 41

31 43 47

32 40 49

33 32 41

34 38 47

50까지의 수의 크기 비교(3)

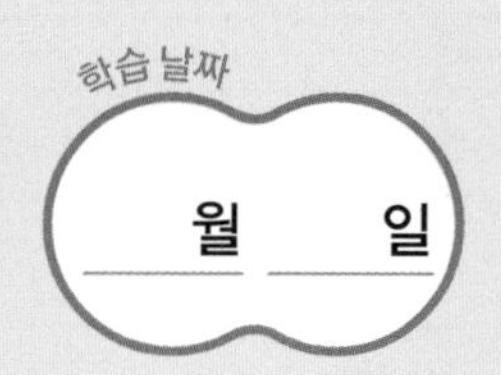

가장 큰 수에 ○표 하시오. (1~16)

1 | 25 32 19

2 | 24 39 41

3 | 29 38 10

4 | 27 26 21

5 | 43 37 29

6 | 31 24 40

7 | 25 32 18

8 | 50 27 39

9 | 19 24 31

10 | 19 30 27

11 | 43 38 36

12 | 32 35 41

13 | 25 34 42

14 | 27 33 18

15 | 45 37 29

16 | 24 30 16

계산은 빠르고 정확하게!

걸린 시간	1~6분	6~8분	8~10분
맞은 개수	30~32개	22~29개	1~21개
평가	참 잘했어요.	잘했어요.	좀더 노력해요.

가장 작은 수에 △표 하시오. (17 ~ 32)

17 24 32 40

18 27 29 20

19 33 38 30

20 25 34 43

21 50 42 45

22 26 30 19

23 24 18 32

24 16 21 19

25 38 40 37

26 41 50 37

27 40 37 43

28 39 41 46

29 27 30 40

30 34 30 42

31 36 34 43

32 36 45 29

50까지의 수의 크기 비교(4)

알맞은 수를 모두 쓰시오. (1~8)

1 26보다 크고 29보다 작은 수 ➡

2 32보다 크고 37보다 작은 수 ➡

3 19보다 크고 23보다 작은 수 ➡

4 36보다 크고 40보다 작은 수 ➡

5 20보다 크고 25보다 작은 수 ➡

6 44보다 크고 50보다 작은 수 ➡

7 27보다 크고 31보다 작은 수 ➡

8 38보다 크고 44보다 작은 수 ➡

계산은 빠르고 정확하게!

걸린 시간	1~5분	5~8분	8~10분
맞은 개수	15~16개	12~14개	1~11개
평가	참 잘했어요.	잘했어요.	좀더 노력해요.

□ 안에 알맞은 수를 써넣으시오. (9 ~ 16)

9 23보다 크고 30보다 작은 수의 개수 ➡ □개

10 32보다 크고 39보다 작은 수의 개수 ➡ □개

11 27보다 크고 34보다 작은 수의 개수 ➡ □개

12 41보다 크고 50보다 작은 수의 개수 ➡ □개

13 25보다 크고 33보다 작은 수의 개수 ➡ □개

14 36보다 크고 42보다 작은 수의 개수 ➡ □개

15 39보다 크고 49보다 작은 수의 개수 ➡ □개

16 30보다 크고 40보다 작은 수의 개수 ➡ □개

5 신기한 연산

수를 늘어놓은 규칙을 찾아 빈칸에 알맞은 수를 써넣으시오. (1~6)

1

21	22	23	24
		26	25
	30		32
	35		

2

27		35	42
28			
29	32		40
		38	

3

45		43	
38		40	
			34
30	31	32	33

4

			29
			30
42	39	34	31
41	40		

5

32		42	
33	44		
34			39
	36	37	

6

	39	40	
37		49	
36	47		43
			44

걸린 시간	1~12분	12~16분	16~20분
맞은 개수	8~9개	6~7개	1~5개
평가	참 잘했어요.	잘했어요.	좀더 노력해요.

사다리를 타고 내려가며 알맞은 수를 찾아 빈 곳에 써넣으시오. (7 ~ 9)

7

8

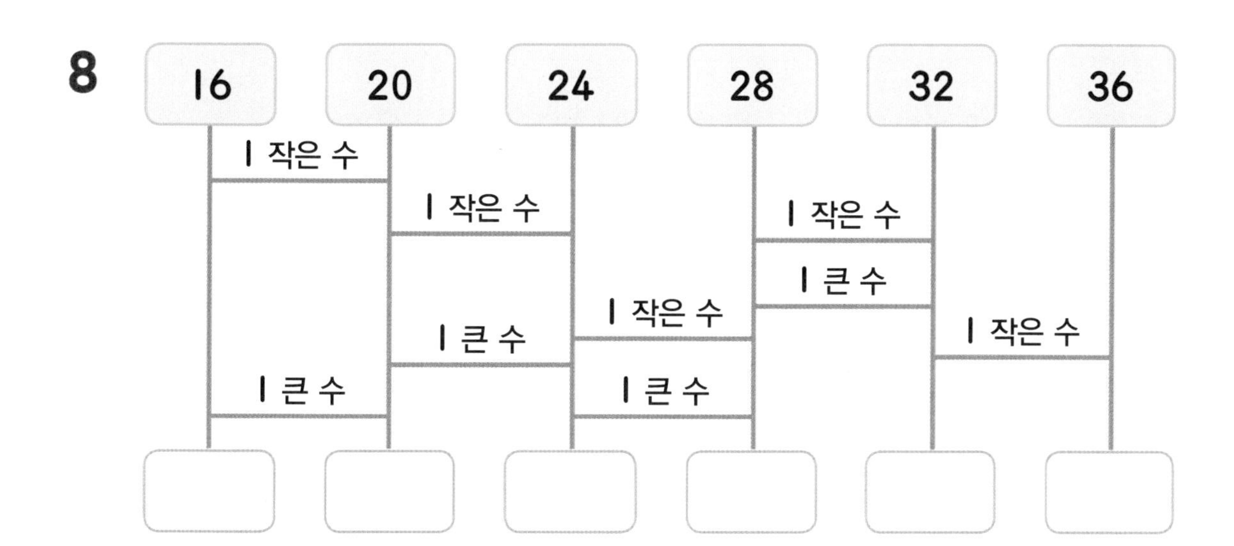

9

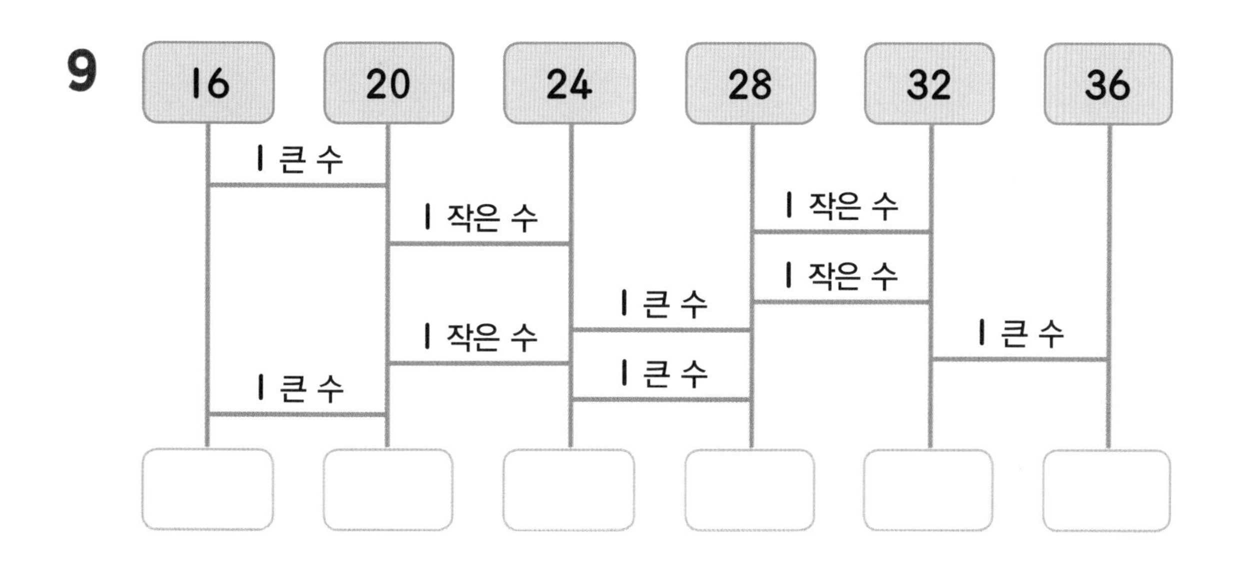

확인 평가

□ 안에 알맞은 수나 말을 써넣으시오. (1 ~ 4)

1

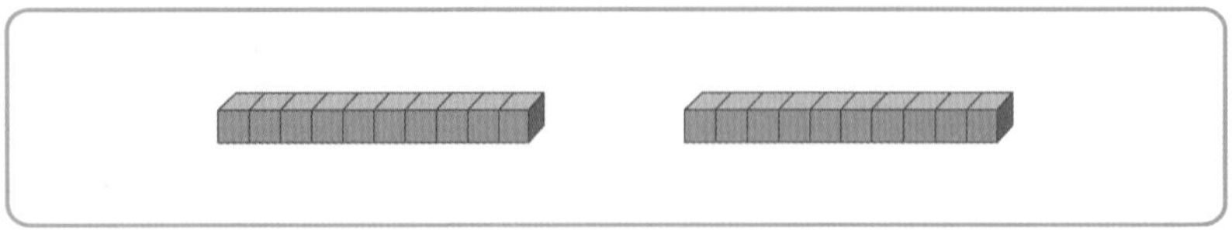

➡ 10개씩 □ 묶음이므로 □ 이고, 이십 또는 □ 이라고 읽습니다.

2

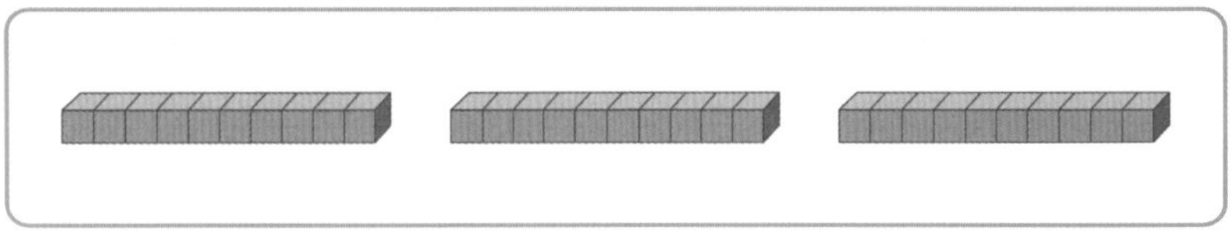

➡ 10개씩 □ 묶음이므로 □ 이고, 삼십 또는 □ 이라고 읽습니다.

3

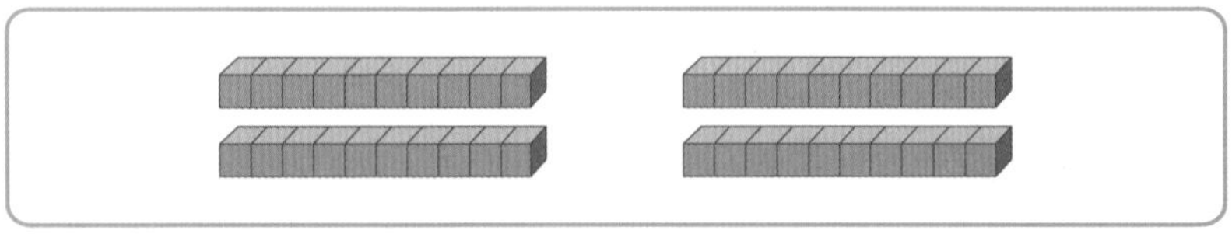

➡ 10개씩 □ 묶음이므로 □ 이고, 사십 또는 □ 이라고 읽습니다.

4

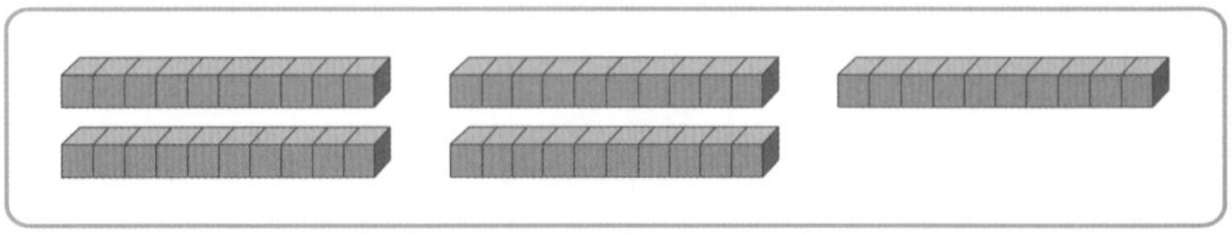

➡ 10개씩 □ 묶음이므로 □ 이고, 오십 또는 □ 이라고 읽습니다.

걸린 시간	1~10분	10~12분	12~15분
맞은 개수	27~29개	21~26개	1~20개
평가	참 잘했어요.	잘했어요.	좀더 노력해요.

5

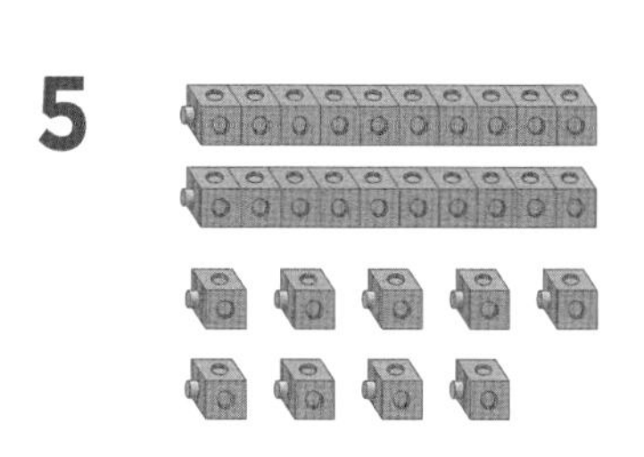

6

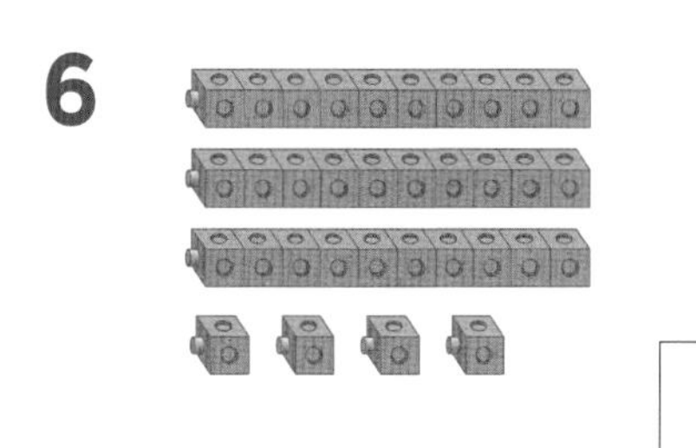

7

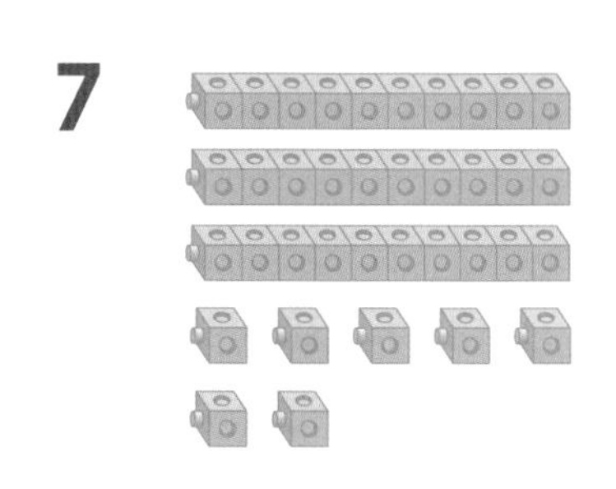

8

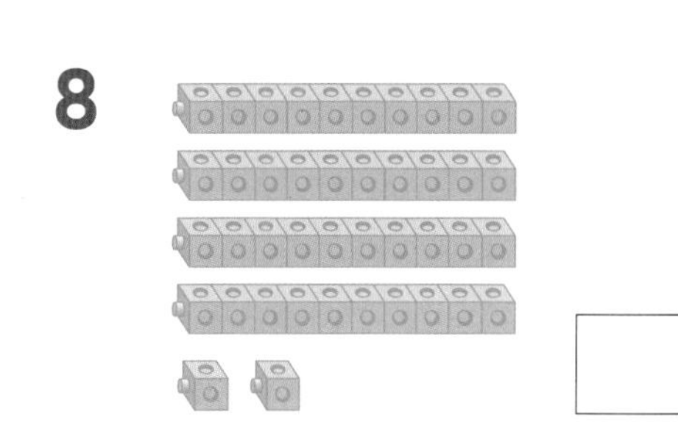

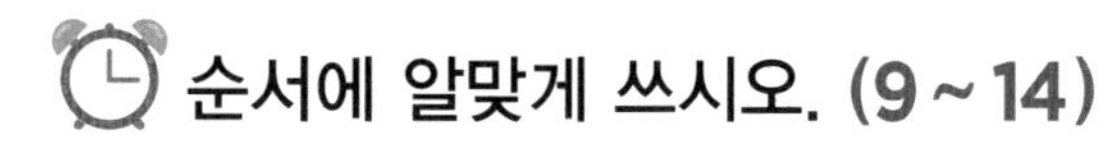

9 **10**

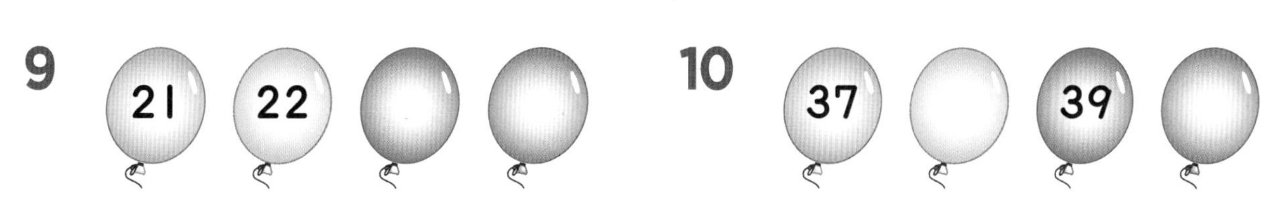

11 **12**

13 **14**

확인 평가

주어진 수보다 1 작은 수와 1 큰 수를 쓰시오. (15 ~ 20)

15

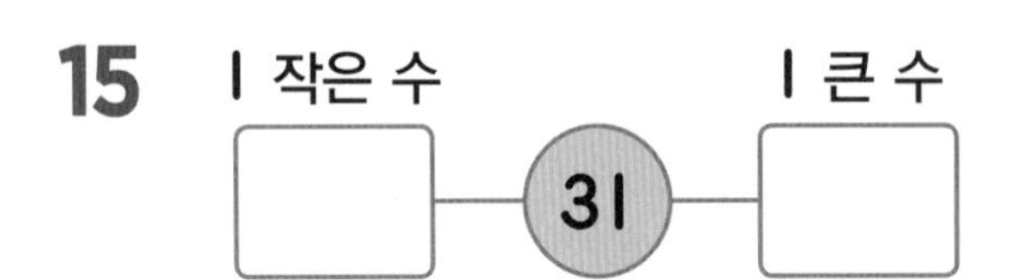

16

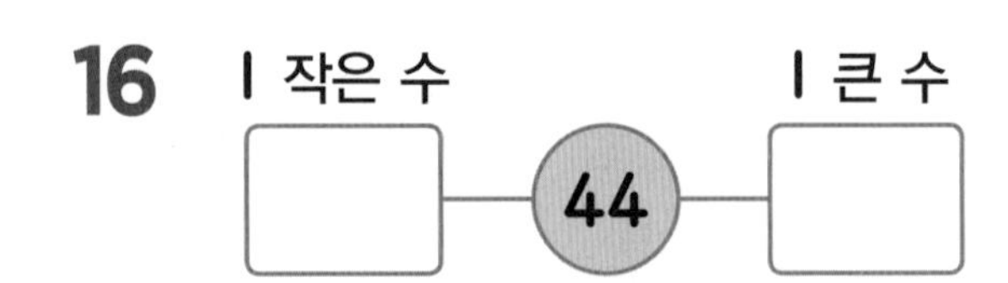

17

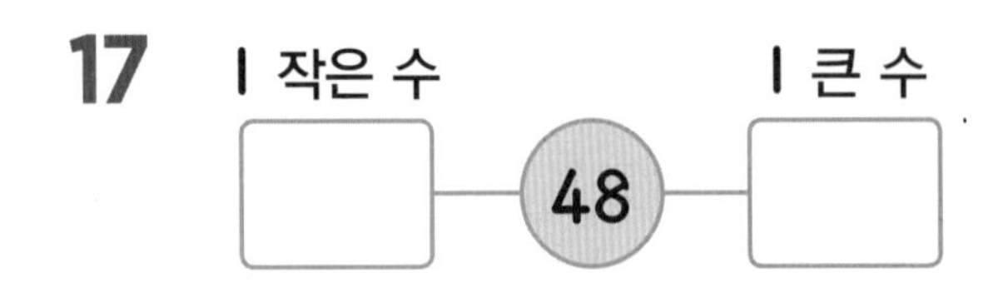

18

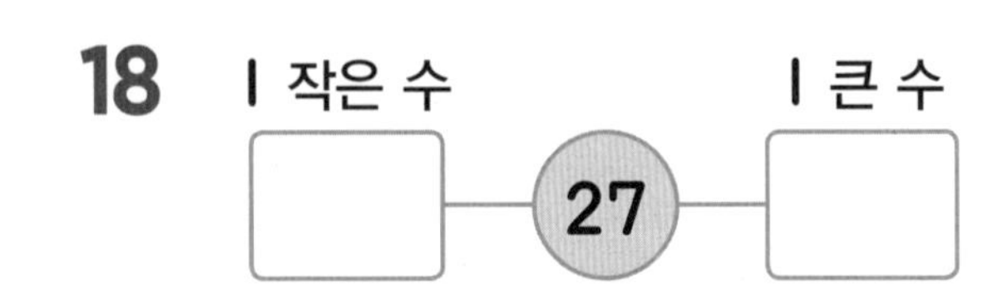

19

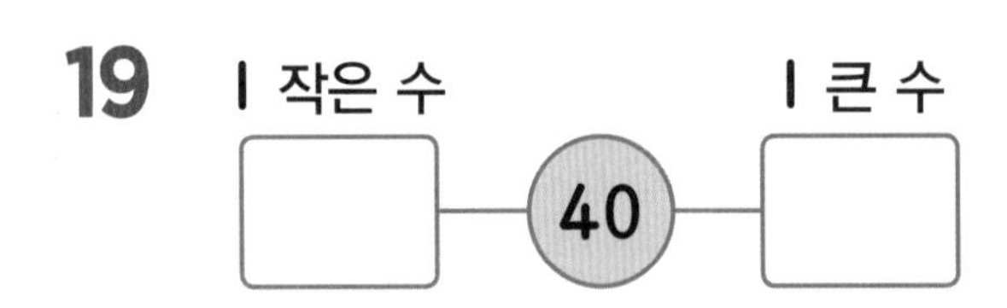

20

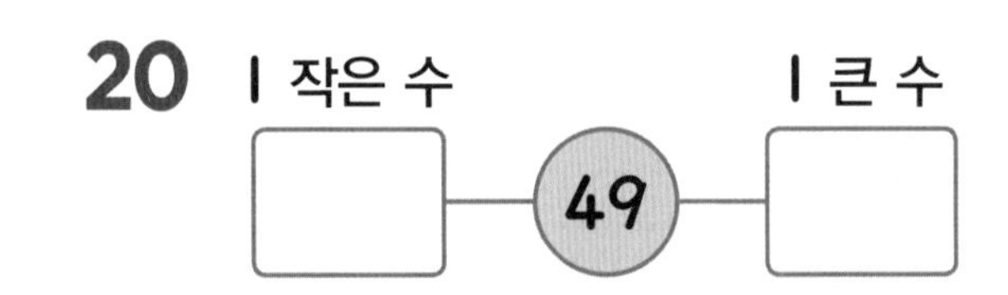

더 큰 수에 ○표 하시오. (21 ~ 29)

21

22

23

24 24 27

25

26

27 30 26

28 40 43

29 37 46

3

50까지의 수의 덧셈과 뺄셈

(몇십)+(몇)의 계산(1)

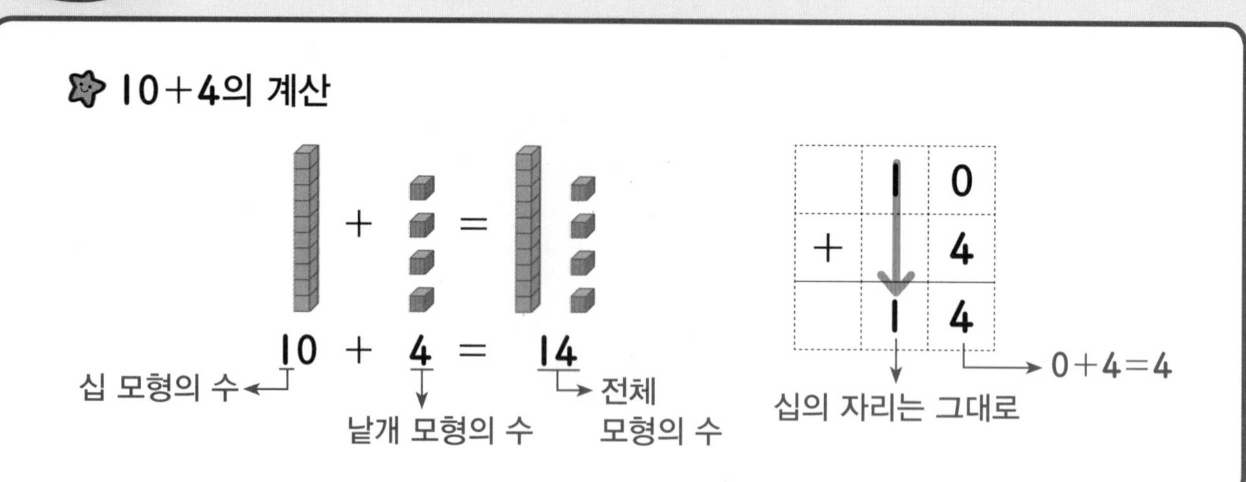

전체 블록의 수를 구하시오. (1 ~ 6)

1

+

$10+2=\square$

2

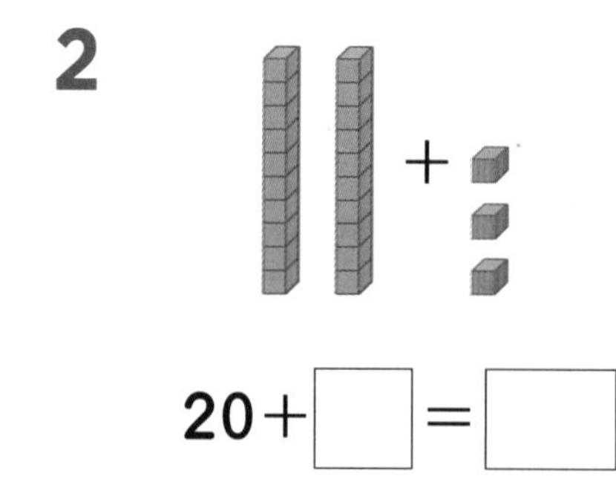

$20+\square=\square$

3

+

$\square+\square=\square$

4

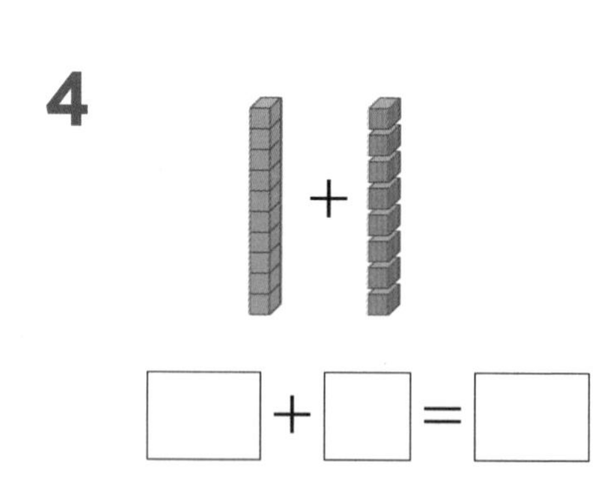

$\square+\square=\square$

5

+

$\square+\square=\square$

6

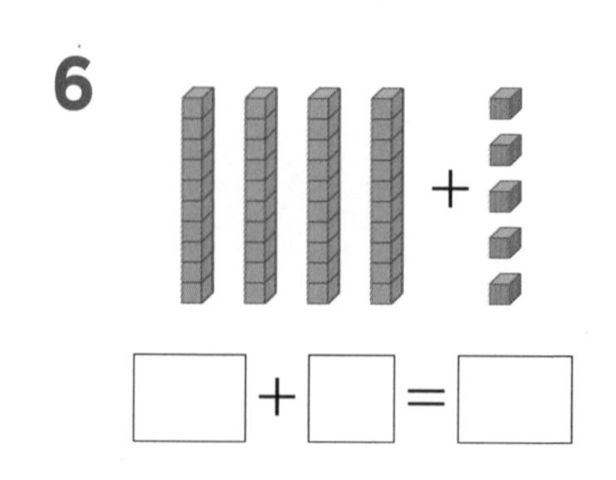

$\square+\square=\square$

계산은 빠르고 정확하게!

걸린 시간	1~4분	4~6분	6~8분
맞은 개수	15~16개	13~14개	1~12개
평가	참 잘했어요.	잘했어요.	좀더 노력해요.

전체 수수깡의 수를 구하시오. (7 ~ 16)

7 10 10 + ||

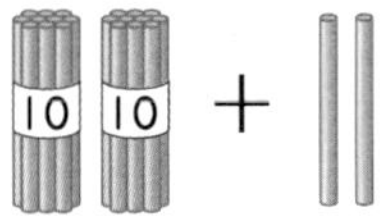

☐ + ☐ = ☐

8 10 10 10 + |||||||

☐ + ☐ = ☐

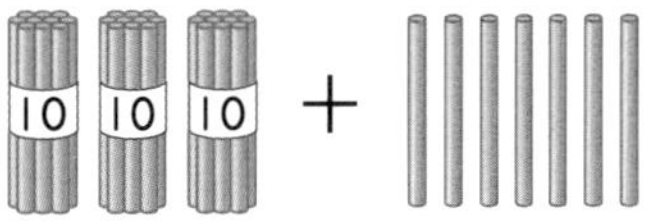

9 10 + ||||

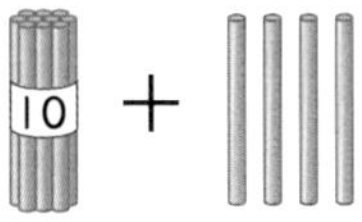

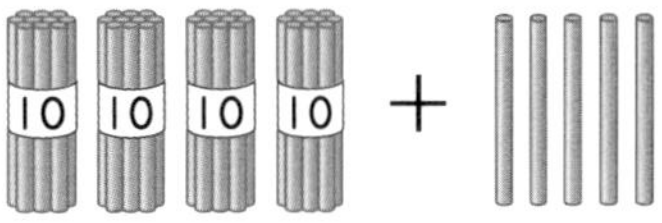

☐ + ☐ = ☐

10 10 10 10 10 + |||||

☐ + ☐ = ☐

11 10 10 + ||||||

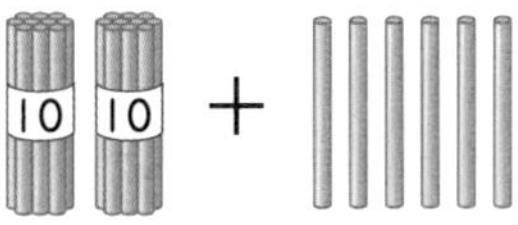

☐ + ☐ = ☐

12 10 10 10 10 + |||

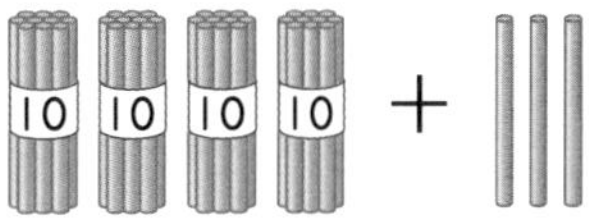

☐ + ☐ = ☐

13 10 10 10 + ||||||

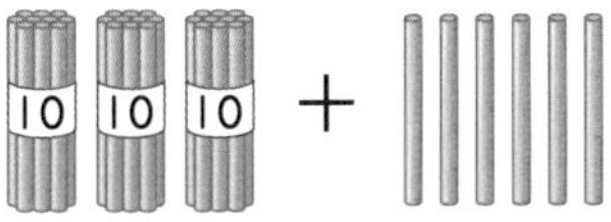

☐ + ☐ = ☐

14 10 + |||||||

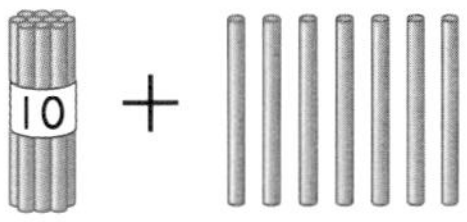

☐ + ☐ = ☐

15 10 10 + |||||||||

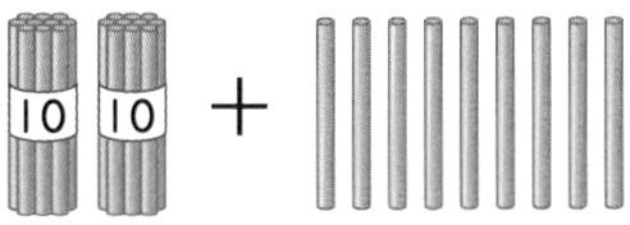

☐ + ☐ = ☐

16 10 10 10 10 + ||

☐ + ☐ = ☐

1 (몇십)+(몇)의 계산(2)

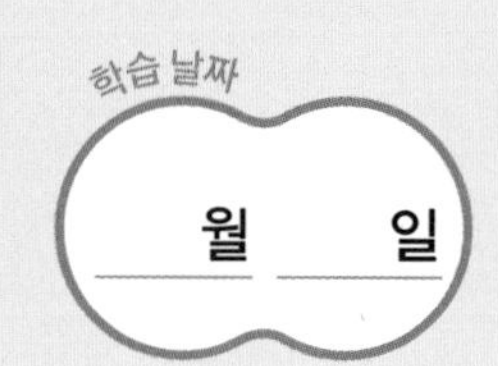

계산을 하시오. (1 ~ 15)

1

	1	0
+		3

2

	3	0
+		5

3

	2	0
+		6

4

	4	0
+		8

5

	1	0
+		9

6

	3	0
+		2

7

	2	0
+		7

8

	4	0
+		4

9

	3	0
+		1

10

	1	0
+		2

11

	2	0
+		4

12

	3	0
+		6

13

	4	0
+		7

14

	3	0
+		9

15

	2	0
+		8

계산은 빠르고 정확하게!

걸린 시간	1~6분	6~9분	9~12분
맞은 개수	27~30개	21~26개	1~20개
평가	참 잘했어요.	잘했어요.	좀더 노력해요.

계산을 하시오. (16 ~ 30)

16 $\begin{array}{r} 10 \\ +\ \ 8 \\ \hline \square \end{array}$

17 $\begin{array}{r} 30 \\ +\ \ 4 \\ \hline \square \end{array}$

18 $\begin{array}{r} 40 \\ +\ \ 9 \\ \hline \square \end{array}$

19 $\begin{array}{r} 20 \\ +\ \ 3 \\ \hline \square \end{array}$

20 $\begin{array}{r} 30 \\ +\ \ 7 \\ \hline \square \end{array}$

21 $\begin{array}{r} 40 \\ +\ \ 6 \\ \hline \square \end{array}$

22 $\begin{array}{r} 10 \\ +\ \ 5 \\ \hline \square \end{array}$

23 $\begin{array}{r} 20 \\ +\ \ 2 \\ \hline \square \end{array}$

24 $\begin{array}{r} 30 \\ +\ \ 8 \\ \hline \square \end{array}$

25 $\begin{array}{r} 40 \\ +\ \ 1 \\ \hline \square \end{array}$

26 $\begin{array}{r} 10 \\ +\ \ 7 \\ \hline \square \end{array}$

27 $\begin{array}{r} 20 \\ +\ \ 5 \\ \hline \square \end{array}$

28 $\begin{array}{r} 30 \\ +\ \ 8 \\ \hline \square \end{array}$

29 $\begin{array}{r} 40 \\ +\ \ 3 \\ \hline \square \end{array}$

30 $\begin{array}{r} 20 \\ +\ \ 9 \\ \hline \square \end{array}$

1 (몇십)+(몇)의 계산(3)

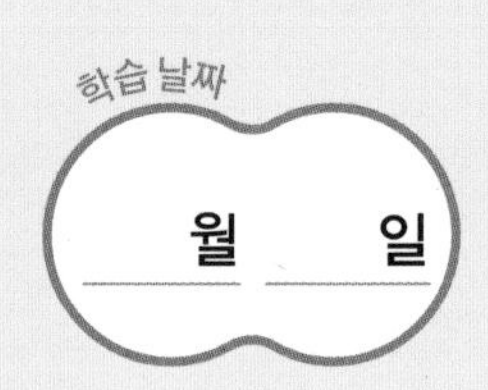

계산을 하시오. (1 ~ 14)

	십	일		일		십	일
1	1	0	+	3	=		

2	2	0	+	5	=		

3	3	0	+	1	=		

4	4	0	+	9	=		

5	2	0	+	2	=		

6	4	0	+	4	=		

7	1	0	+	6	=		

8	3	0	+	8	=		

9	4	0	+	5	=		

10	3	0	+	4	=		

11	4	0	+	2	=		

12	1	0	+	9	=		

13	3	0	+	6	=		

14	4	0	+	7	=		

계산은 빠르고 정확하게!

걸린 시간	1~10분	10~15분	15~20분
맞은 개수	35~38개	27~34개	1~26개
평가	참 잘했어요.	잘했어요.	좀더 노력해요.

계산을 하시오. (15 ~ 38)

15 $10+2=\square$　16 $20+4=\square$　17 $10+7=\square$

18 $40+8=\square$　19 $10+1=\square$　20 $20+3=\square$

21 $30+5=\square$　22 $40+3=\square$　23 $10+5=\square$

24 $20+9=\square$　25 $30+2=\square$　26 $40+9=\square$

27 $10+4=\square$　28 $20+6=\square$　29 $30+7=\square$

30 $40+1=\square$　31 $30+3=\square$　32 $20+1=\square$

33 $10+8=\square$　34 $20+8=\square$　35 $30+7=\square$

36 $40+6=\square$　37 $30+9=\square$　38 $20+7=\square$

2 (몇십몇)+(몇)의 계산(1)

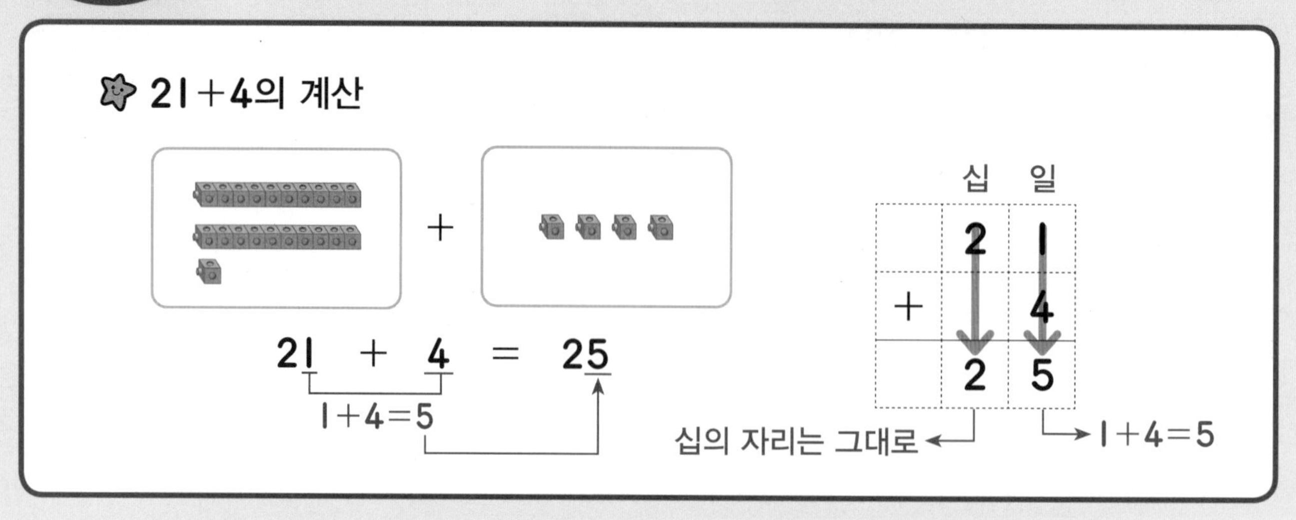

전체 연결큐브의 수를 구하시오. (1~6)

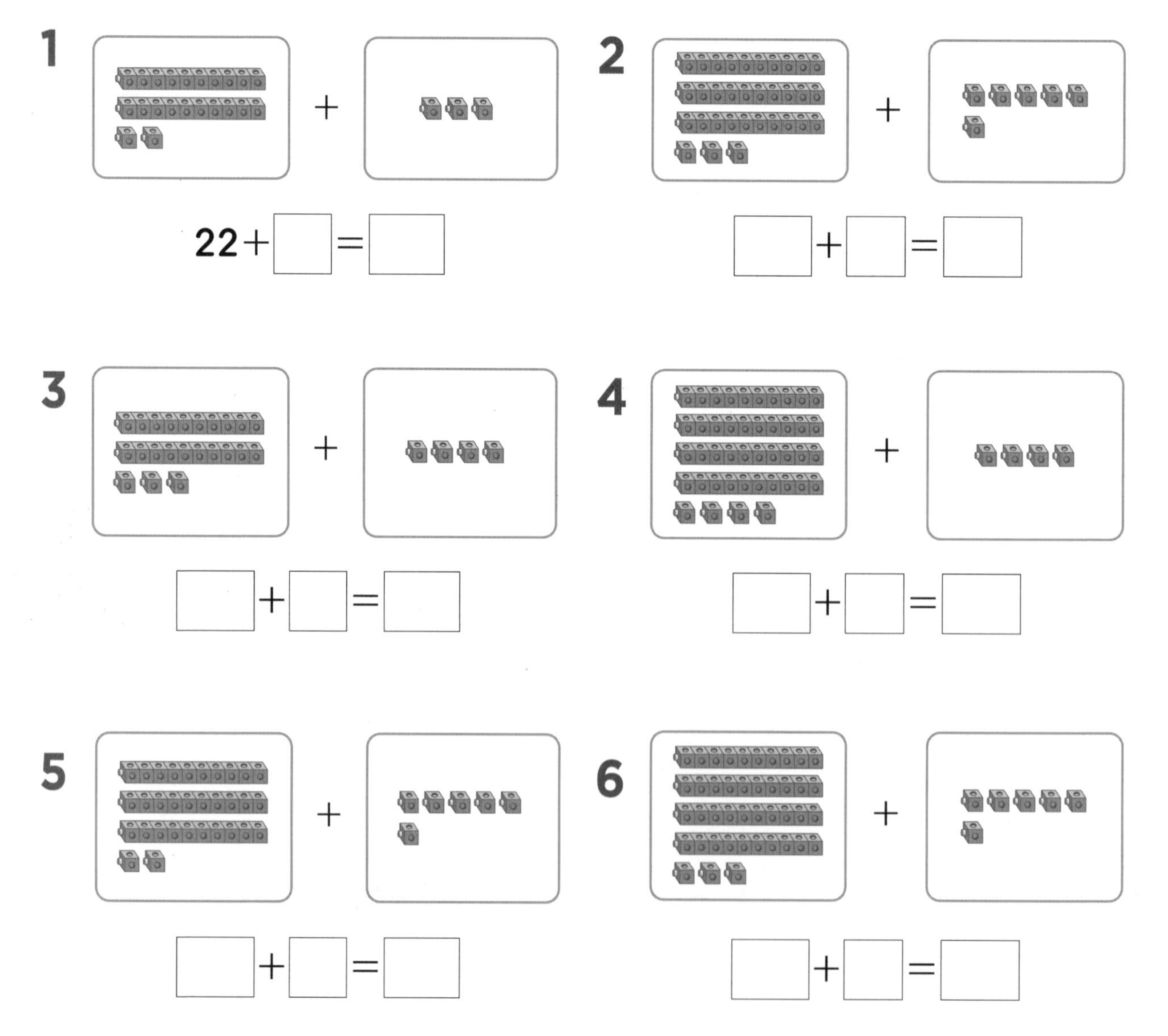

계산은 빠르고 정확하게!

걸린 시간	1~4분	4~6분	6~8분
맞은 개수	13~14개	10~12개	1~9개
평가	참 잘했어요.	잘했어요.	좀더 노력해요.

전체 수수깡의 수를 구하시오. (7 ~ 14)

7

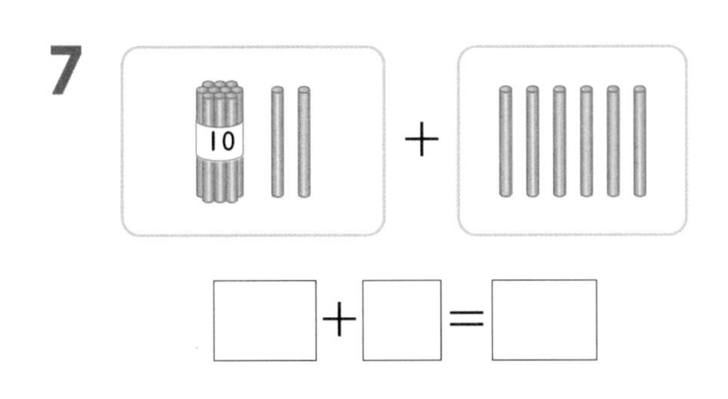

□+□=□

8

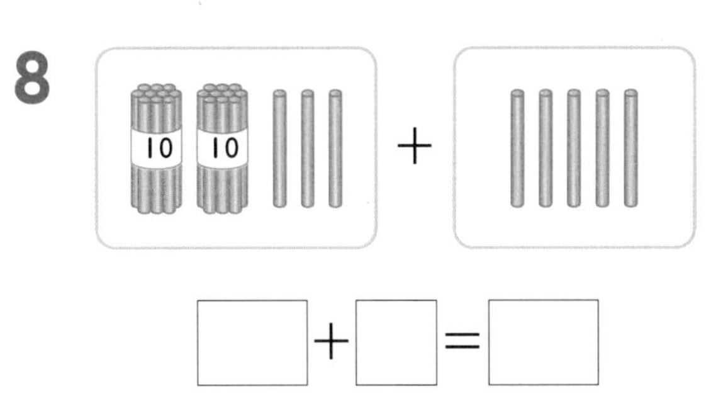

□+□=□

9 **10**

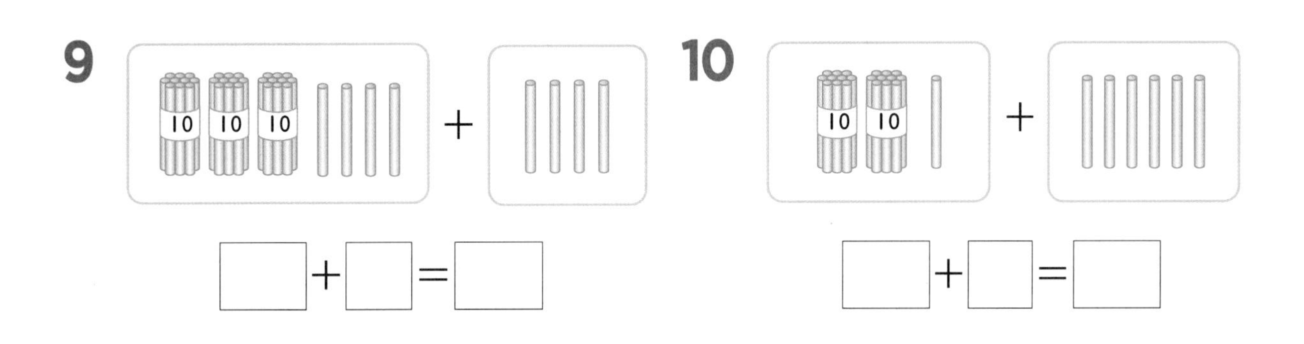

□+□=□ □+□=□

11 **12**

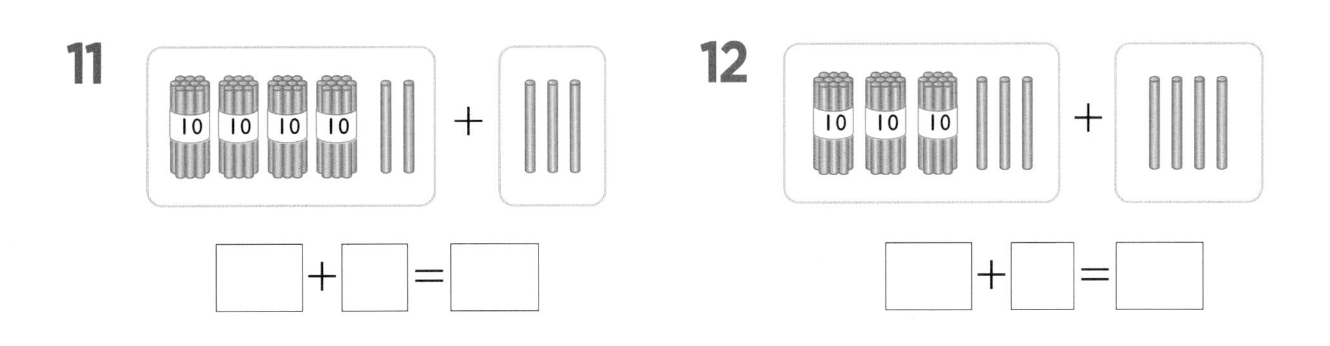

□+□=□ □+□=□

13 **14**

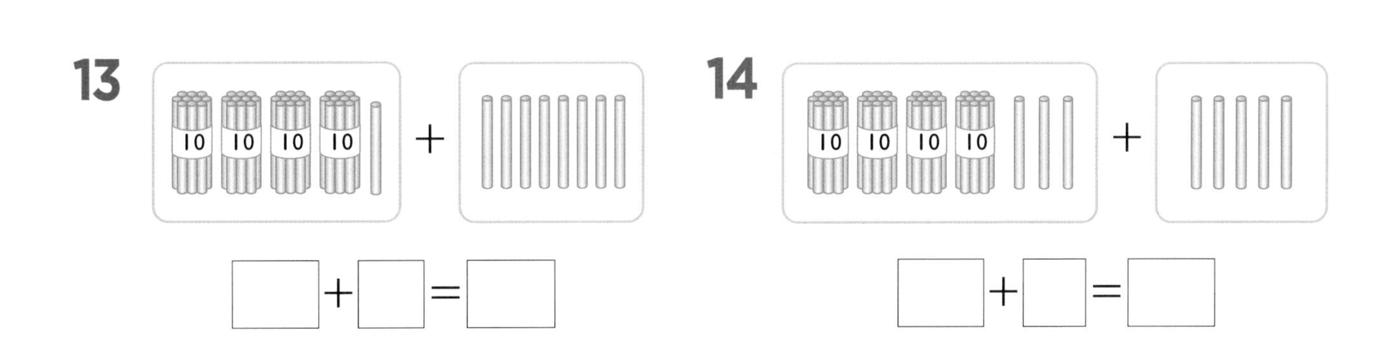

□+□=□ □+□=□

2 (몇십몇)+(몇)의 계산(2)

계산을 하시오. (1 ~ 15)

1

	1	6
+		2

2

	2	2
+		4

3

	3	5
+		3

4

	4	4
+		3

5

	2	6
+		2

6

	3	6
+		1

7

	1	2
+		6

8

	4	2
+		5

9

	3	3
+		2

10

	4	5
+		3

11

	3	4
+		4

12

	2	3
+		3

13

	1	4
+		4

14

	4	2
+		7

15

	3	2
+		4

계산은 빠르고 정확하게!

걸린 시간	1~6분	6~9분	9~12분
맞은 개수	27~30개	21~26개	1~20개
평가	참 잘했어요.	잘했어요.	좀더 노력해요.

계산을 하시오. (16 ~ 30)

16 $\begin{array}{r} 33 \\ +\ \ 5 \\ \hline \square \end{array}$

17 $\begin{array}{r} 27 \\ +\ \ 2 \\ \hline \square \end{array}$

18 $\begin{array}{r} 14 \\ +\ \ 3 \\ \hline \square \end{array}$

19 $\begin{array}{r} 42 \\ +\ \ 4 \\ \hline \square \end{array}$

20 $\begin{array}{r} 31 \\ +\ \ 5 \\ \hline \square \end{array}$

21 $\begin{array}{r} 22 \\ +\ \ 3 \\ \hline \square \end{array}$

22 $\begin{array}{r} 13 \\ +\ \ 3 \\ \hline \square \end{array}$

23 $\begin{array}{r} 43 \\ +\ \ 5 \\ \hline \square \end{array}$

24 $\begin{array}{r} 34 \\ +\ \ 3 \\ \hline \square \end{array}$

25 $\begin{array}{r} 21 \\ +\ \ 8 \\ \hline \square \end{array}$

26 $\begin{array}{r} 32 \\ +\ \ 5 \\ \hline \square \end{array}$

27 $\begin{array}{r} 18 \\ +\ \ 1 \\ \hline \square \end{array}$

28 $\begin{array}{r} 45 \\ +\ \ 4 \\ \hline \square \end{array}$

29 $\begin{array}{r} 36 \\ +\ \ 2 \\ \hline \square \end{array}$

30 $\begin{array}{r} 23 \\ +\ \ 4 \\ \hline \square \end{array}$

2 (몇십몇)+(몇)의 계산(3)

계산을 하시오. (1 ~ 14)

1 21 + 4 =

2 35 + 1 =

3 41 + 6 =

4 15 + 2 =

5 32 + 5 =

6 24 + 3 =

7 24 + 4 =

8 16 + 3 =

9 37 + 2 =

10 45 + 4 =

11 13 + 2 =

12 25 + 3 =

13 32 + 2 =

14 43 + 6 =

계산은 빠르고 정확하게!

걸린 시간	1~10분	10~15분	15~20분
맞은 개수	35~38개	27~34개	1~26개
평가	참 잘했어요.	잘했어요.	좀더 노력해요.

계산을 하시오. (15 ~ 38)

15 $12+2=\square$ **16** $23+3=\square$ **17** $34+4=\square$

18 $45+1=\square$ **19** $14+3=\square$ **20** $25+4=\square$

21 $36+2=\square$ **22** $47+2=\square$ **23** $36+3=\square$

24 $24+1=\square$ **25** $35+2=\square$ **26** $46+3=\square$

27 $43+2=\square$ **28** $23+4=\square$ **29** $35+4=\square$

30 $46+2=\square$ **31** $15+3=\square$ **32** $26+3=\square$

33 $32+4=\square$ **34** $41+2=\square$ **35** $22+5=\square$

36 $17+2=\square$ **37** $23+5=\square$ **38** $32+6=\square$

(몇십몇)+(몇)의 계산(4)

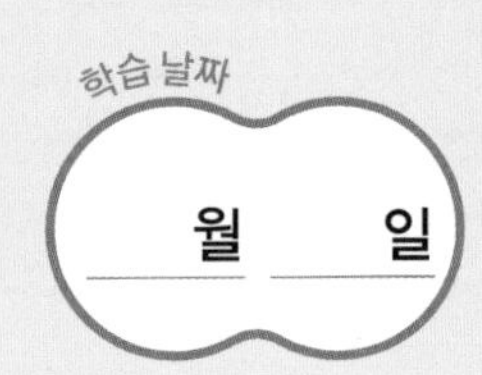

수직선을 보고 덧셈식을 만들어 보시오. (1 ~ 6)

1

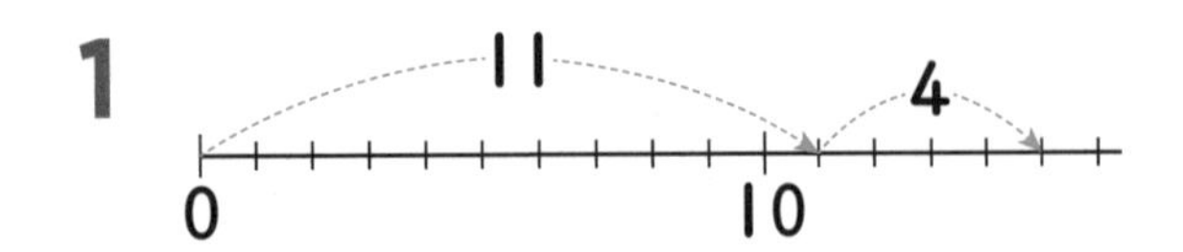

2

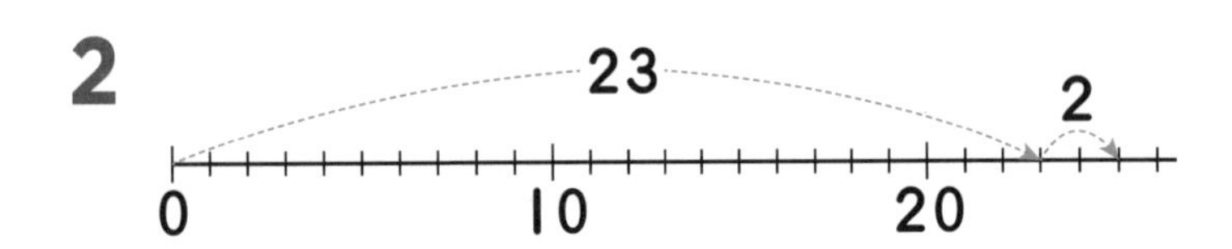

3

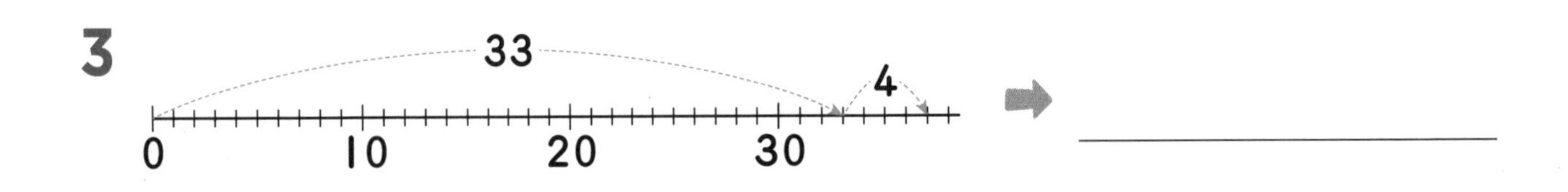

4

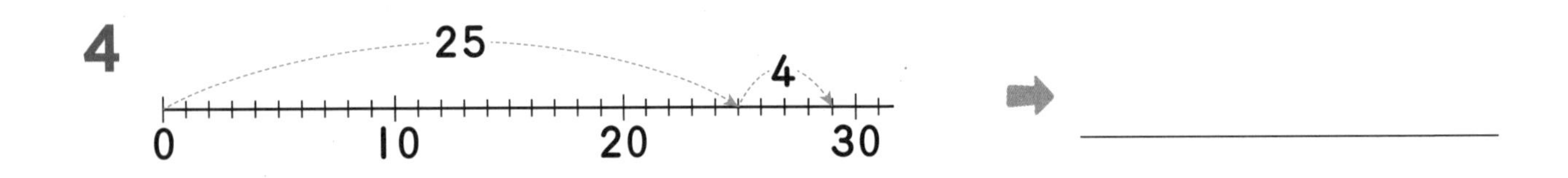

5

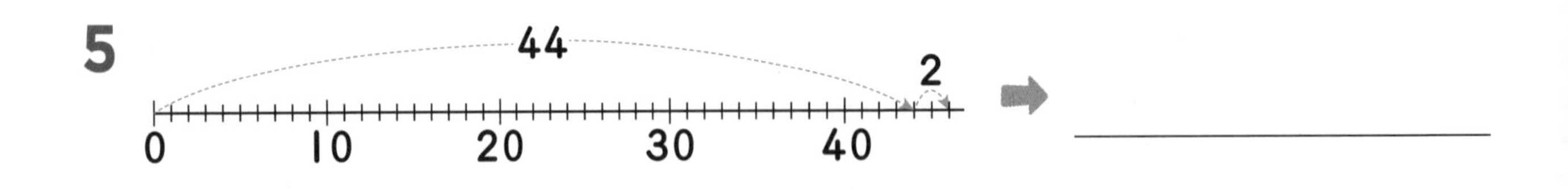

6

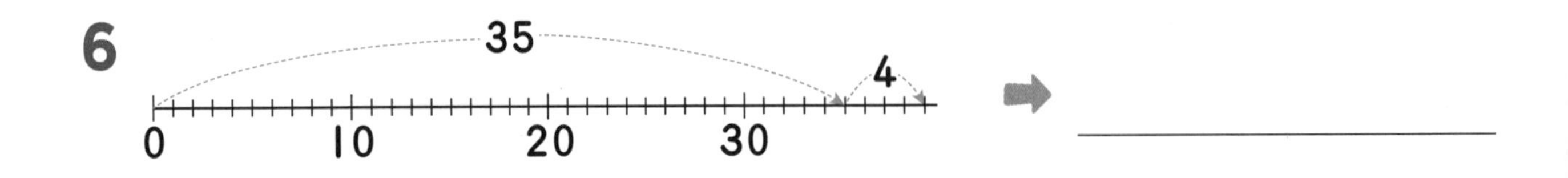

계산은 빠르고 정확하게!

걸린 시간	1~4분	4~6분	6~8분
맞은 개수	15~16개	12~14개	1~11개
평가	참 잘했어요.	잘했어요.	좀더 노력해요.

수 막대를 보고 덧셈식을 만들어 보시오. (7 ~ 16)

7

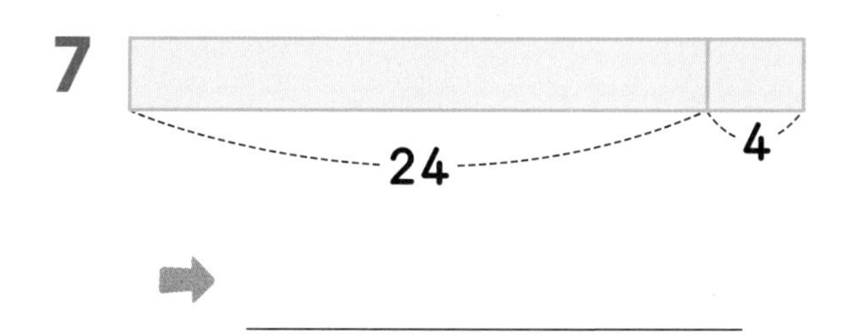

➡ ______________________

8

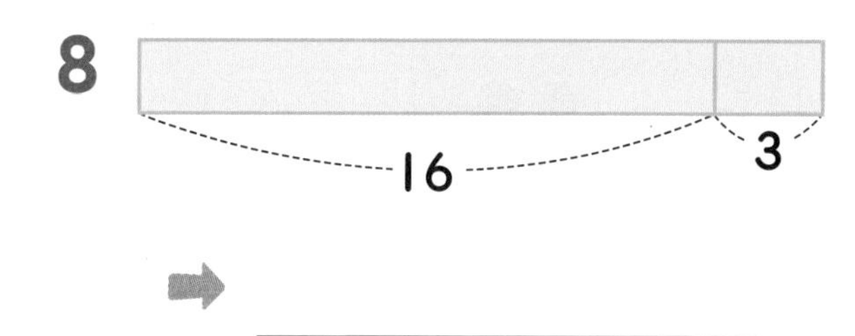

➡ ______________________

9

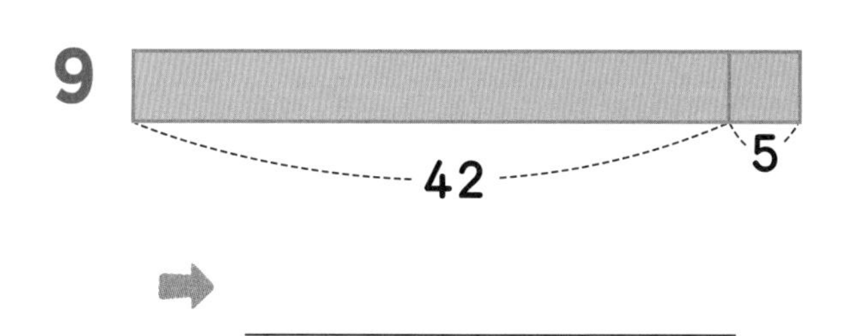

➡ ______________________

10

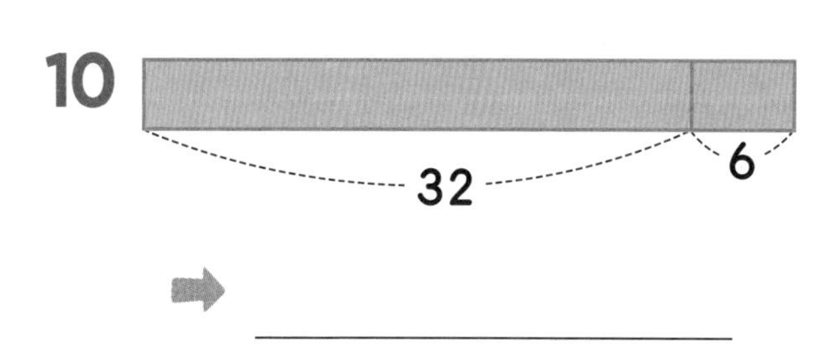

➡ ______________________

11

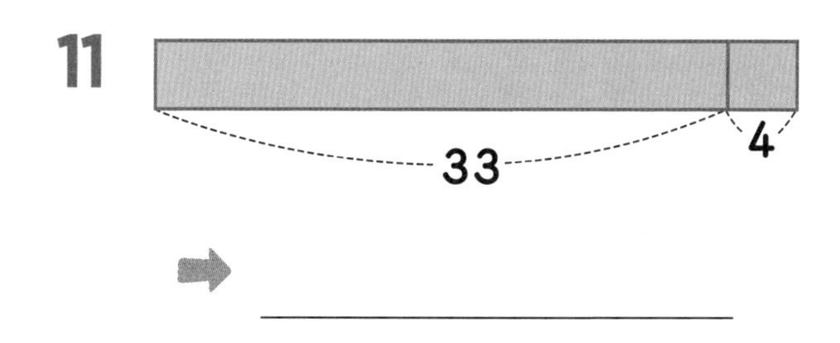

➡ ______________________

12

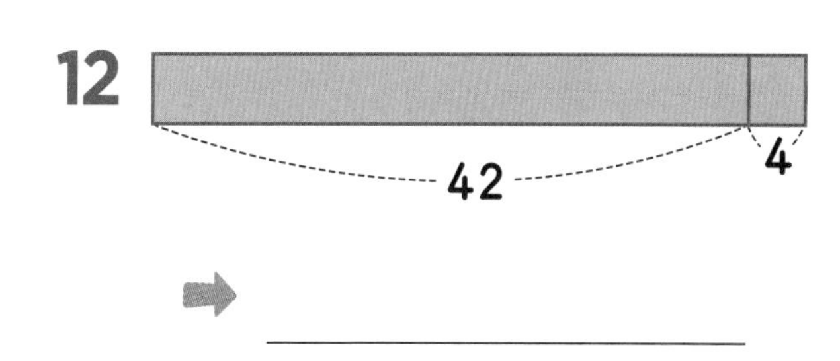

➡ ______________________

13

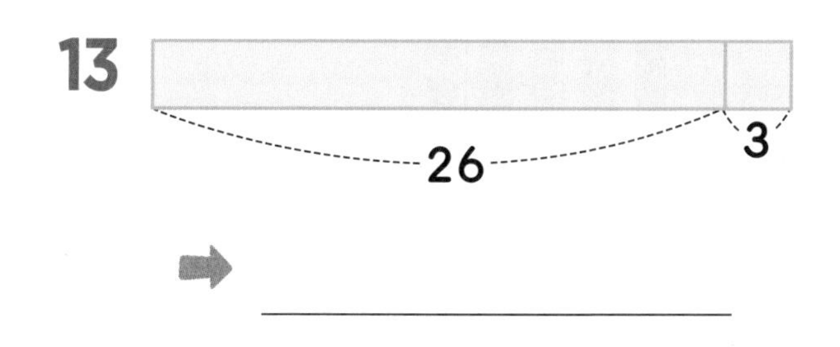

➡ ______________________

14

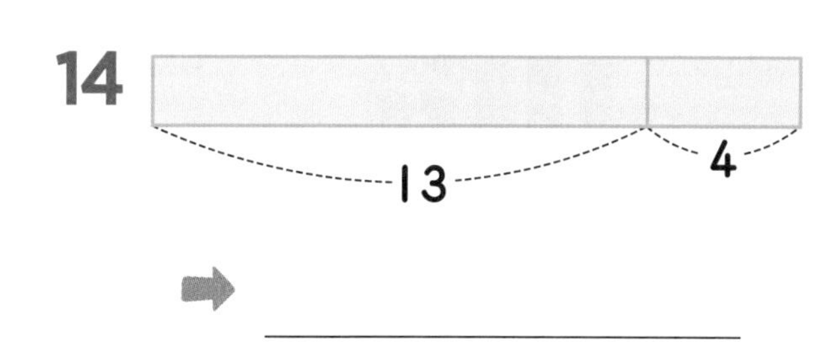

➡ ______________________

15

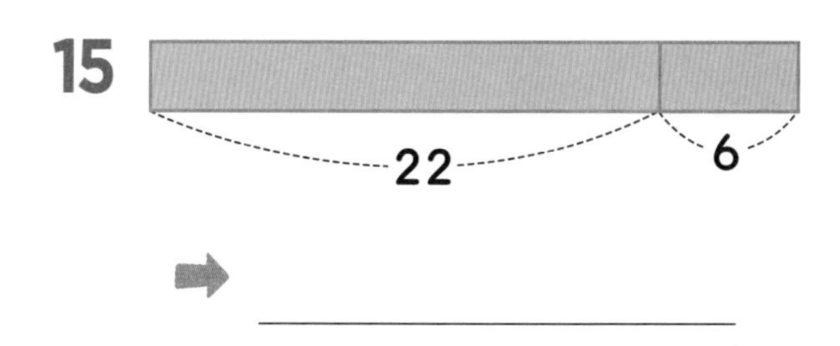

➡ ______________________

16

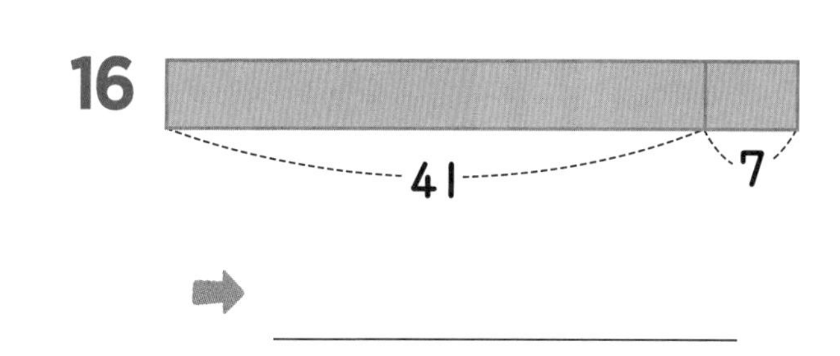

➡ ______________________

3 (몇십몇)－(몇)의 계산(1)

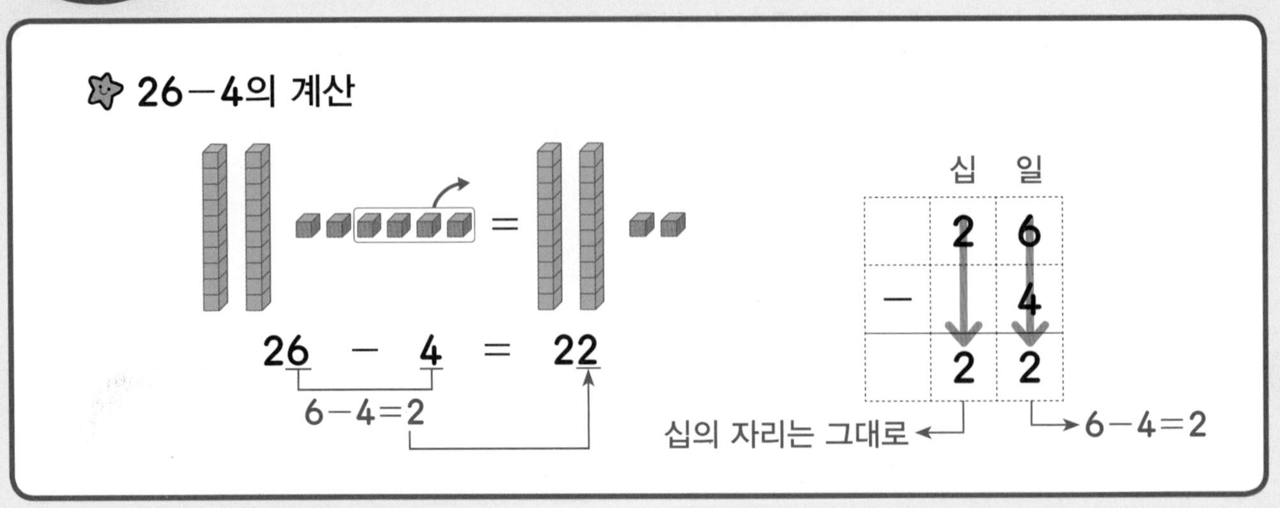

남은 블록의 수를 구하시오. (1～6)

1

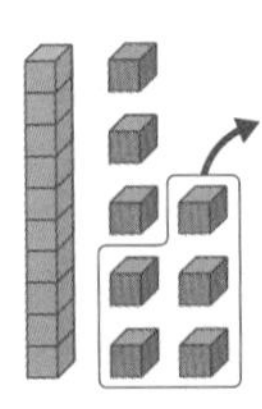

18－5＝☐

2

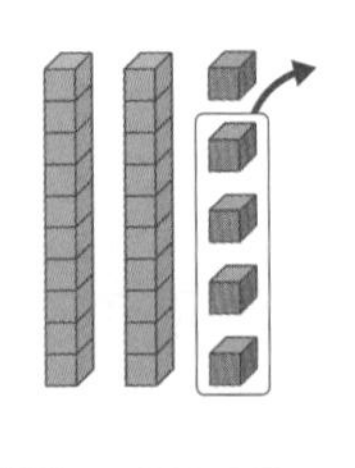

☐－☐＝☐

3

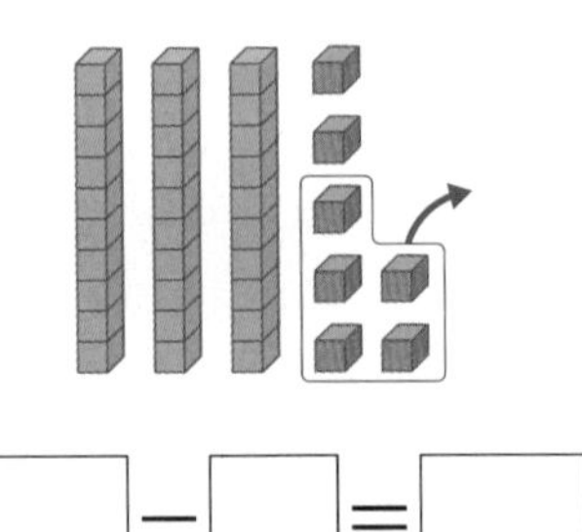

☐－☐＝☐

4

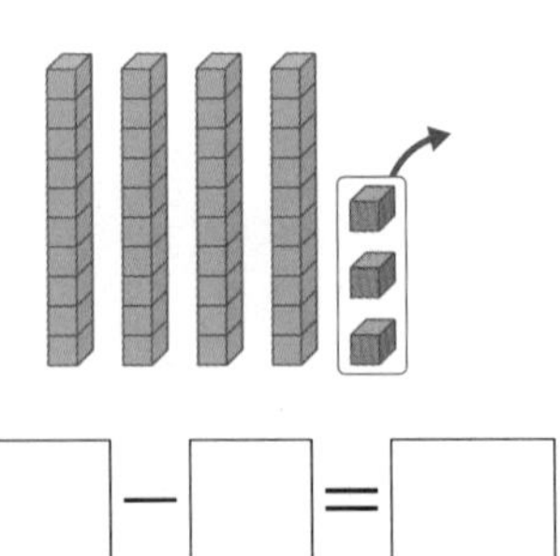

☐－☐＝☐

5

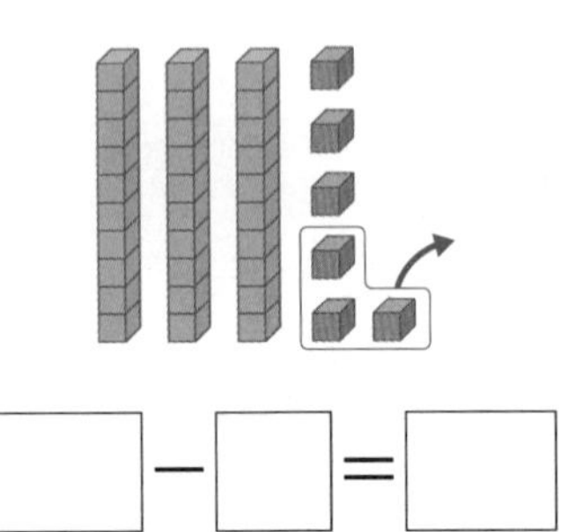

☐－☐＝☐

6

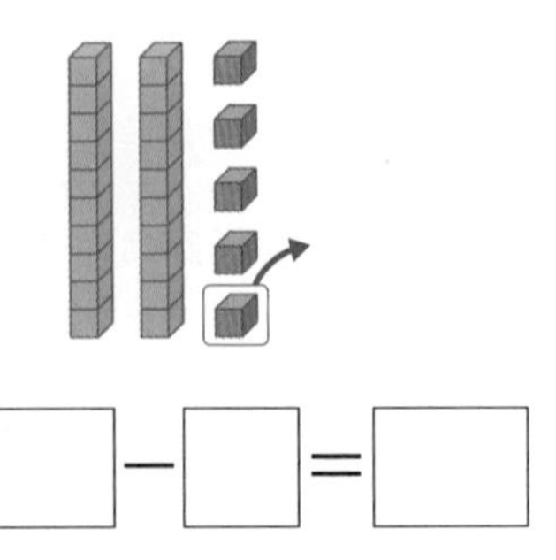

☐－☐＝☐

계산은 빠르고 정확하게!

걸린 시간	1~4분	4~6분	6~8분
맞은 개수	13~14개	10~12개	1~9개
평가	참 잘했어요.	잘했어요.	좀더 노력해요.

남은 연결큐브의 수를 구하시오. (7 ~ 14)

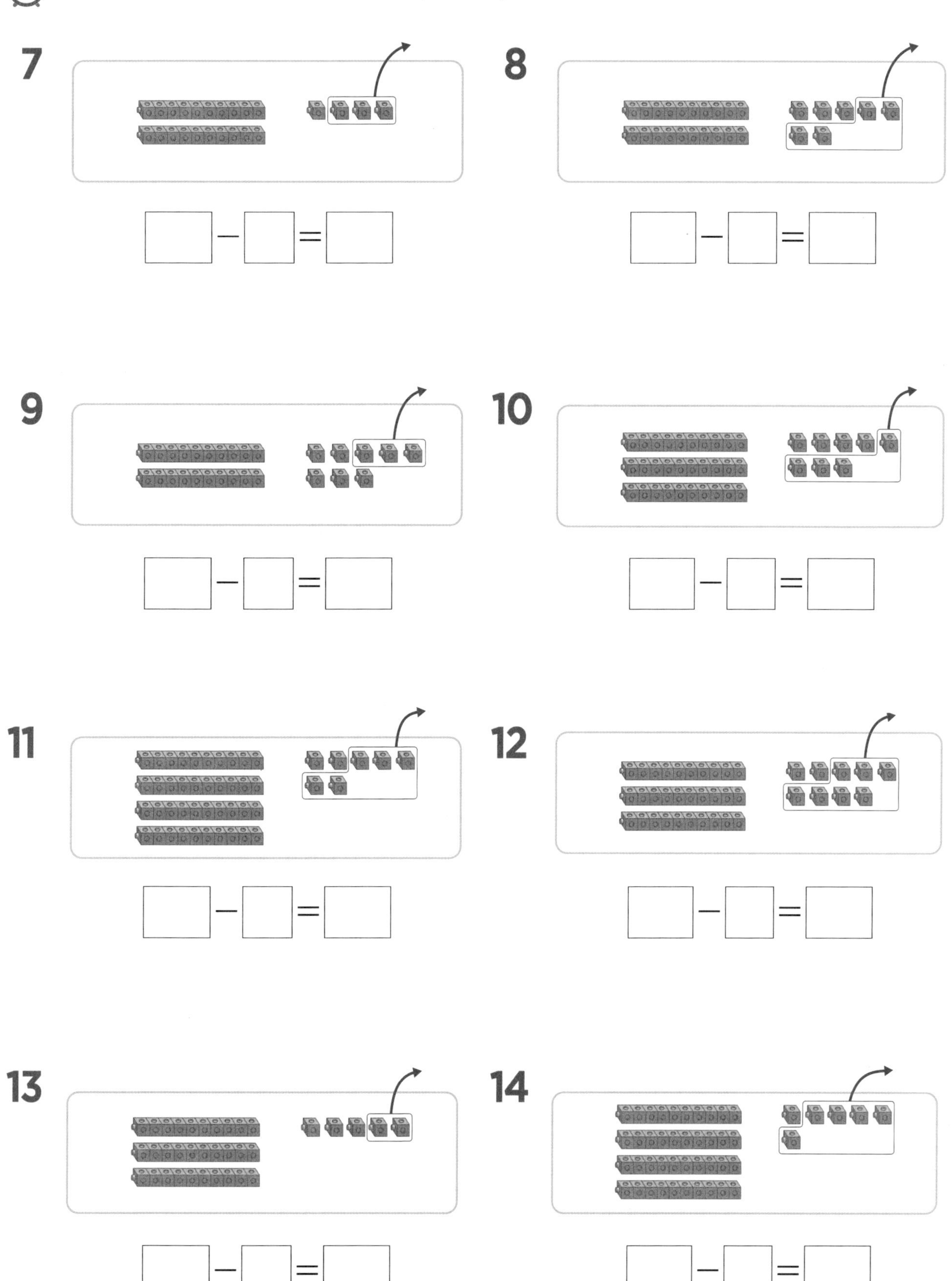

3 (몇십몇)—(몇)의 계산(2)

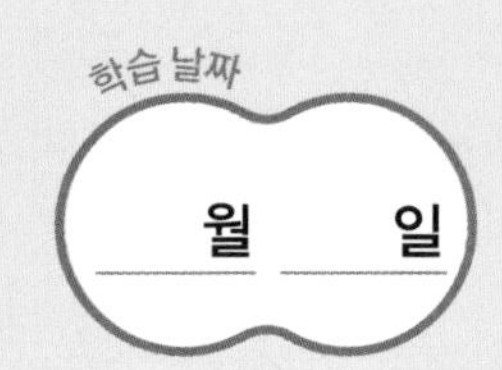

계산을 하시오. (1 ~ 15)

1

	3	8
—		2

2

	4	6
—		6

3

	2	6
—		3

4

	1	5
—		2

5

	2	6
—		4

6

	3	7
—		6

7

	2	4
—		3

8

	3	5
—		4

9

	2	9
—		6

10

	3	9
—		5

11

	4	5
—		1

12

	2	8
—		3

13

	1	7
—		6

14

	2	6
—		5

15

	3	9
—		7

계산은 빠르고 정확하게!

걸린 시간	1~6분	6~9분	9~12분
맞은 개수	27~30개	21~26개	1~20개
평가	참 잘했어요.	잘했어요.	좀더 노력해요.

계산을 하시오. (16 ~ 30)

16 $\begin{array}{r} 15 \\ -\ \ 3 \\ \hline \square \end{array}$

17 $\begin{array}{r} 27 \\ -\ \ 4 \\ \hline \square \end{array}$

18 $\begin{array}{r} 39 \\ -\ \ 2 \\ \hline \square \end{array}$

19 $\begin{array}{r} 43 \\ -\ \ 3 \\ \hline \square \end{array}$

20 $\begin{array}{r} 17 \\ -\ \ 5 \\ \hline \square \end{array}$

21 $\begin{array}{r} 28 \\ -\ \ 7 \\ \hline \square \end{array}$

22 $\begin{array}{r} 34 \\ -\ \ 3 \\ \hline \square \end{array}$

23 $\begin{array}{r} 46 \\ -\ \ 4 \\ \hline \square \end{array}$

24 $\begin{array}{r} 16 \\ -\ \ 3 \\ \hline \square \end{array}$

25 $\begin{array}{r} 25 \\ -\ \ 3 \\ \hline \square \end{array}$

26 $\begin{array}{r} 37 \\ -\ \ 7 \\ \hline \square \end{array}$

27 $\begin{array}{r} 49 \\ -\ \ 7 \\ \hline \square \end{array}$

28 $\begin{array}{r} 19 \\ -\ \ 6 \\ \hline \square \end{array}$

29 $\begin{array}{r} 29 \\ -\ \ 4 \\ \hline \square \end{array}$

30 $\begin{array}{r} 38 \\ -\ \ 5 \\ \hline \square \end{array}$

3 (몇십몇)—(몇)의 계산(3)

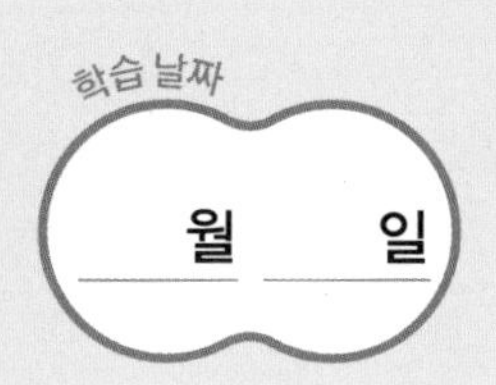

계산을 하시오. (1 ~ 14)

1 27 − 6 =

2 38 − 4 =

3 43 − 2 =

4 16 − 3 =

5 37 − 5 =

6 29 − 8 =

7 44 − 2 =

8 17 − 5 =

9 19 − 2 =

10 49 − 6 =

11 34 − 3 =

12 26 − 4 =

13 17 − 2 =

14 48 − 7 =

걸린 시간	1~10분	10~15분	15~20분
맞은 개수	35~38개	27~34개	1~26개
평가	참 잘했어요.	잘했어요.	좀더 노력해요.

계산을 하시오. (15 ~ 38)

15 $16-4=\square$

16 $25-5=\square$

17 $24-3=\square$

18 $42-1=\square$

19 $36-2=\square$

20 $28-4=\square$

21 $38-5=\square$

22 $29-7=\square$

23 $15-4=\square$

24 $24-2=\square$

25 $17-6=\square$

26 $36-4=\square$

27 $46-3=\square$

28 $37-4=\square$

29 $28-3=\square$

30 $17-3=\square$

31 $26-6=\square$

32 $35-4=\square$

33 $29-2=\square$

34 $34-2=\square$

35 $44-1=\square$

36 $18-6=\square$

37 $29-3=\square$

38 $38-2=\square$

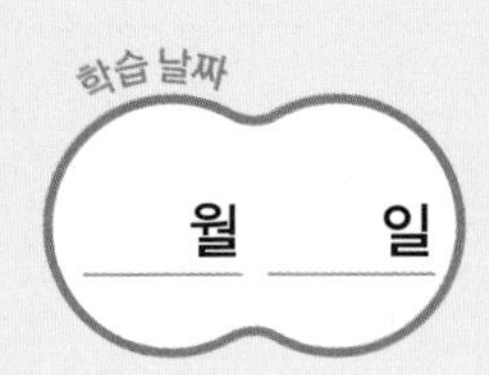

3 (몇십몇)－(몇)의 계산(4)

수직선을 보고 뺄셈식을 만들어 ♥의 값을 구해 보시오. (1~8)

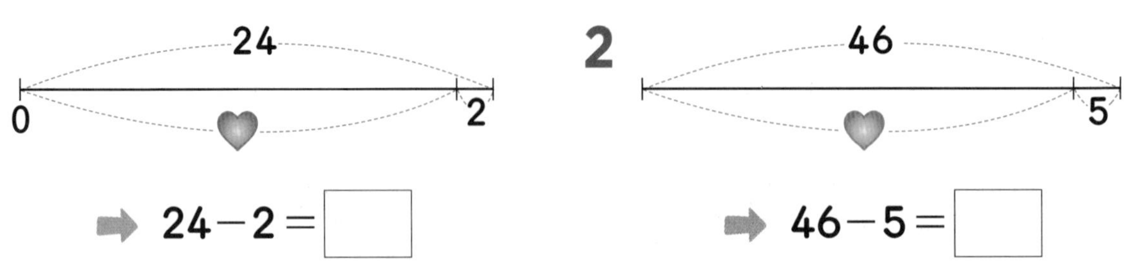

1

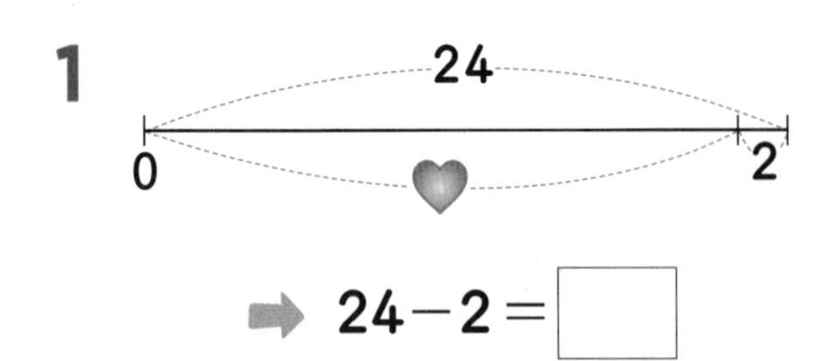

➡ $24-2=\square$

2

➡ $46-5=\square$

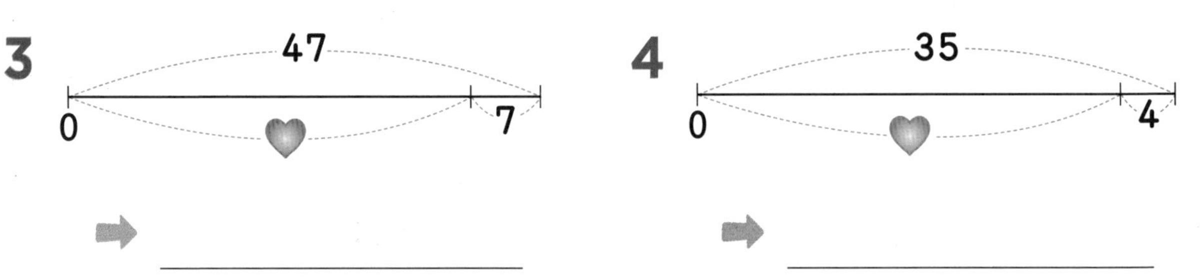

3

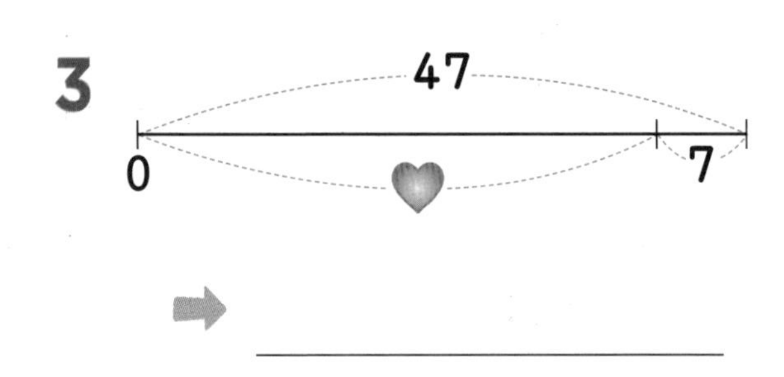

➡ ______________________

4

➡ ______________________

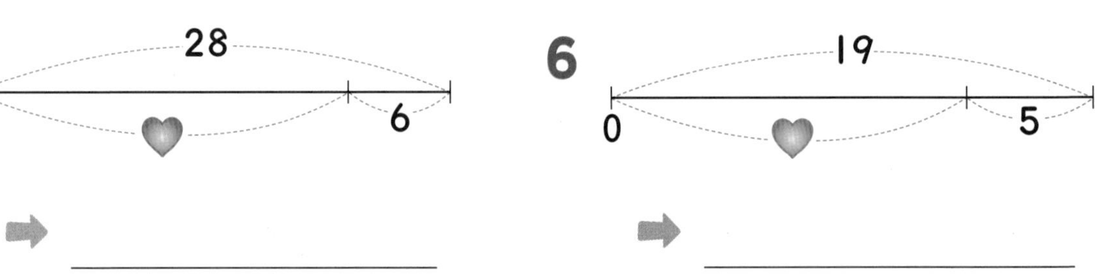

5

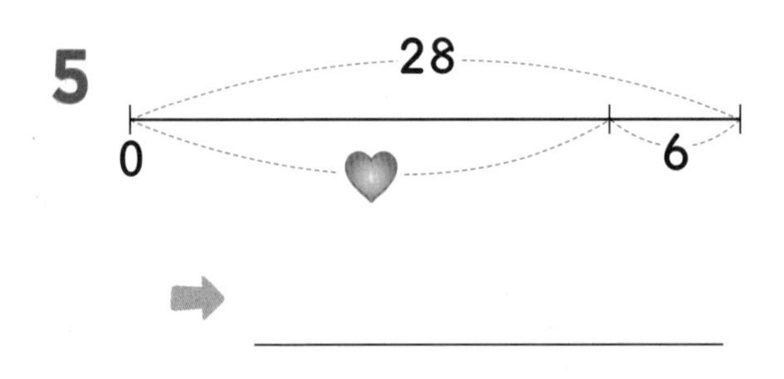

➡ ______________________

6

➡ ______________________

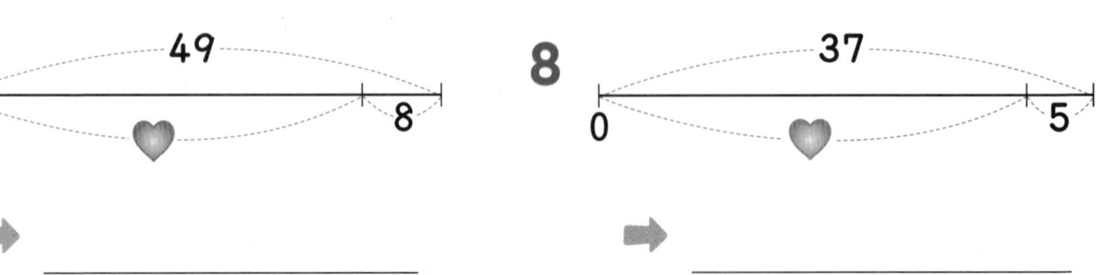

7

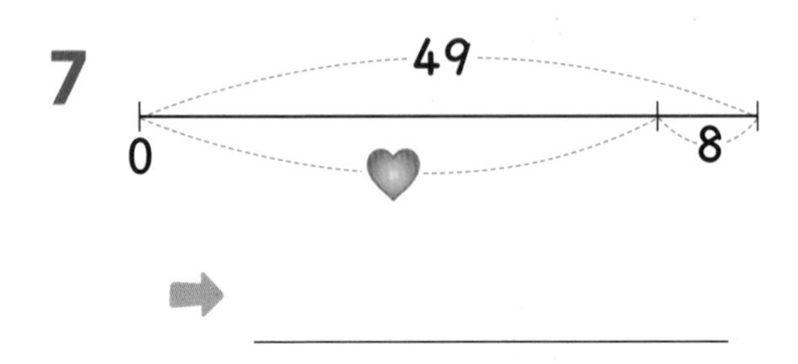

➡ ______________________

8

➡ ______________________

계산은 빠르고 정확하게!

걸린 시간	1~4분	4~6분	6~8분
맞은 개수	15~16개	12~14개	1~11개
평가	참 잘했어요.	잘했어요.	좀더 노력해요.

수 막대를 보고 뺄셈식을 만들어 ♣의 값을 구해 보시오. (9 ~ 16)

9

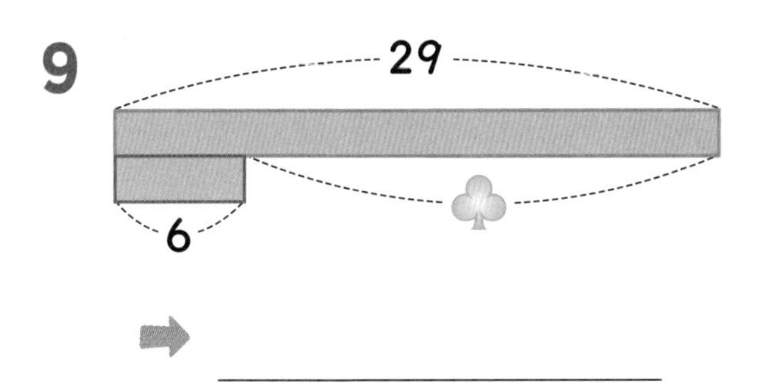

➡ ______________________

10

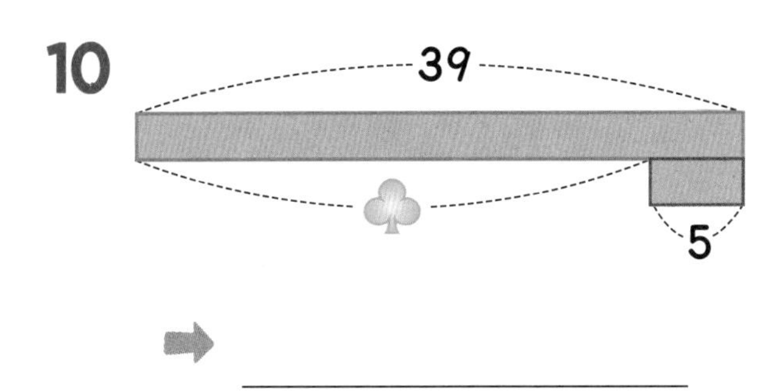

➡ ______________________

11

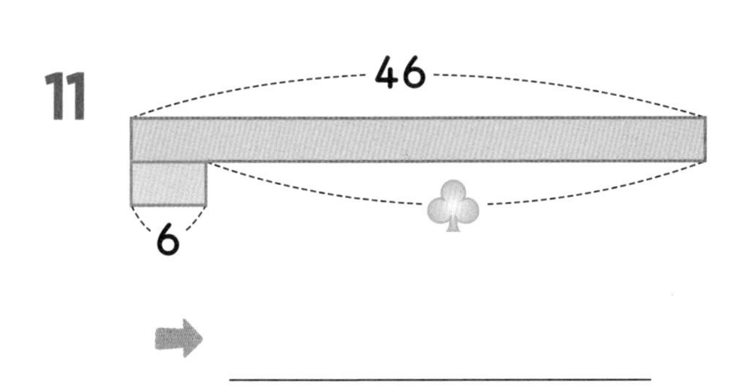

➡ ______________________

12

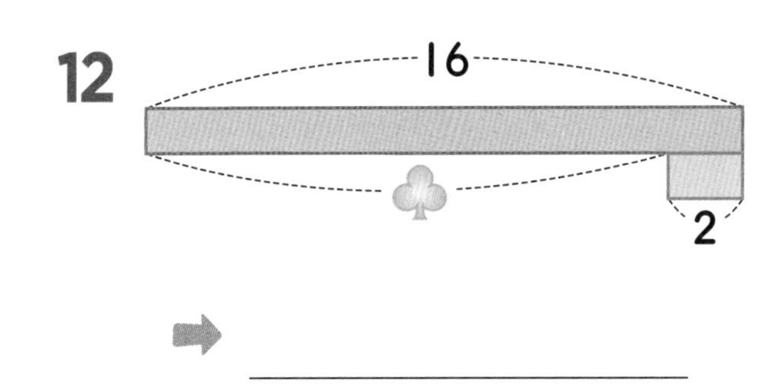

➡ ______________________

13

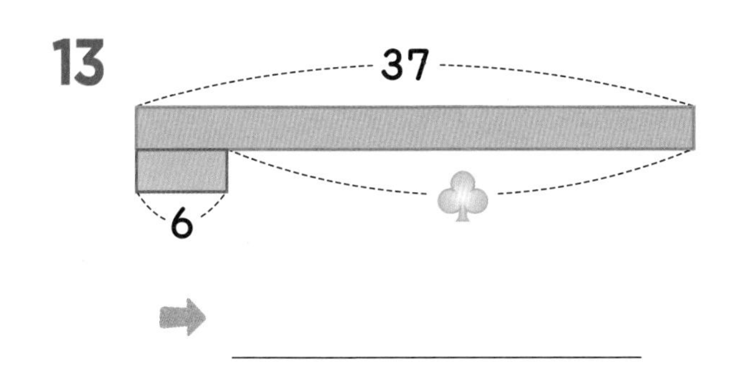

➡ ______________________

14

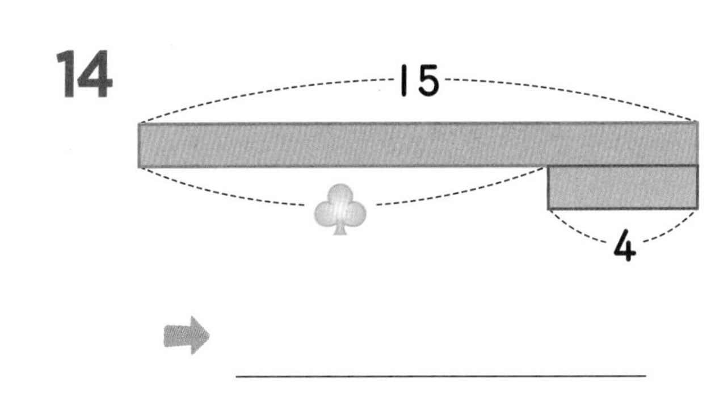

➡ ______________________

15

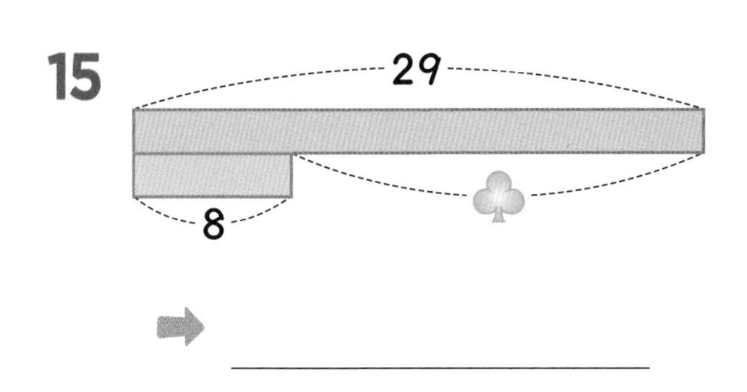

➡ ______________________

16

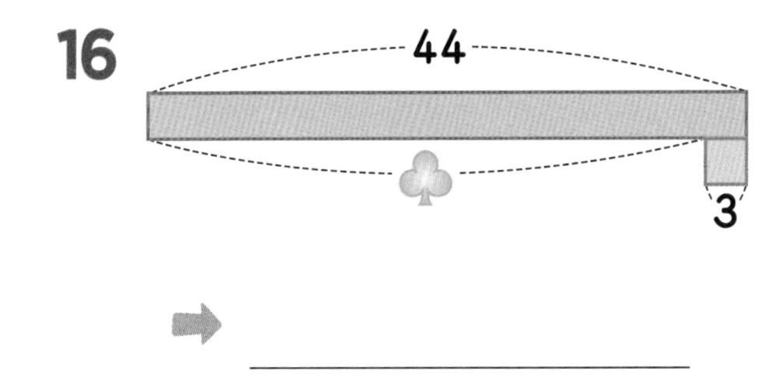

➡ ______________________

4 세 수의 덧셈(1)

13+2+4의 계산

$$\begin{array}{r} 13 \\ +\ \ 2 \\ \hline 15 \end{array} \rightarrow \begin{array}{r} 15 \\ +\ \ 4 \\ \hline 19 \end{array}$$

$13+2=15$
↓
$15+4=19$

➡ 세 수의 덧셈은 앞에서부터 차례로 두 수씩 계산합니다.

□ 안에 알맞은 수를 써넣으시오. (1~4)

1 22+3+3

$$\begin{array}{r} 22 \\ +\ \ 3 \\ \hline 25 \end{array} \rightarrow \begin{array}{r} 25 \\ +\ \ 3 \\ \hline \square \end{array}$$

2 14+2+3

$$\begin{array}{r} 14 \\ +\ \ 2 \\ \hline 16 \end{array} \rightarrow \begin{array}{r} \square \\ +\ \ 3 \\ \hline \square \end{array}$$

3 23+2+4

$$\begin{array}{r} 23 \\ +\ \ 2 \\ \hline \square \end{array} \rightarrow \begin{array}{r} \square \\ +\ \ 4 \\ \hline \square \end{array}$$

4 45+1+2

$$\begin{array}{r} 45 \\ +\ \ 1 \\ \hline \square \end{array} \rightarrow \begin{array}{r} \square \\ +\ \ 2 \\ \hline \square \end{array}$$

계산은 빠르고 정확하게!

걸린 시간	1~5분	5~8분	8~10분
맞은 개수	11~12개	8~10개	1~7개
평가	참 잘했어요.	잘했어요.	좀더 노력해요.

□ 안에 알맞은 수를 써넣으시오. (5 ~ 12)

5 33+2+3

$$\begin{array}{r} 33 \\ +\ \ 2 \\ \hline \square \end{array} \rightarrow \begin{array}{r} \square \\ +\ \ 3 \\ \hline \square \end{array}$$

6 42+4+3

$$\begin{array}{r} 42 \\ +\ \ 4 \\ \hline \square \end{array} \rightarrow \begin{array}{r} \square \\ +\ \ 3 \\ \hline \square \end{array}$$

7 2+24+1

$$\begin{array}{r} 2 \\ +\ 24 \\ \hline \square \end{array} \rightarrow \begin{array}{r} \square \\ +\ \ 1 \\ \hline \square \end{array}$$

8 3+41+2

$$\begin{array}{r} 3 \\ +\ 41 \\ \hline \square \end{array} \rightarrow \begin{array}{r} \square \\ +\ \ 2 \\ \hline \square \end{array}$$

9 13+4+2

$$\begin{array}{r} 13 \\ +\ \ 4 \\ \hline \square \end{array} \rightarrow \begin{array}{r} \square \\ +\ \ 2 \\ \hline \square \end{array}$$

10 22+2+3

$$\begin{array}{r} 22 \\ +\ \ 2 \\ \hline \square \end{array} \rightarrow \begin{array}{r} \square \\ +\ \ 3 \\ \hline \square \end{array}$$

11 5+32+1

$$\begin{array}{r} 5 \\ +\ 32 \\ \hline \square \end{array} \rightarrow \begin{array}{r} \square \\ +\ \ 1 \\ \hline \square \end{array}$$

12 4+42+2

$$\begin{array}{r} 4 \\ +\ 42 \\ \hline \square \end{array} \rightarrow \begin{array}{r} \square \\ +\ \ 2 \\ \hline \square \end{array}$$

4 세 수의 덧셈(2)

□ 안에 알맞은 수를 써넣으시오. (1~8)

1 13+2+3

13+2=15 → 15+3=□

2 24+3+2

24+3=27 → □+2=□

3 31+4+3

31+4=□ → □+3=□

4 2+42+1

2+42=□ → □+1=□

5 12+5+2

12+5=□ → □+2=□

6 41+3+4

41+3=□ → □+4=□

7 3+22+4

3+22=□ → □+4=□

8 2+31+3

2+31=□ → □+3=□

계산은 빠르고 정확하게!

걸린 시간	1~5분	5~8분	8~10분
맞은 개수	15~16개	12~14개	1~11개
평가	참 잘했어요.	잘했어요.	좀더 노력해요.

□ 안에 알맞은 수를 써넣으시오. (9 ~ 16)

9

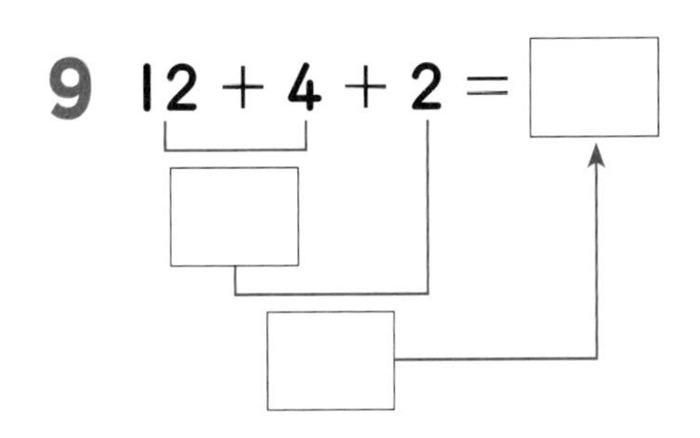

10

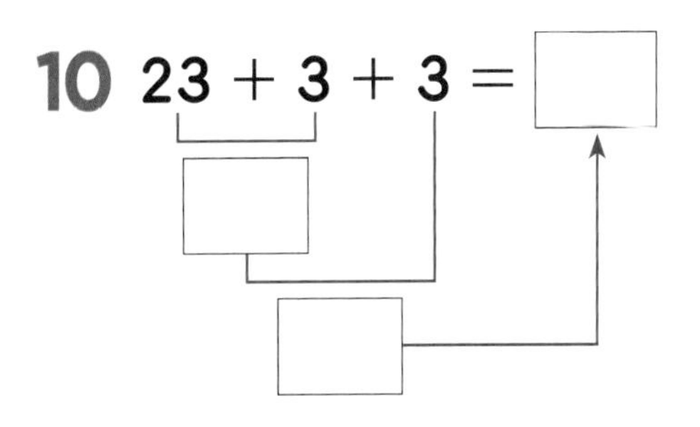

11

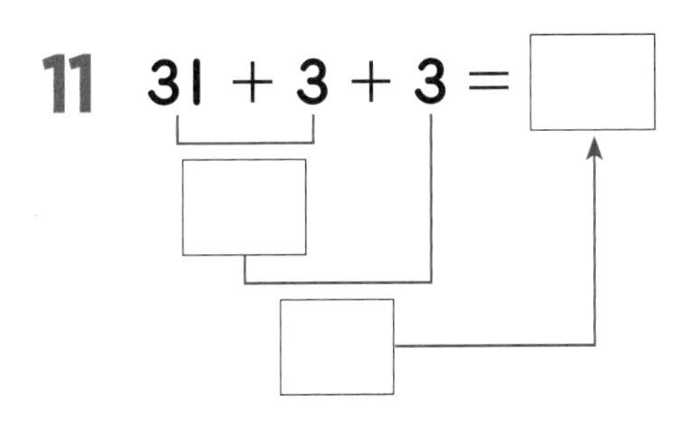

12

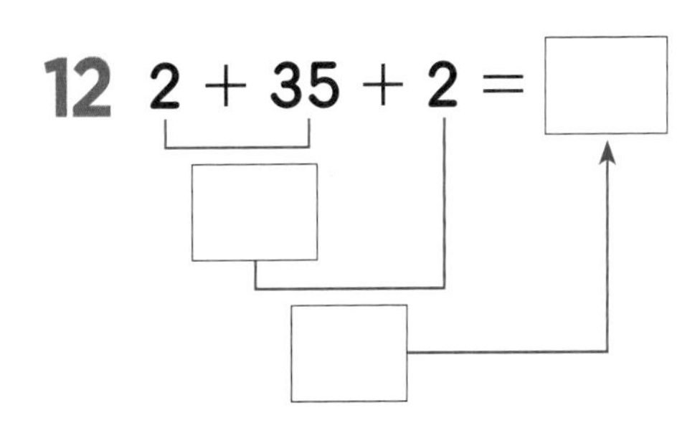

13

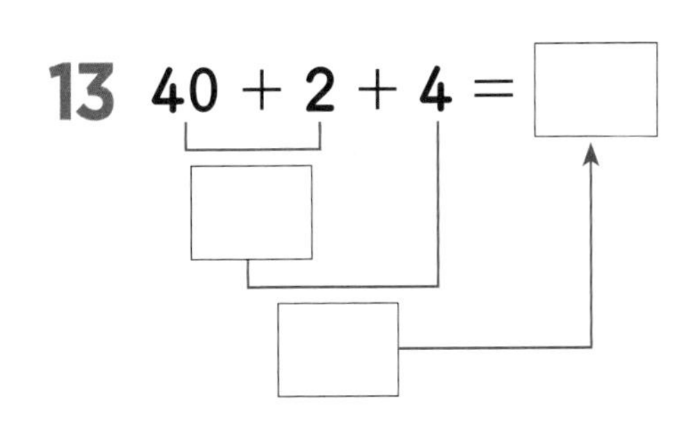

14

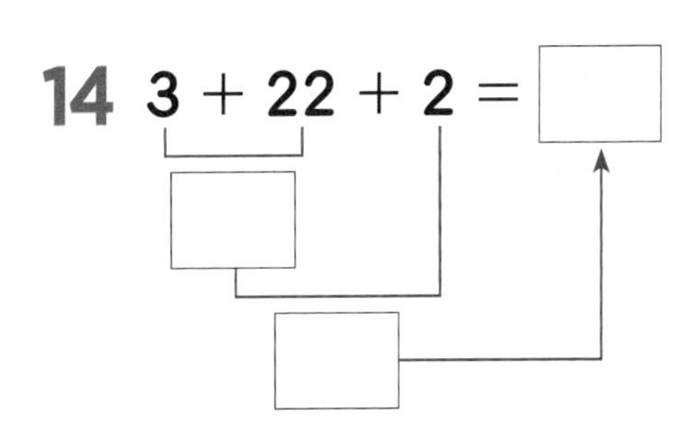

15 $4 + 31 + 2 = \square$

16 $5 + 40 + 4 = \square$

4 세 수의 덧셈(3)

세 수를 더하여 계산 결과를 □ 안에 써넣으시오. (1 ~ 12)

1
$$\begin{array}{r} 13 \\ 2 \\ +\quad 3 \\ \hline \square \end{array}$$

2
$$\begin{array}{r} 12 \\ 2 \\ +\quad 4 \\ \hline \square \end{array}$$

3
$$\begin{array}{r} 14 \\ 2 \\ +\quad 3 \\ \hline \square \end{array}$$

4
$$\begin{array}{r} 25 \\ 1 \\ +\quad 2 \\ \hline \square \end{array}$$

5
$$\begin{array}{r} 22 \\ 3 \\ +\quad 3 \\ \hline \square \end{array}$$

6
$$\begin{array}{r} 32 \\ 2 \\ +\quad 2 \\ \hline \square \end{array}$$

7
$$\begin{array}{r} 4 \\ 32 \\ +\quad 1 \\ \hline \square \end{array}$$

8
$$\begin{array}{r} 5 \\ 31 \\ +\quad 2 \\ \hline \square \end{array}$$

9
$$\begin{array}{r} 3 \\ 33 \\ +\quad 3 \\ \hline \square \end{array}$$

10
$$\begin{array}{r} 3 \\ 3 \\ +\ 41 \\ \hline \square \end{array}$$

11
$$\begin{array}{r} 4 \\ 2 \\ +\ 42 \\ \hline \square \end{array}$$

12
$$\begin{array}{r} 2 \\ 2 \\ +\ 43 \\ \hline \square \end{array}$$

계산은 빠르고 정확하게!

걸린 시간	1~8분	8~12분	12~16분
맞은 개수	26~28개	20~25개	1~19개
평가	참 잘했어요.	잘했어요.	좀더 노력해요.

계산을 하시오. (13 ~ 28)

13 $24+1+3=\square$

14 $32+4+2=\square$

15 $4+12+1=\square$

16 $2+41+3=\square$

17 $16+2+1=\square$

18 $43+2+2=\square$

19 $5+21+2=\square$

20 $2+13+2=\square$

21 $41+3+4=\square$

22 $33+2+3=\square$

23 $3+12+4=\square$

24 $4+22+2=\square$

25 $32+5+1=\square$

26 $44+1+2=\square$

27 $2+12+5=\square$

28 $3+40+2=\square$

5 세 수의 뺄셈(1)

28−2−3의 계산

```
  2 8        2 6
−   2      −   3
-----      -----
  2 6        2 3
```

$28-2-3=23$ (28−2=26, 26−3=23)

➡ 세 수의 뺄셈은 반드시 앞에서부터 차례로 계산합니다.

□ 안에 알맞은 수를 써넣으시오. (1~6)

1 16−4−1

```
  1 6        1 2
−   4      −   1
-----      -----
  1 2        □
```

2 27−1−4

```
  2 7        □
−   1      −   4
-----      -----
  2 6        □
```

3 28−3−3

```
  2 8        □
−   3      −   3
-----      -----
   □         □
```

4 46−2−3

```
  4 6        □
−   2      −   3
-----      -----
   □         □
```

5 39−2−3

```
  3 9        □
−   2      −   3
-----      -----
   □         □
```

6 48−2−4

```
  4 8        □
−   2      −   4
-----      -----
   □         □
```

계산은 빠르고 정확하게!

걸린 시간	1~6분	6~9분	9~12분
맞은 개수	13~14개	10~12개	1~9개
평가	참 잘했어요.	잘했어요.	좀더 노력해요.

□ 안에 알맞은 수를 써넣으시오. (7 ~ 14)

7 $17-2-4$

$17 - 2 = \square$, $\square - 4 = \square$

8 $28-4-3$

$28 - 4 = \square$, $\square - 3 = \square$

9 $36-3-2$

$36 - 3 = \square$, $\square - 2 = \square$

10 $48-3-2$

$48 - 3 = \square$, $\square - 2 = \square$

11 $19-3-3$

$19 - 3 = \square$, $\square - 3 = \square$

12 $28-5-1$

$28 - 5 = \square$, $\square - 1 = \square$

13 $37-2-2$

$37 - 2 = \square$, $\square - 2 = \square$

14 $46-2-4$

$46 - 2 = \square$, $\square - 4 = \square$

세 수의 뺄셈(2)

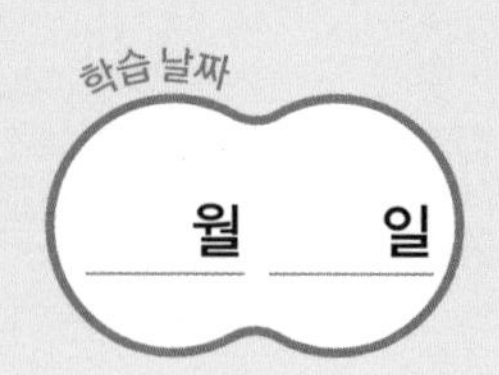

□ 안에 알맞은 수를 써넣으시오. (1~8)

1 $26-4-1=\square$

22

21

2 $28-2-4=\square$

26

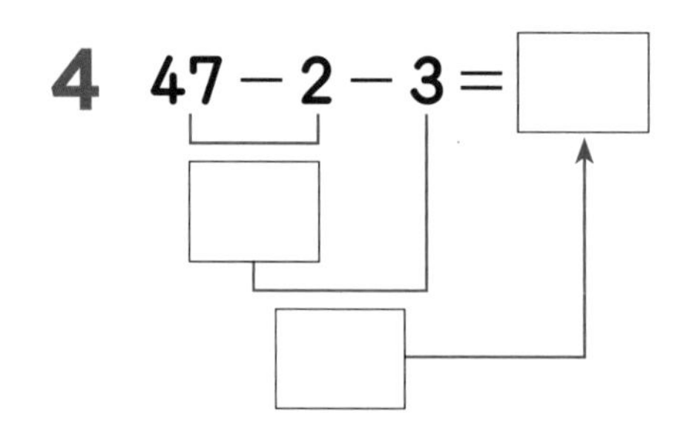

3 $19-3-4=\square$

4 $47-2-3=\square$

5 $36-4-2=\square$

6 $38-1-5=\square$

7 $49-3-2=\square$

8 $46-1-2=\square$

계산은 빠르고 정확하게!

걸린 시간	1~6분	6~9분	9~12분
맞은 개수	15~16개	11~14개	1~10개
평가	참 잘했어요.	잘했어요.	좀더 노력해요.

□ 안에 알맞은 수를 써넣으시오. (9 ~ 16)

9 15 − 3 − 2 = □

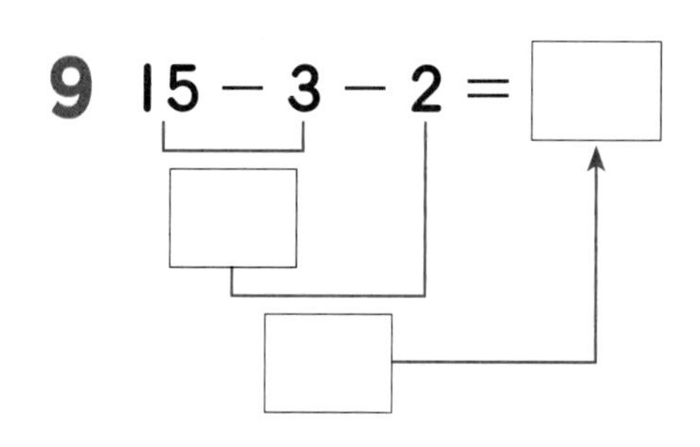

10 26 − 2 − 2 = □

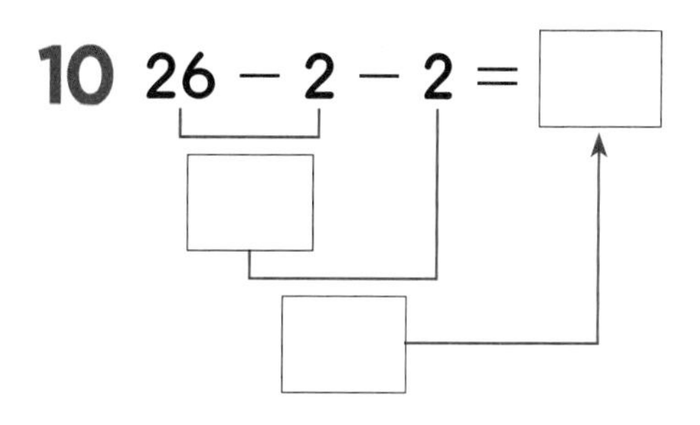

11 37 − 4 − 1 = □

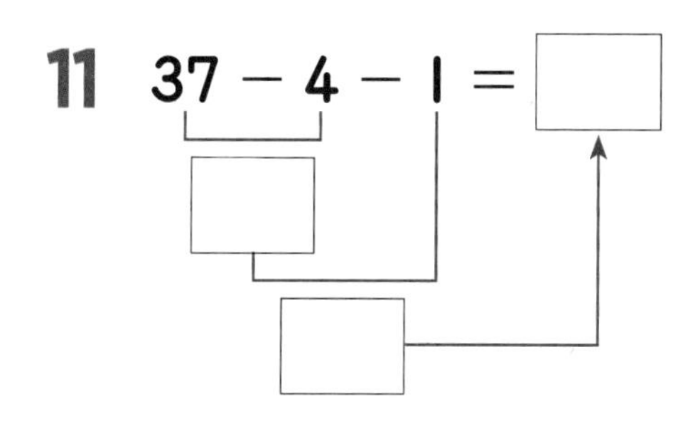

12 48 − 3 − 2 = □

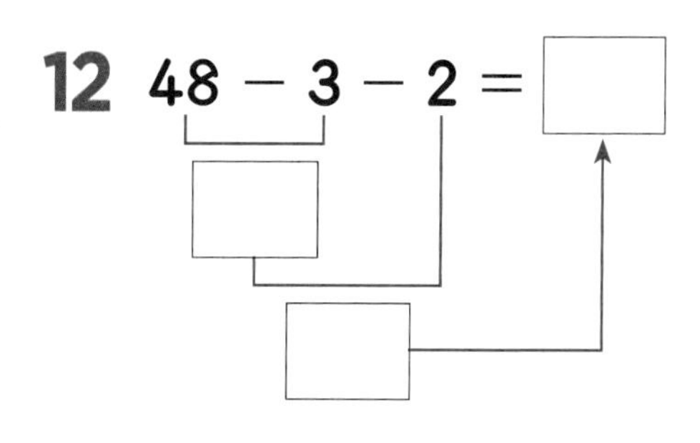

13 19 − 5 − 2 = □

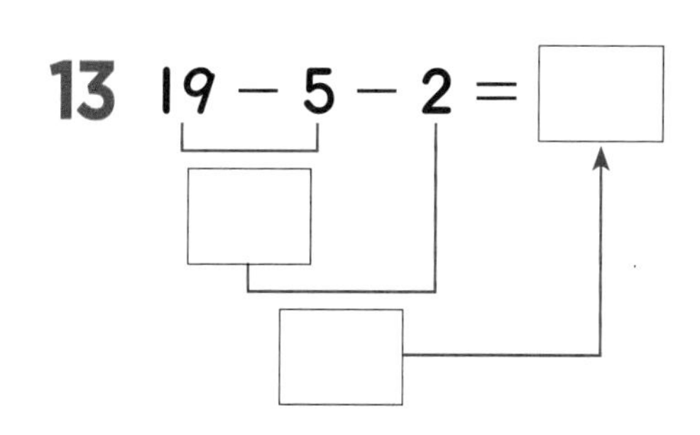

14 27 − 2 − 3 = □

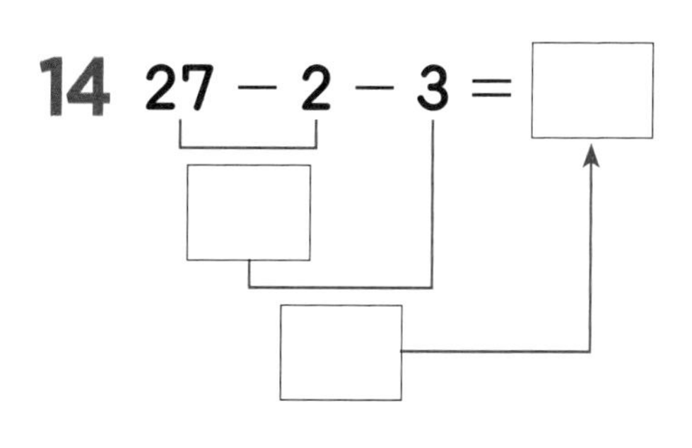

15 38 − 4 − 2 = □

16 49 − 3 − 3 = □

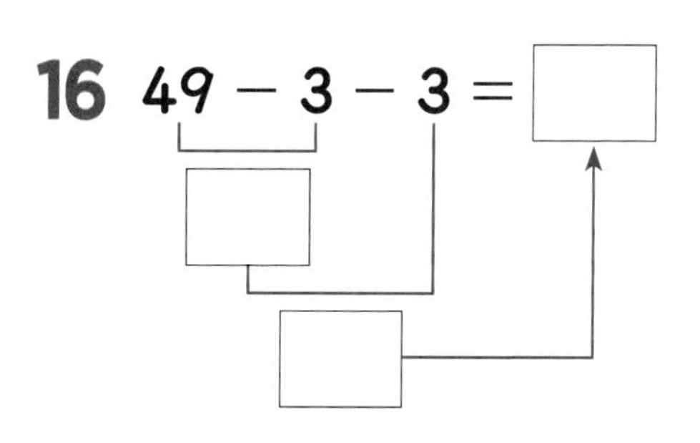

5 세 수의 뺄셈(3)

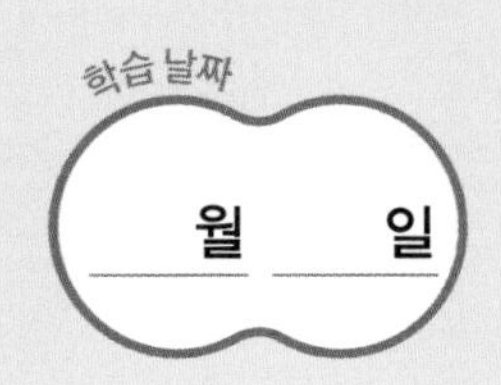

계산을 하시오. (1 ~ 16)

1 $17-2-3=\square$

2 $26-2-1=\square$

3 $35-4-1=\square$

4 $47-3-3=\square$

5 $18-3-2=\square$

6 $27-3-2=\square$

7 $36-4-2=\square$

8 $48-1-6=\square$

9 $19-4-2=\square$

10 $28-5-2=\square$

11 $37-2-3=\square$

12 $45-2-2=\square$

13 $19-5-2=\square$

14 $27-4-1=\square$

15 $38-2-4=\square$

16 $49-1-5=\square$

계산은 빠르고 정확하게!

걸린 시간	1~9분	9~12분	12~15분
맞은 개수	30~32개	23~29개	1~22개
평가	참 잘했어요.	잘했어요.	좀더 노력해요.

계산을 하시오. (17 ~ 32)

17 $15-1-4=\square$

18 $27-2-3=\square$

19 $39-2-3=\square$

20 $48-4-2=\square$

21 $16-3-2=\square$

22 $28-4-3=\square$

23 $38-3-2=\square$

24 $49-2-4=\square$

25 $17-1-3=\square$

26 $29-2-3=\square$

27 $37-3-4=\square$

28 $46-5-1=\square$

29 $28-5-1=\square$

30 $39-4-2=\square$

31 $18-2-4=\square$

32 $47-3-4=\square$

세 수의 덧셈과 뺄셈(1)

✿ 13+6−4의 계산

$13+6=19$

$\downarrow$

$19-4=15$

✿ 27−4+5의 계산

$27-4=23$

$\downarrow$

$23+5=28$

➡ 세 수의 덧셈과 뺄셈은 반드시 앞에서부터 차례로 계산합니다.

□ 안에 알맞은 수를 써넣으시오. (1~6)

1 16+2−3

$16+2=18$

$\downarrow$

$18-3=\square$

2 23+5−6

$23+5=28$

$\downarrow$

$\square-6=\square$

3 25+4−3

$25+4=\square$

$\downarrow$

$\square-3=\square$

4 32+6−7

$32+6=\square$

$\downarrow$

$\square-7=\square$

5 4+35−6

$4+35=\square$

$\downarrow$

$\square-6=\square$

6 3+45−4

$3+45=\square$

$\downarrow$

$\square-4=\square$

계산은 빠르고 정확하게!

걸린 시간	1~6분	6~9분	9~12분
맞은 개수	13~14개	10~12개	1~9개
평가	참 잘했어요.	잘했어요.	좀더 노력해요.

□ 안에 알맞은 수를 써넣으시오. (7 ~ 14)

7 $14 + 5 - 3 = \square$

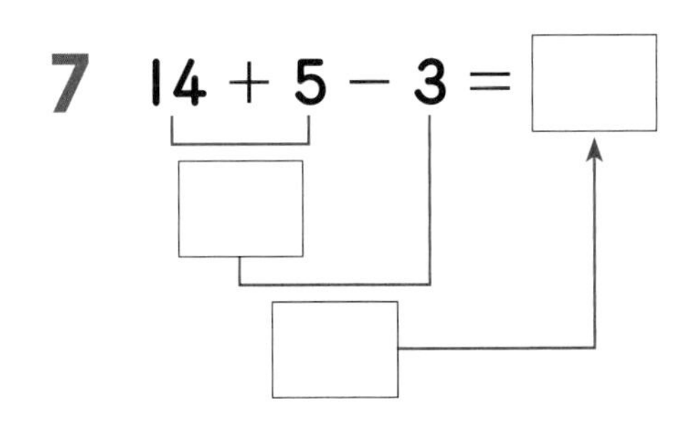

8 $23 + 4 - 6 = \square$

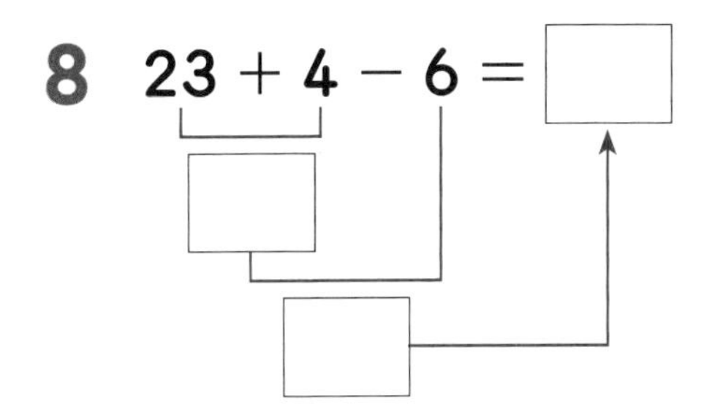

9 $32 + 7 - 5 = \square$

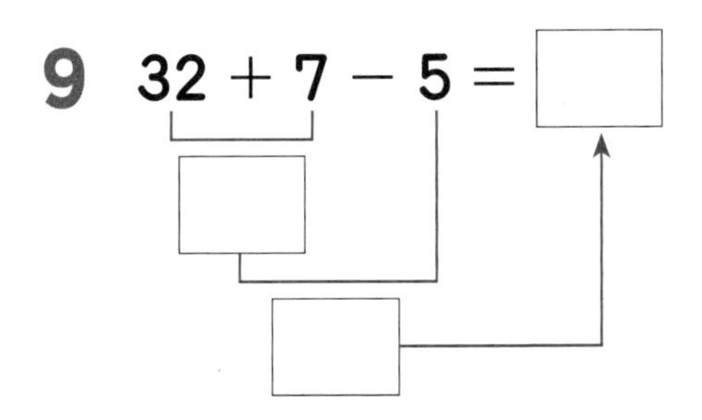

10 $45 + 3 - 4 = \square$

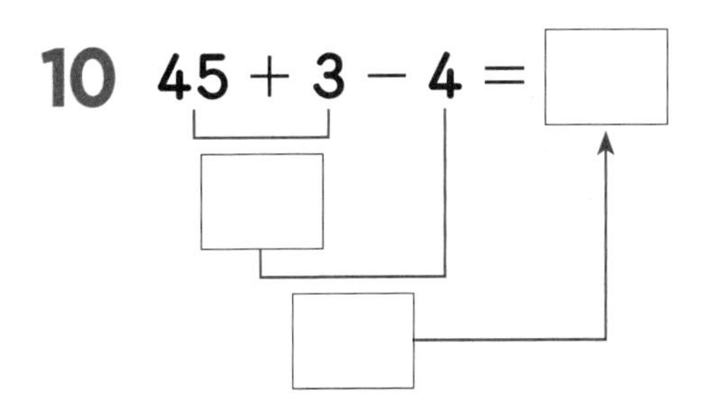

11 $17 + 1 - 6 = \square$

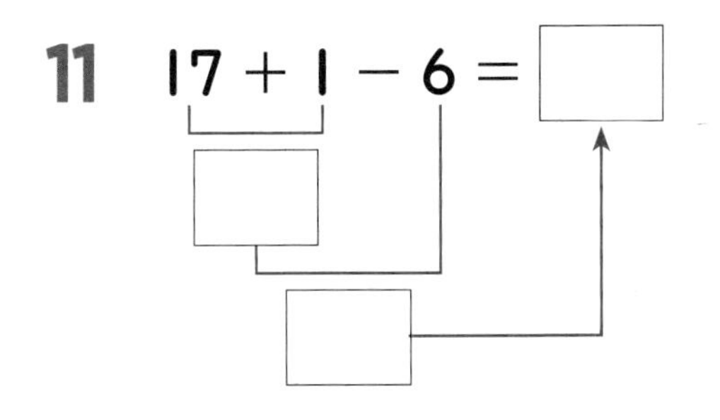

12 $25 + 4 - 3 = \square$

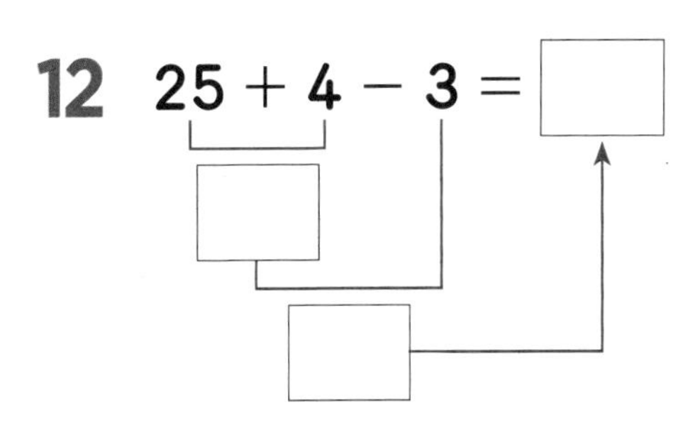

13 $34 + 3 - 5 = \square$

14 $46 + 2 - 5 = \square$

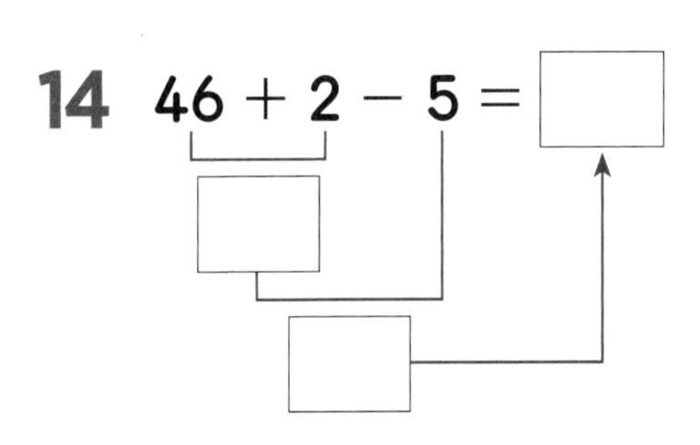

6 세 수의 덧셈과 뺄셈(2)

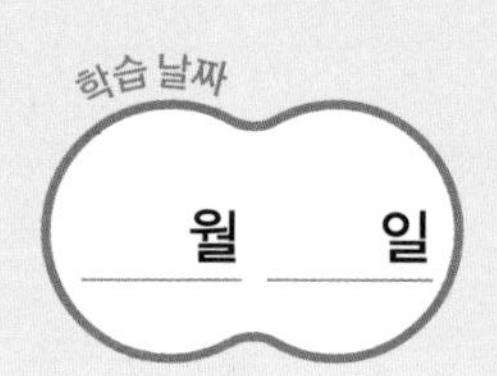

□ 안에 알맞은 수를 써넣으시오. (1~8)

1 $18-6+4$

$18-6=\square$

$\square+4=\square$

2 $24-3+6$

$24-3=\square$

$\square+6=\square$

3 $36-4+3$

$36-4=\square$

$\square+3=\square$

4 $45-2+4$

$45-2=\square$

$\square+4=\square$

5 $17-5+3$

$17-5=\square$

$\square+3=\square$

6 $25-4+3$

$25-4=\square$

$\square+3=\square$

7 $38-6+4$

$38-6=\square$

$\square+4=\square$

8 $49-7+3$

$49-7=\square$

$\square+3=\square$

계산은 빠르고 정확하게!

걸린 시간	1~6분	6~9분	9~12분
맞은 개수	15~16개	11~14개	1~10개
평가	참 잘했어요.	잘했어요.	좀더 노력해요.

□ 안에 알맞은 수를 써넣으시오. (9 ~ 16)

9 $19 - 5 + 3 = \square$

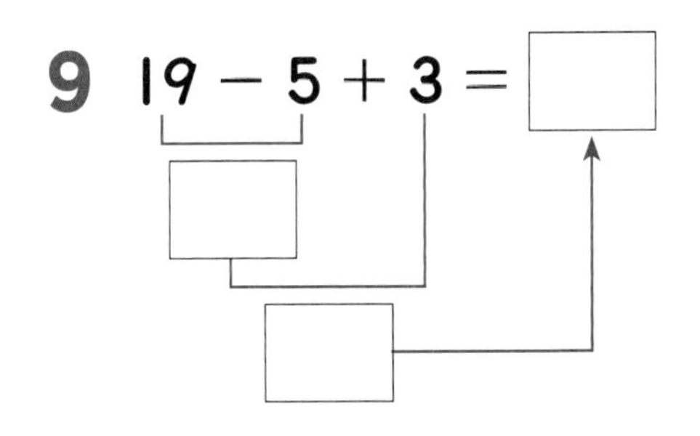

10 $28 - 2 + 3 = \square$

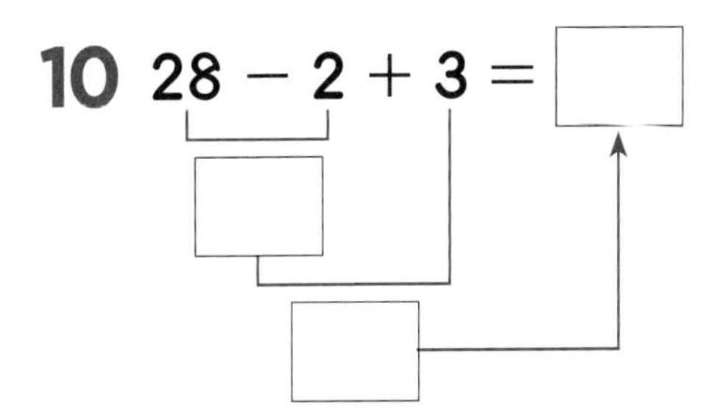

11 $38 - 7 + 3 = \square$

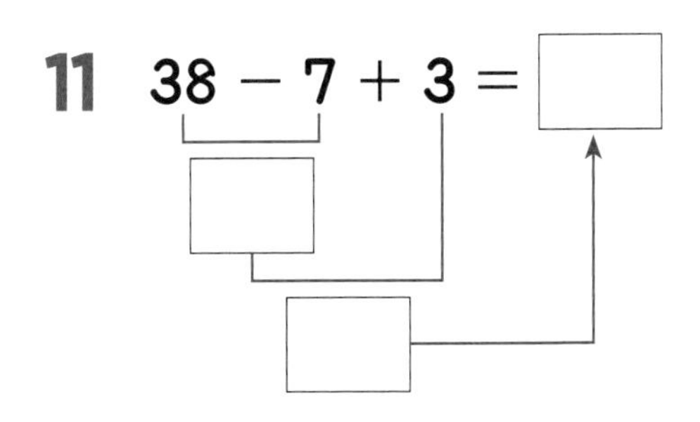

12 $46 - 4 + 5 = \square$

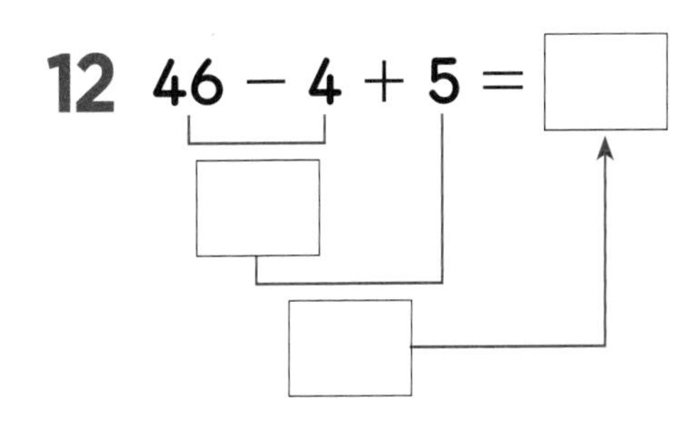

13 $15 - 3 + 4 = \square$

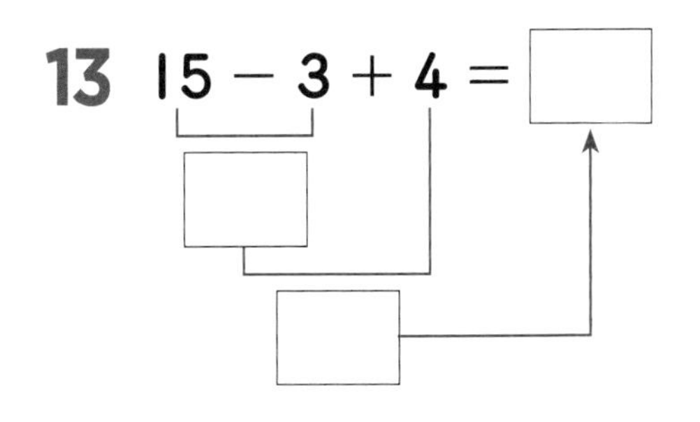

14 $27 - 5 + 6 = \square$

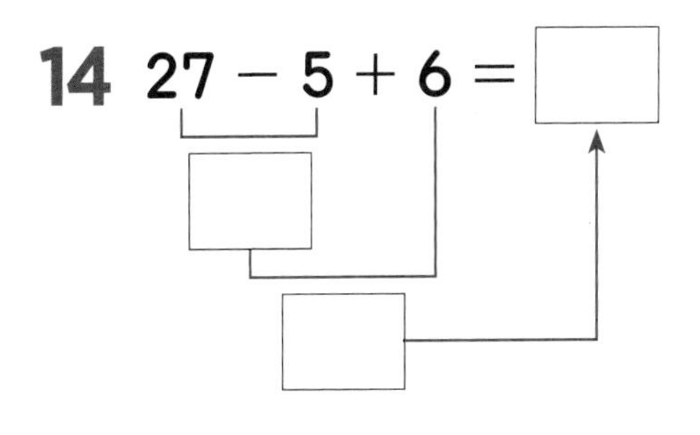

15 $37 - 5 + 3 = \square$

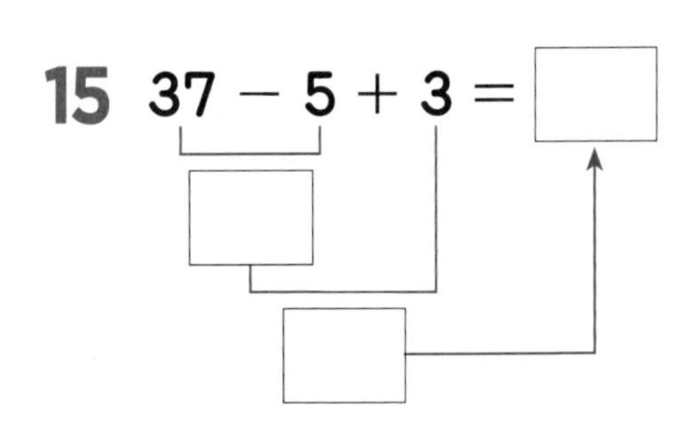

16 $48 - 6 + 5 = \square$

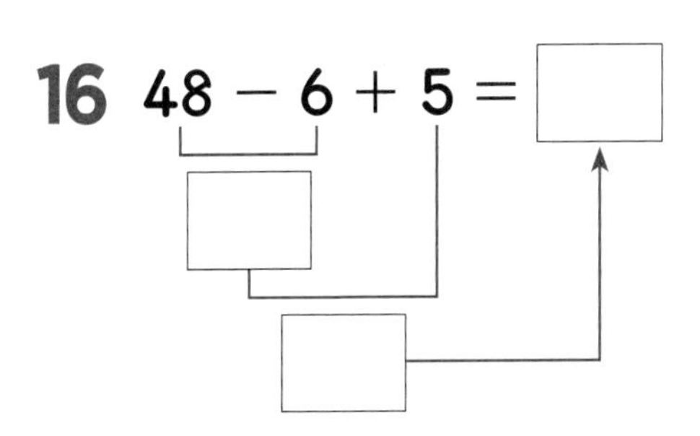

6 세 수의 덧셈과 뺄셈(3)

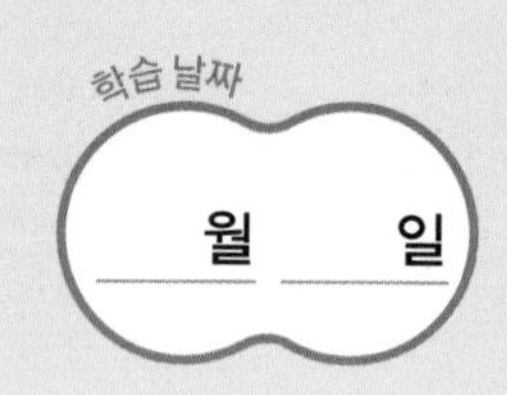

계산을 하시오. (1 ~ 16)

1 $24+3-2=\square$

2 $15+2-4=\square$

3 $32+7-6=\square$

4 $43+5-7=\square$

5 $14+5-6=\square$

6 $22+5-4=\square$

7 $33+4-6=\square$

8 $44+5-2=\square$

9 $16+2-4=\square$

10 $27+2-5=\square$

11 $34+4-3=\square$

12 $45+3-7=\square$

13 $18+1-5=\square$

14 $26+3-8=\square$

15 $35+2-4=\square$

16 $44+3-4=\square$

걸린 시간	1~9분	9~12분	12~15분
맞은 개수	30~32개	23~29개	1~22개
평가	참 잘했어요.	잘했어요.	좀더 노력해요.

계산을 하시오. (17 ~ 32)

17 $17-5+6=\square$

18 $24-3+5=\square$

19 $36-4+7=\square$

20 $44-2+6=\square$

21 $18-6+5=\square$

22 $25-5+4=\square$

23 $37-3+4=\square$

24 $46-5+7=\square$

25 $19-6+5=\square$

26 $27-4+5=\square$

27 $34-3+6=\square$

28 $48-7+5=\square$

29 $16-4+7=\square$

30 $26-5+8=\square$

31 $38-4+5=\square$

32 $49-8+7=\square$

7 신기한 연산(1)

□ 안에 알맞은 숫자를 써넣으시오. (1 ~ 16)

1 $\square 2 + \square = 25$

2 $\square 3 + \square = 37$

3 $\square 4 + \square = 48$

4 $\square 5 + \square = 39$

5 $1\square + 3 = \square 6$

6 $2\square + 2 = \square 7$

7 $4\square + 3 = \square 8$

8 $3\square + 4 = \square 9$

9 $\square 7 - \square = 23$

10 $\square 8 - \square = 12$

11 $\square 6 - \square = 45$

12 $\square 9 - \square = 34$

13 $1\square - 2 = \square 5$

14 $2\square - 3 = \square 3$

15 $3\square - 4 = \square 4$

16 $4\square - 5 = \square 2$

걸린 시간	1~10분	10~15분	15~20분
맞은 개수	22~24개	17~21개	1~16개
평가	참 잘했어요.	잘했어요.	좀더 노력해요.

보기 에서 규칙을 찾아 빈 곳에 알맞은 수를 써넣으시오. (17 ~ 24)

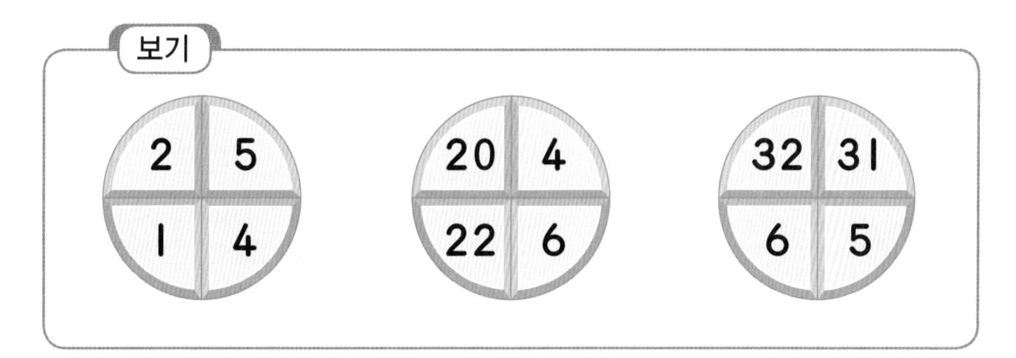

17 | 15 | 2 |
|---|---|
| | 4 |

18 | | 5 |
|---|---|
| 24 | 3 |

19 | 31 | |
|---|---|
| 3 | 5 |

20 | 3 | 42 |
|---|---|
| 6 | |

21 | 12 | 4 |
|---|---|
| | 5 |

22 | | 2 |
|---|---|
| 25 | 6 |

23 | 32 | 4 |
|---|---|
| | 6 |

24 | 4 | 5 |
|---|---|
| 44 | |

7 신기한 연산(2)

주어진 수 카드를 □ 안에 한 번씩 넣어 계산 결과가 가장 크게 하고 그 값을 ○ 안에 써넣으시오. (1~8)

1

□ + □ − □ = ○

2

□ − □ + □ = ○

3

□ + □ − □ = ○

4

□ − □ + □ = ○

5

□ + □ − □ = ○

6

15 6 3

□ − □ + □ = ○

7

□ + □ − □ = ○

8

36 2 4

□ − □ + □ = ○

걸린 시간	1~10분	10~15분	15~20분
맞은 개수	11~12개	8~10개	1~7개
평가	참 잘했어요.	잘했어요.	좀더 노력해요.

여러 장의 수 카드 중 두 수의 합이 서로 같은 경우를 찾아 보기와 같이 나타내시오. (9 ~ 12)

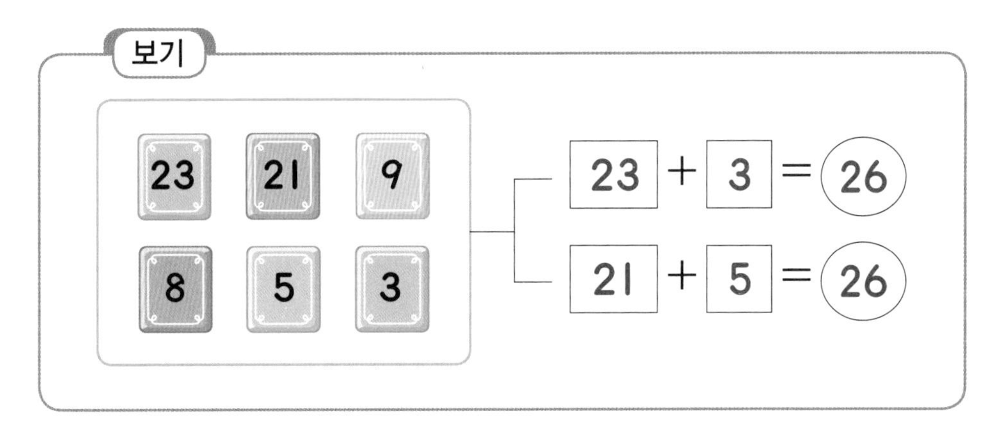

보기
23 21 9
8 5 3
23 + 3 = 26
21 + 5 = 26

9

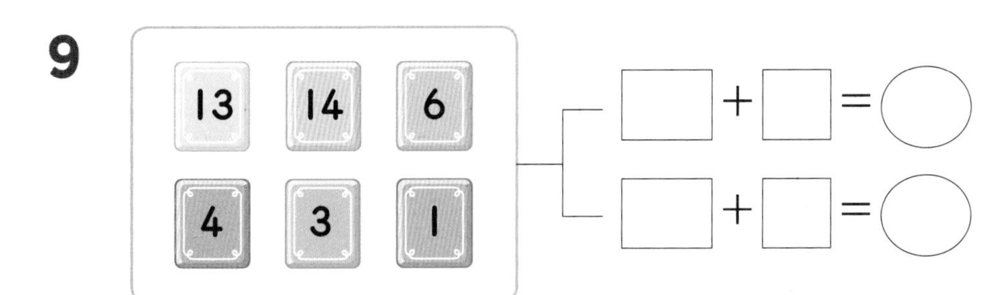

10

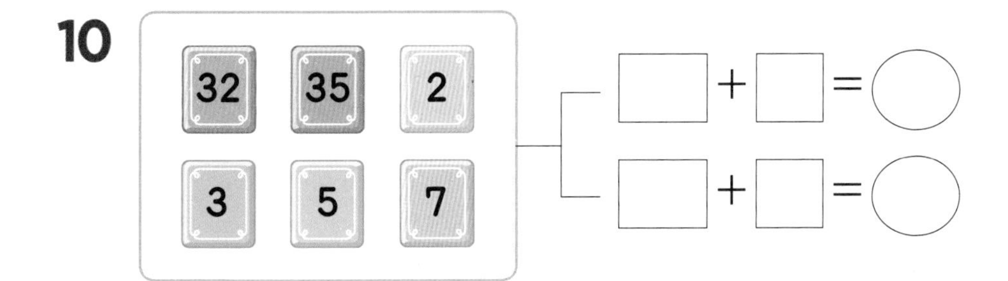

11

25 21 4

5 6 8

□ + □ = ○

□ + □ = ○

12

42 43 3

45 6 9

□ + □ = ○

□ + □ = ○

확인 평가

계산을 하시오. (1 ~ 10)

1
$$\begin{array}{r} 20 \\ +\ \ 4 \\ \hline \square \end{array}$$

2
$$\begin{array}{r} 30 \\ +\ \ 6 \\ \hline \square \end{array}$$

3
$$\begin{array}{r} 40 \\ +\ \ 8 \\ \hline \square \end{array}$$

4
$$\begin{array}{r} 22 \\ +\ \ 3 \\ \hline \square \end{array}$$

5
$$\begin{array}{r} 35 \\ +\ \ 4 \\ \hline \square \end{array}$$

6
$$\begin{array}{r} 42 \\ +\ \ 5 \\ \hline \square \end{array}$$

7 $20+5=\square$

8 $30+7=\square$

9 $23+4=\square$

10 $44+2=\square$

그림을 보고 덧셈식을 만들어 보시오. (11 ~ 12)

11

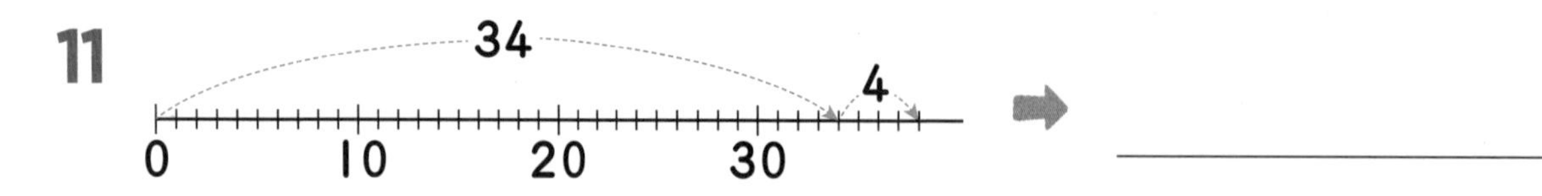

➡ ______________________

12

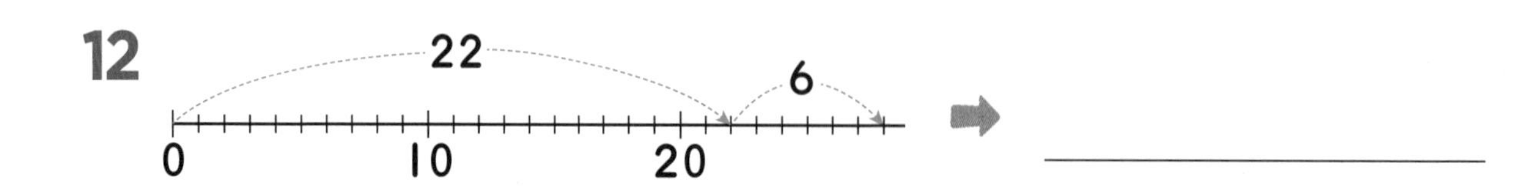

➡ ______________________

걸린 시간	1~10분	10~15분	15~20분
맞은 개수	27~30개	21~26개	1~20개
평가	참 잘했어요.	잘했어요.	좀더 노력해요.

계산을 하시오. (13 ~ 19)

13
$$\begin{array}{r} 16 \\ -\quad 3 \\ \hline \square \end{array}$$

14
$$\begin{array}{r} 27 \\ -\quad 2 \\ \hline \square \end{array}$$

15
$$\begin{array}{r} 38 \\ -\quad 7 \\ \hline \square \end{array}$$

16 $17-3=\square$

17 $25-2=\square$

18 $36-5=\square$

19 $48-6=\square$

그림을 보고 뺄셈식을 만들어 ☆의 값을 구해 보시오. (20 ~ 22)

20

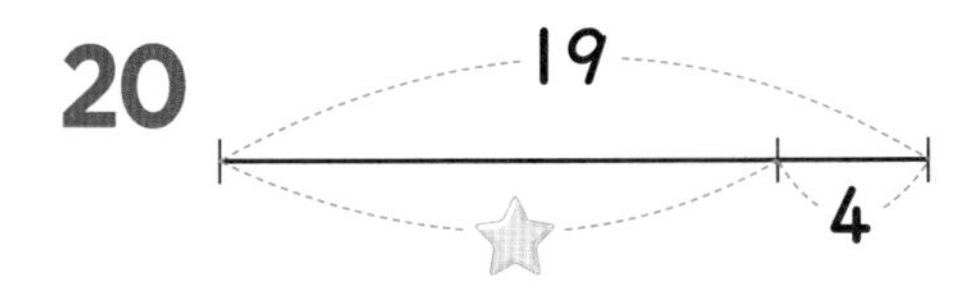

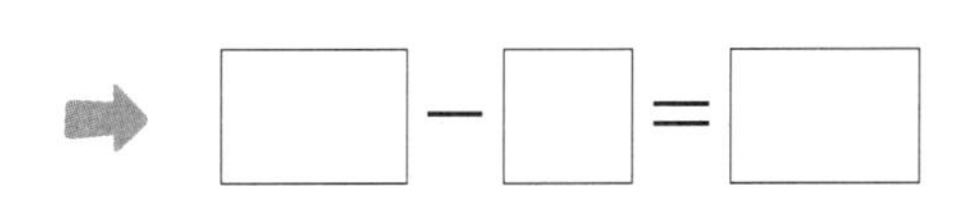

21

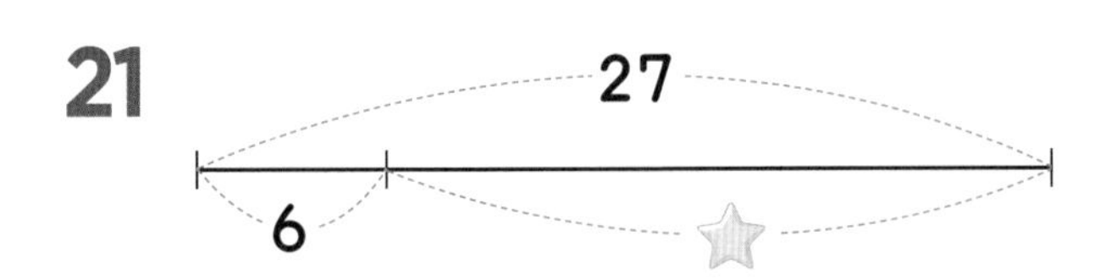

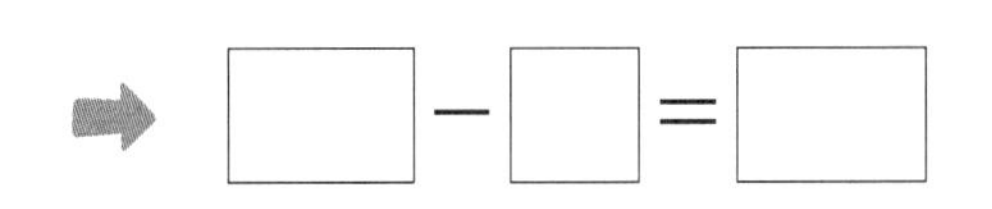

22

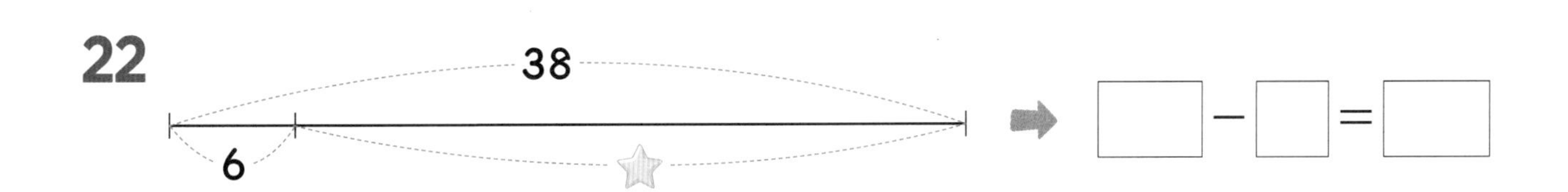

확인 평가

□ 안에 알맞은 수를 써넣으시오. (23 ~ 26)

23 $24 + 2 + 3 = \square$

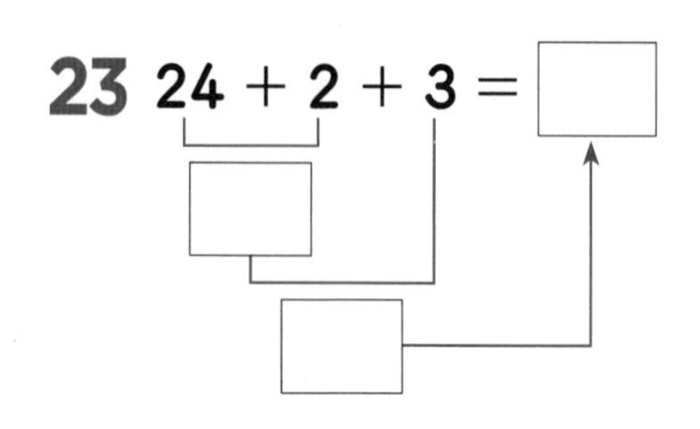

24 $38 - 3 - 4 = \square$

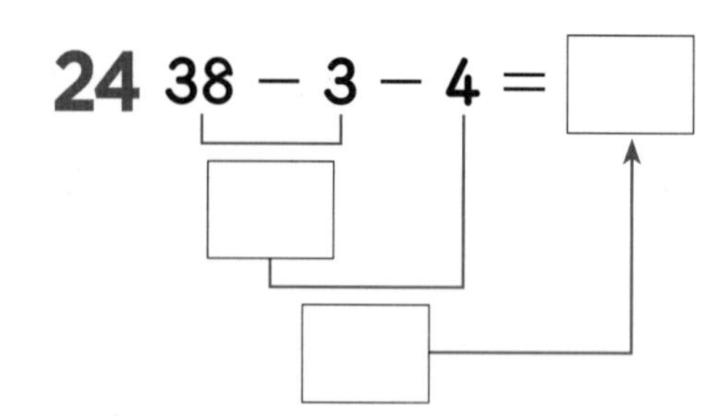

25 $18 - 5 + 4 = \square$

26 $43 + 5 - 7 = \square$

계산을 하시오. (27 ~ 30)

27 $14+3+2=\square$

28 $27-2-3=\square$

29 $37-4+5=\square$

30 $45+2-4=\square$

신기한
연산왕

신기한
연산왕

초등 수학의 기본은 연산력!!

신기한 연산왕

정답

A-2

초1 수준

2
3
4

신기한
연산왕

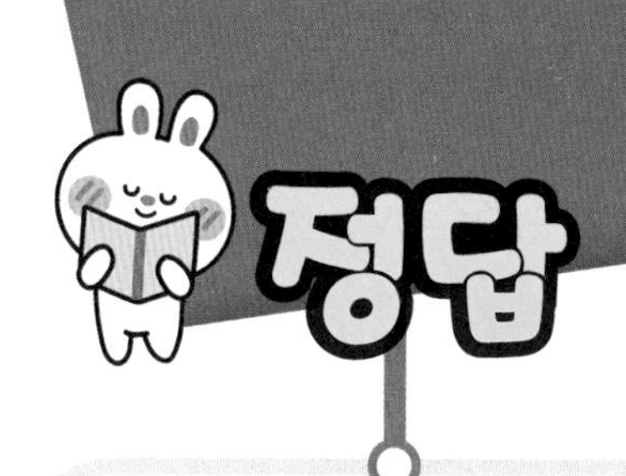
정답

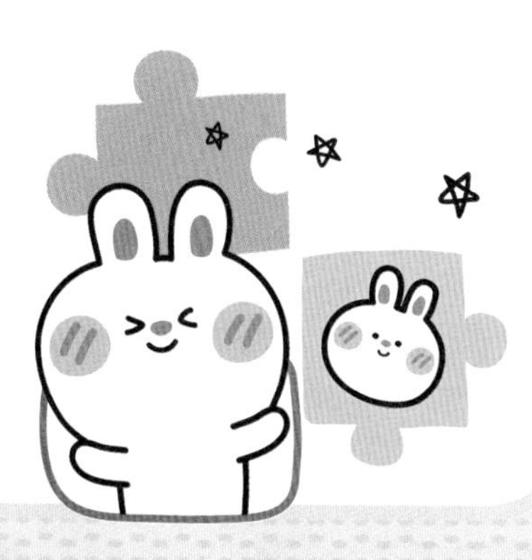

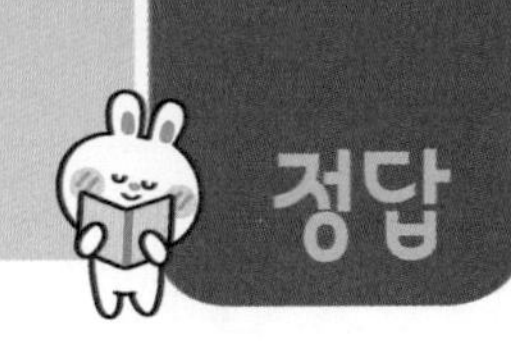

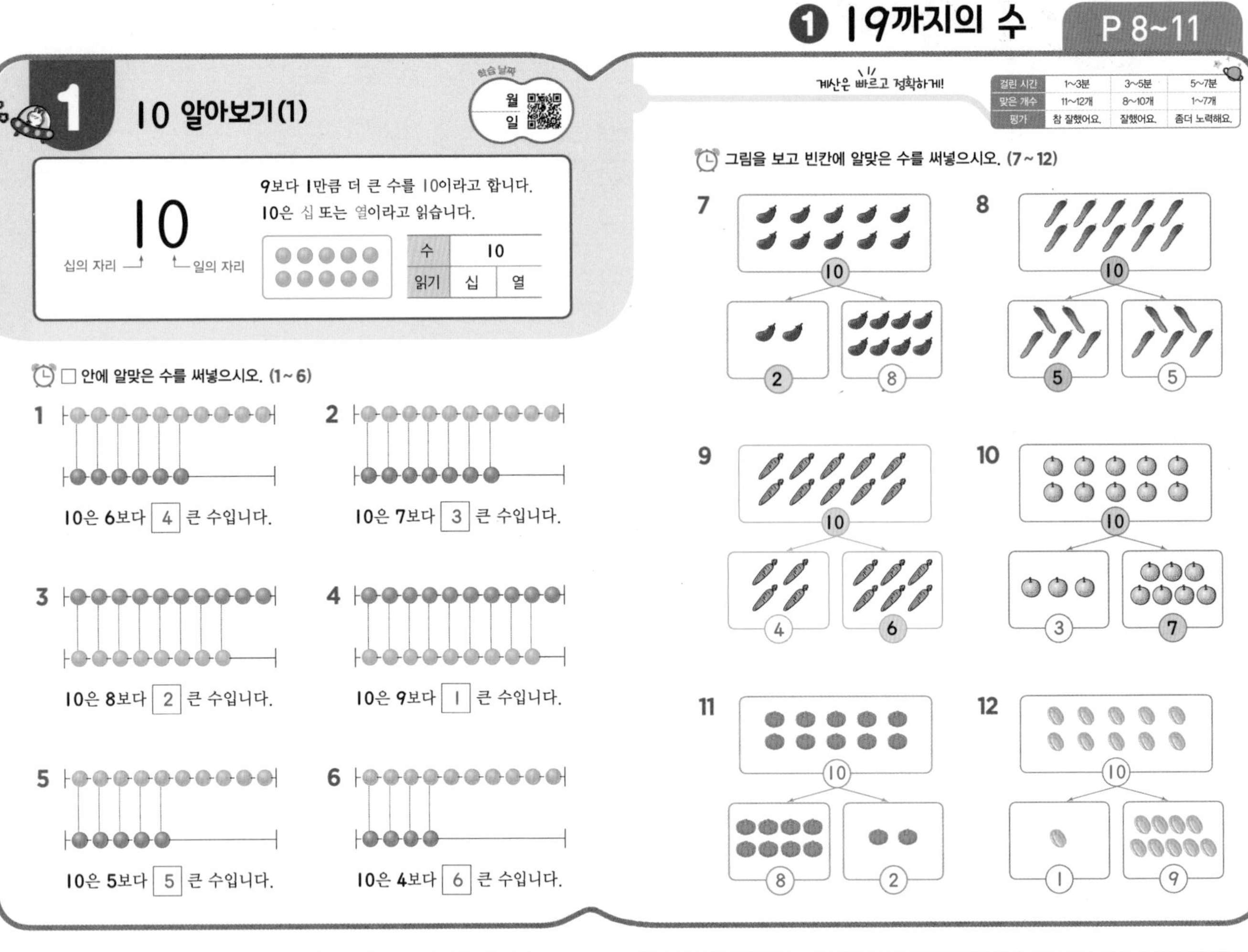

1 10 알아보기(1)

학습 날짜 월 일

10

십의 자리 / 일의 자리

9보다 1만큼 더 큰 수를 10이라고 합니다.
10은 십 또는 열이라고 읽습니다.

수	10	
읽기	십	열

계산은 빠르고 정확하게!

걸린 시간	1~3분	3~5분	5~7분
맞은 개수	11~12개	8~10개	1~7개
평가	참 잘했어요.	잘했어요.	좀더 노력해요.

□ 안에 알맞은 수를 써넣으시오. (1~6)

1. 10은 6보다 4 큰 수입니다.
2. 10은 7보다 3 큰 수입니다.
3. 10은 8보다 2 큰 수입니다.
4. 10은 9보다 1 큰 수입니다.
5. 10은 5보다 5 큰 수입니다.
6. 10은 4보다 6 큰 수입니다.

그림을 보고 빈칸에 알맞은 수를 써넣으시오. (7~12)

7. 10 → 2, 8
8. 10 → 5, 5
9. 10 → 4, 6
10. 10 → 3, 7
11. 10 → 8, 2
12. 10 → 1, 9

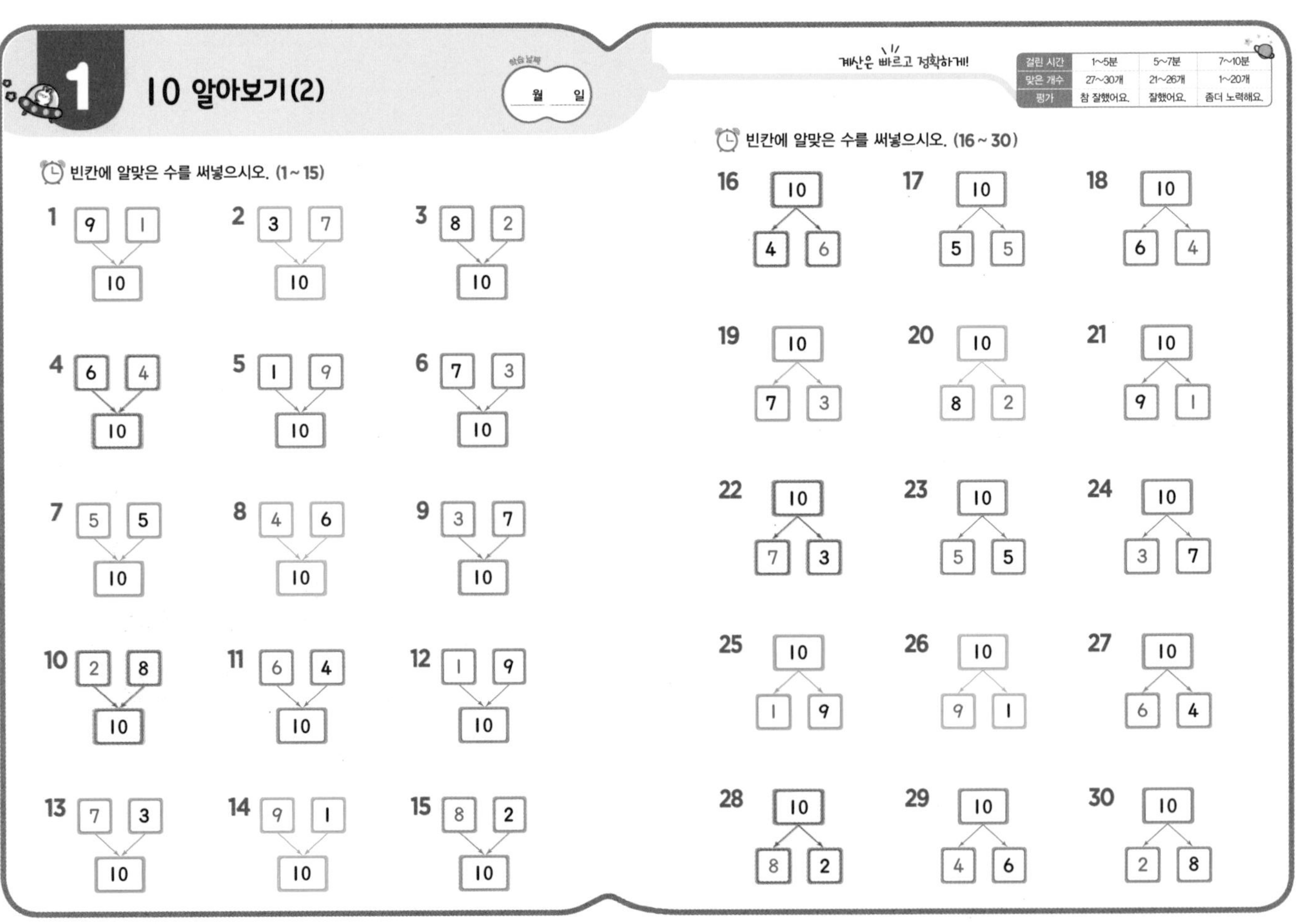

1 10 알아보기(2)

학습 날짜 월 일

계산은 빠르고 정확하게!

걸린 시간	1~5분	5~7분	7~10분
맞은 개수	27~30개	21~26개	1~20개
평가	참 잘했어요.	잘했어요.	좀더 노력해요.

빈칸에 알맞은 수를 써넣으시오. (1~15)

1. 9, 1 → 10
2. 3, 7 → 10
3. 8, 2 → 10
4. 6, 4 → 10
5. 1, 9 → 10
6. 7, 3 → 10
7. 5, 5 → 10
8. 4, 6 → 10
9. 3, 7 → 10
10. 2, 8 → 10
11. 6, 4 → 10
12. 1, 9 → 10
13. 7, 3 → 10
14. 9, 1 → 10
15. 8, 2 → 10

빈칸에 알맞은 수를 써넣으시오. (16~30)

16. 10 → 4, 6
17. 10 → 5, 5
18. 10 → 6, 4
19. 10 → 7, 3
20. 10 → 8, 2
21. 10 → 9, 1
22. 10 → 7, 3
23. 10 → 5, 5
24. 10 → 3, 7
25. 10 → 1, 9
26. 10 → 9, 1
27. 10 → 6, 4
28. 10 → 8, 2
29. 10 → 4, 6
30. 10 → 2, 8

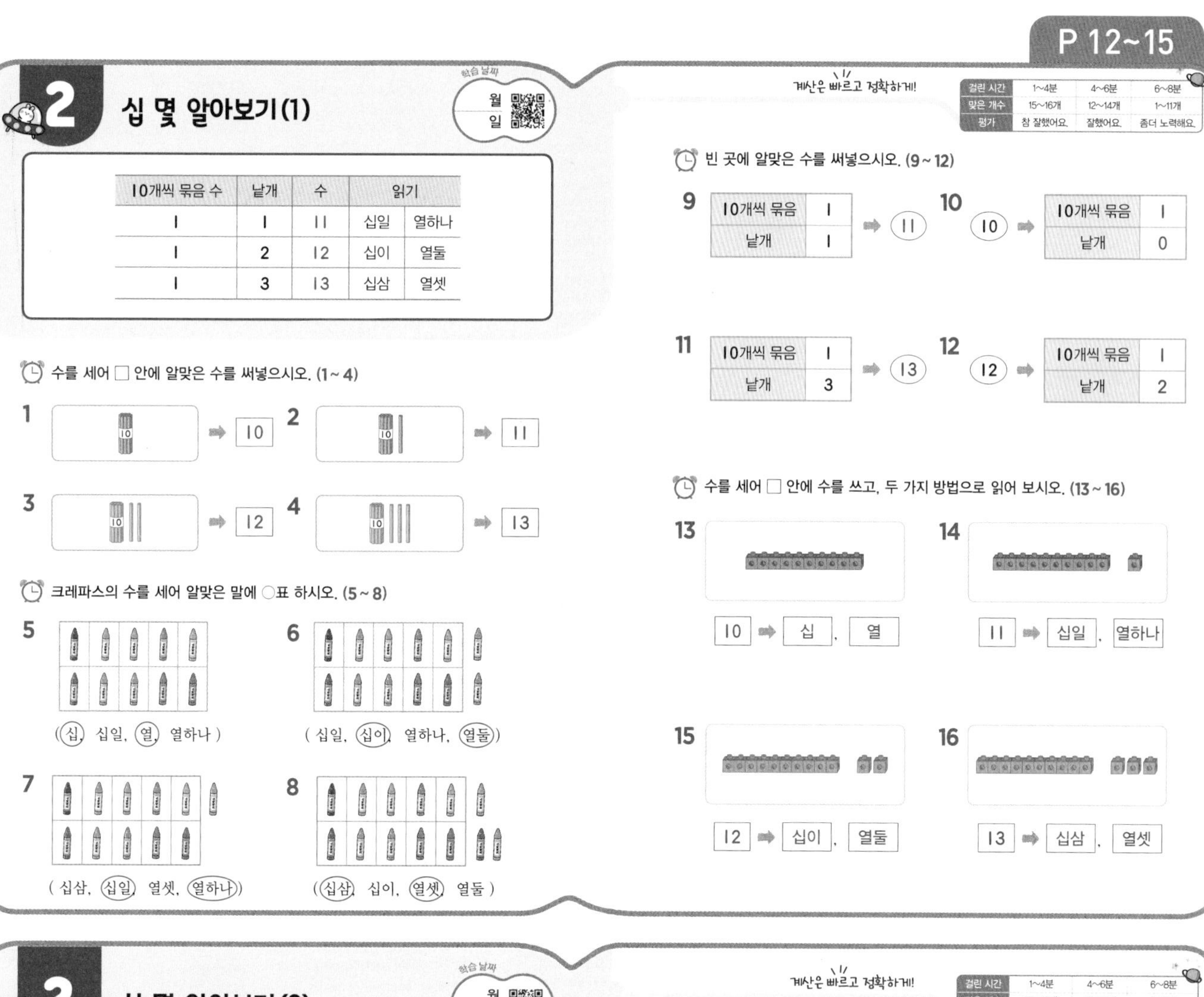

P 12~15

2 십 몇 알아보기(1)

학습 날짜 월 일

10개씩 묶음 수	낱개	수	읽기	
1	1	11	십일	열하나
1	2	12	십이	열둘
1	3	13	십삼	열셋

수를 세어 □ 안에 알맞은 수를 써넣으시오. (1~4)

1 ➡ 10
2 ➡ 11
3 ➡ 12
4 ➡ 13

크레파스의 수를 세어 알맞은 말에 ○표 하시오. (5~8)

5 ((십), 십일, (열), 열하나)
6 (십일, (십이), 열하나, (열둘))
7 (십삼, (십일), 열셋, (열하나))
8 ((십삼), 십이, (열셋), 열둘)

계산은 빠르고 정확하게!

걸린 시간	1~4분	4~6분	6~8분
맞은 개수	15~16개	12~14개	1~11개
평가	참 잘했어요.	잘했어요.	좀더 노력해요.

빈 곳에 알맞은 수를 써넣으시오. (9~12)

9 10개씩 묶음 1, 낱개 1 ➡ 11
10 10 ➡ 10개씩 묶음 1, 낱개 0
11 10개씩 묶음 1, 낱개 3 ➡ 13
12 12 ➡ 10개씩 묶음 1, 낱개 2

수를 세어 □ 안에 수를 쓰고, 두 가지 방법으로 읽어 보시오. (13~16)

13 10 ➡ 십, 열
14 11 ➡ 십일, 열하나
15 12 ➡ 십이, 열둘
16 13 ➡ 십삼, 열셋

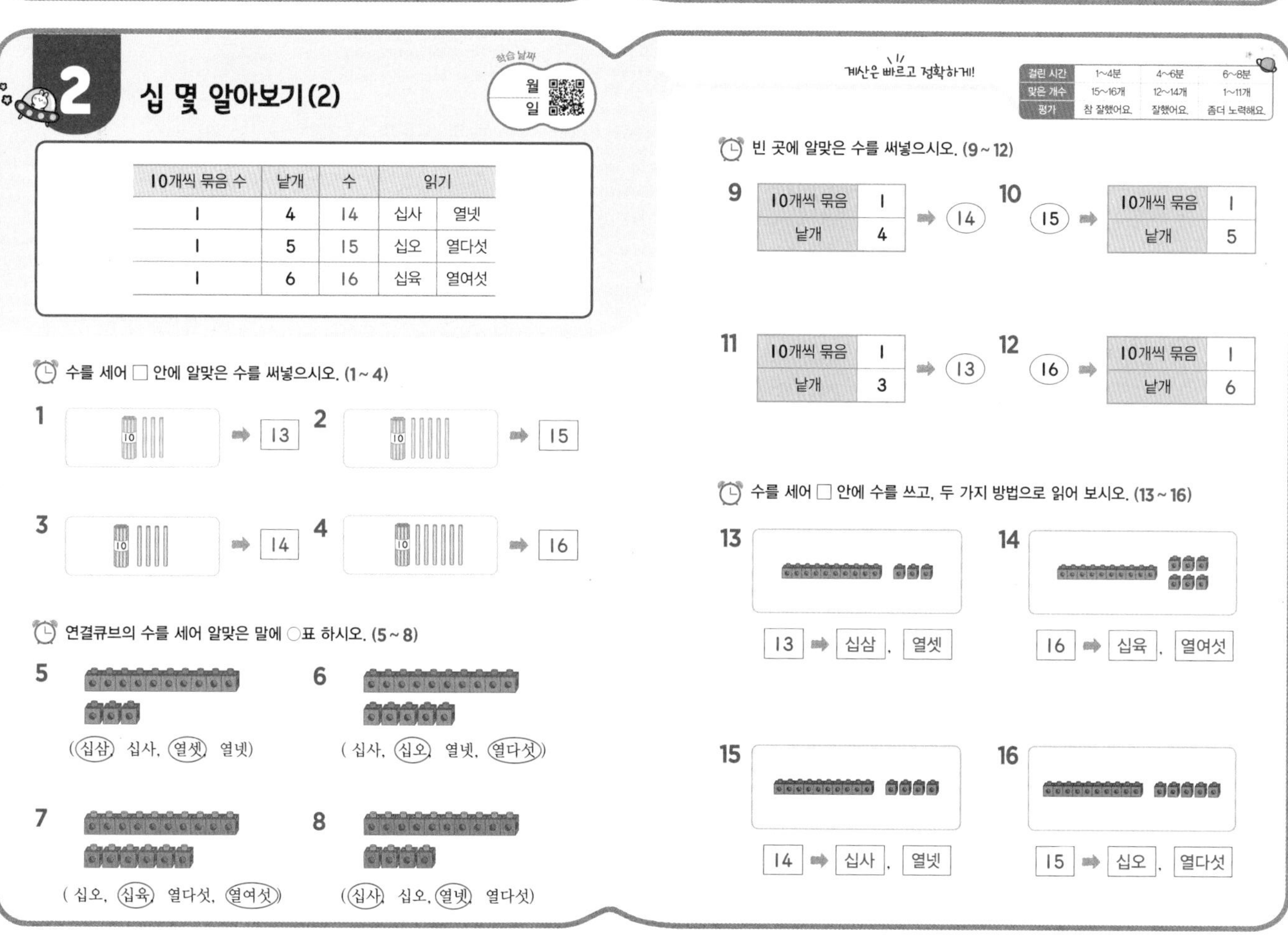

2 십 몇 알아보기(2)

학습 날짜 월 일

10개씩 묶음 수	낱개	수	읽기	
1	4	14	십사	열넷
1	5	15	십오	열다섯
1	6	16	십육	열여섯

수를 세어 □ 안에 알맞은 수를 써넣으시오. (1~4)

1 ➡ 13
2 ➡ 15
3 ➡ 14
4 ➡ 16

연결큐브의 수를 세어 알맞은 말에 ○표 하시오. (5~8)

5 ((십삼), 십사, (열셋), 열넷)
6 (십사, (십오), 열넷, (열다섯))
7 (십오, (십육), 열다섯, (열여섯))
8 ((십사), 십오, (열넷), 열다섯)

계산은 빠르고 정확하게!

걸린 시간	1~4분	4~6분	6~8분
맞은 개수	15~16개	12~14개	1~11개
평가	참 잘했어요.	잘했어요.	좀더 노력해요.

빈 곳에 알맞은 수를 써넣으시오. (9~12)

9 10개씩 묶음 1, 낱개 4 ➡ 14
10 15 ➡ 10개씩 묶음 1, 낱개 5
11 10개씩 묶음 1, 낱개 3 ➡ 13
12 16 ➡ 10개씩 묶음 1, 낱개 6

수를 세어 □ 안에 수를 쓰고, 두 가지 방법으로 읽어 보시오. (13~16)

13 13 ➡ 십삼, 열셋
14 16 ➡ 십육, 열여섯
15 14 ➡ 십사, 열넷
16 15 ➡ 십오, 열다섯

정답

2 십 몇 알아보기(3)

학습 날짜 월 일

10개씩 묶음 수	낱개	수	읽기	
1	7	17	십칠	열일곱
1	8	18	십팔	열여덟
1	9	19	십구	열아홉

계산은 빠르고 정확하게!

걸린 시간	1~4분	4~6분	6~8분
맞은 개수	15~16개	12~14개	1~11개
평가	참 잘했어요.	잘했어요.	좀더 노력해요.

수를 세어 □ 안에 알맞은 수를 써넣으시오. (1~4)

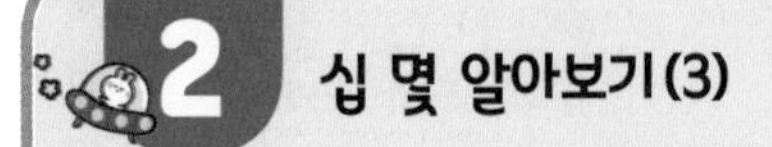

1 ➡ 16
2 ➡ 17
3 ➡ 18
4 ➡ 19

연결큐브의 수를 세어 알맞은 말에 ○표 하시오. (5~8)

5 ((십육), 십칠, (열여섯), 열일곱)
6 (열여섯, (열일곱), 십육, (십칠))

7 (십칠, (십팔), 열일곱, (열여덟))
8 (열여덟, (열아홉), 십팔, (십구))

빈 곳에 알맞은 수를 써넣으시오. (9~12)

9 10개씩 묶음 1, 낱개 6 ➡ 16
10 18 ➡ 10개씩 묶음 1, 낱개 8
11 10개씩 묶음 1, 낱개 7 ➡ 17
12 19 ➡ 10개씩 묶음 1, 낱개 9

수를 세어 □ 안에 수를 쓰고, 두 가지 방법으로 읽어 보시오. (13~16)

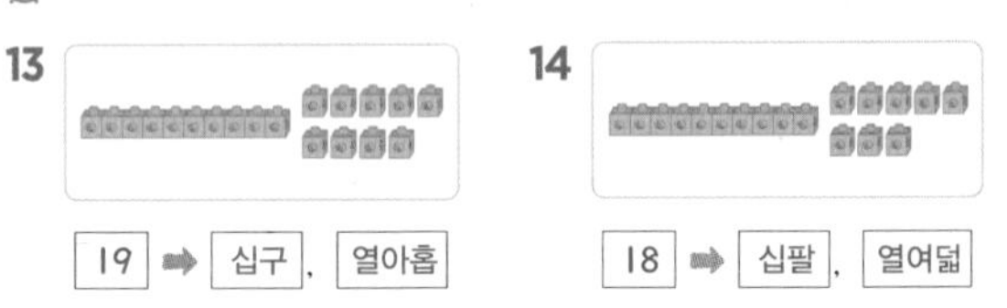

13 19 ➡ 십구, 열아홉
14 18 ➡ 십팔, 열여덟

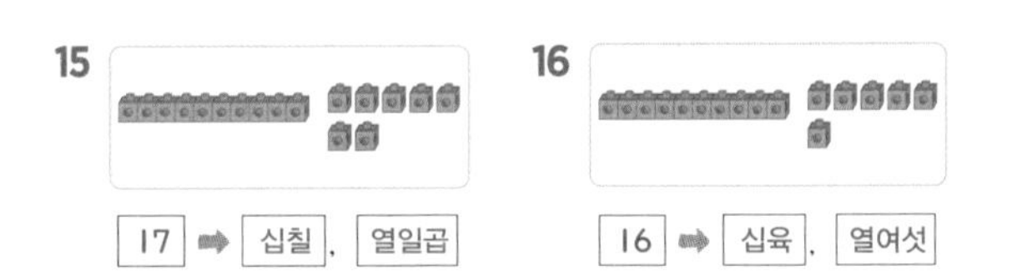

15 17 ➡ 십칠, 열일곱
16 16 ➡ 십육, 열여섯

3 19까지의 수를 모으기와 가르기(1)

학습 날짜 월 일

〈모으기〉 9, 8 → 17

〈가르기〉 14 → 6, 8

계산은 빠르고 정확하게!

걸린 시간	1~5분	5~8분	8~10분
맞은 개수	11~12개	8~10개	1~7개
평가	참 잘했어요.	잘했어요.	좀더 노력해요.

빈 곳에 알맞은 수만큼 ○를 그려 보시오. (1~6)

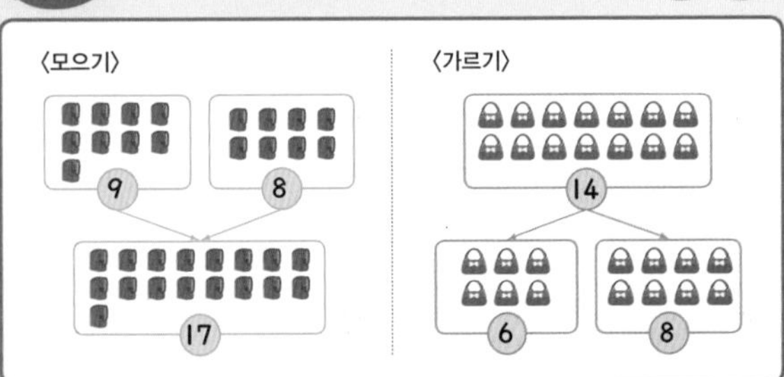

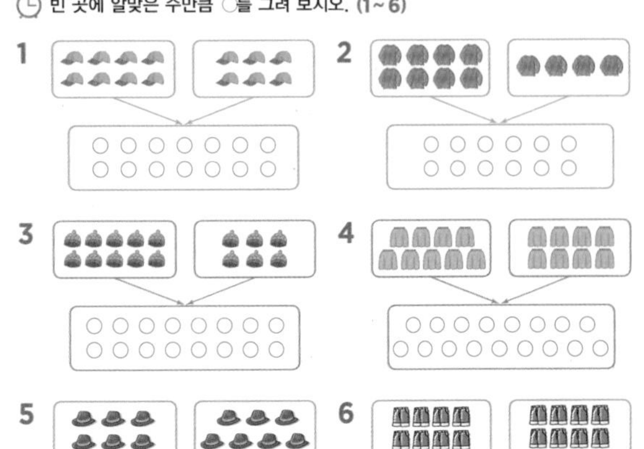

그림을 보고 빈칸에 알맞은 수를 써넣으시오. (7~12)

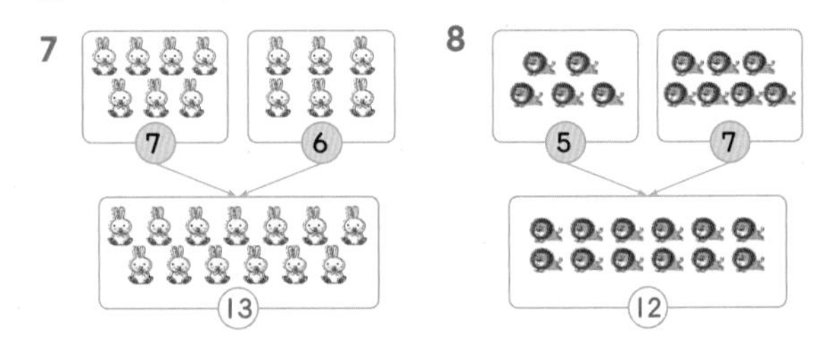

7 7, 6 → 13
8 5, 7 → 12

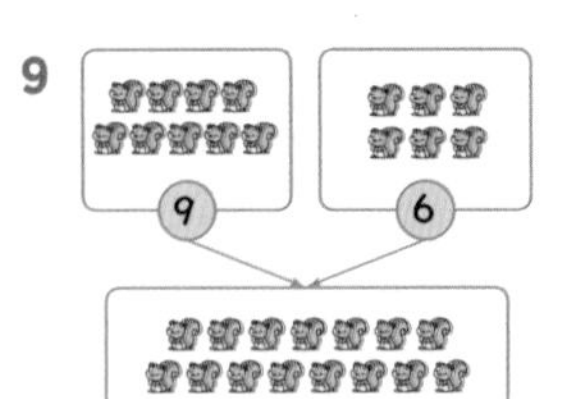

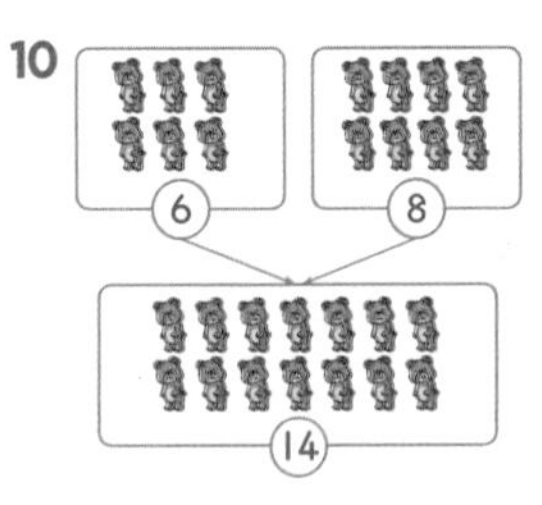

9 9, 6 → 15
10 6, 8 → 14

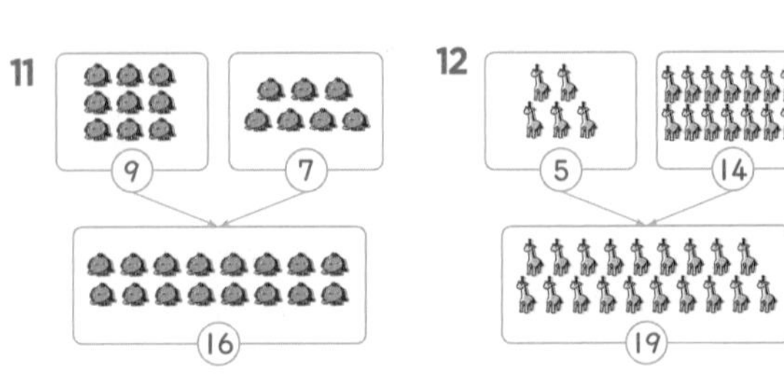

11 9, 7 → 16
12 5, 14 → 19

P 20~23

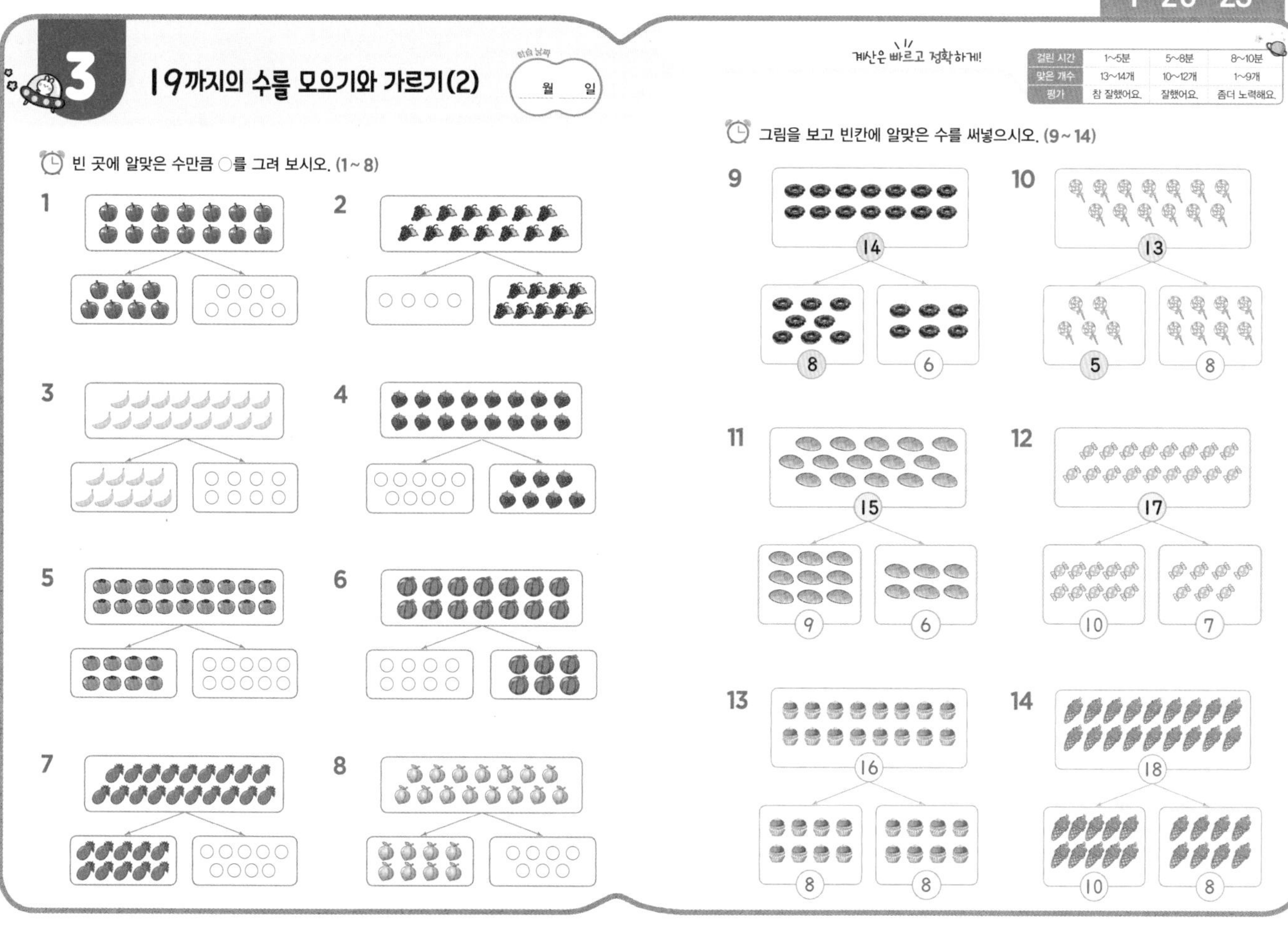
3
19까지의 수를 모으기와 가르기(2)
월 일
계산은 빠르고 정확하게!
빈 곳에 알맞은 수만큼 ○를 그려 보시오. (1~8)
그림을 보고 빈칸에 알맞은 수를 써넣으시오. (9~14)
9 14 8 6
10 13 5 8
11 15 9 6
12 17 10 7
13 16 8 8
14 18 10 8

걸린 시간 1~5분 5~8분 8~10분
맞은 개수 13~14개 10~12개 1~9개
평가 참 잘했어요. 잘했어요. 좀더 노력해요.

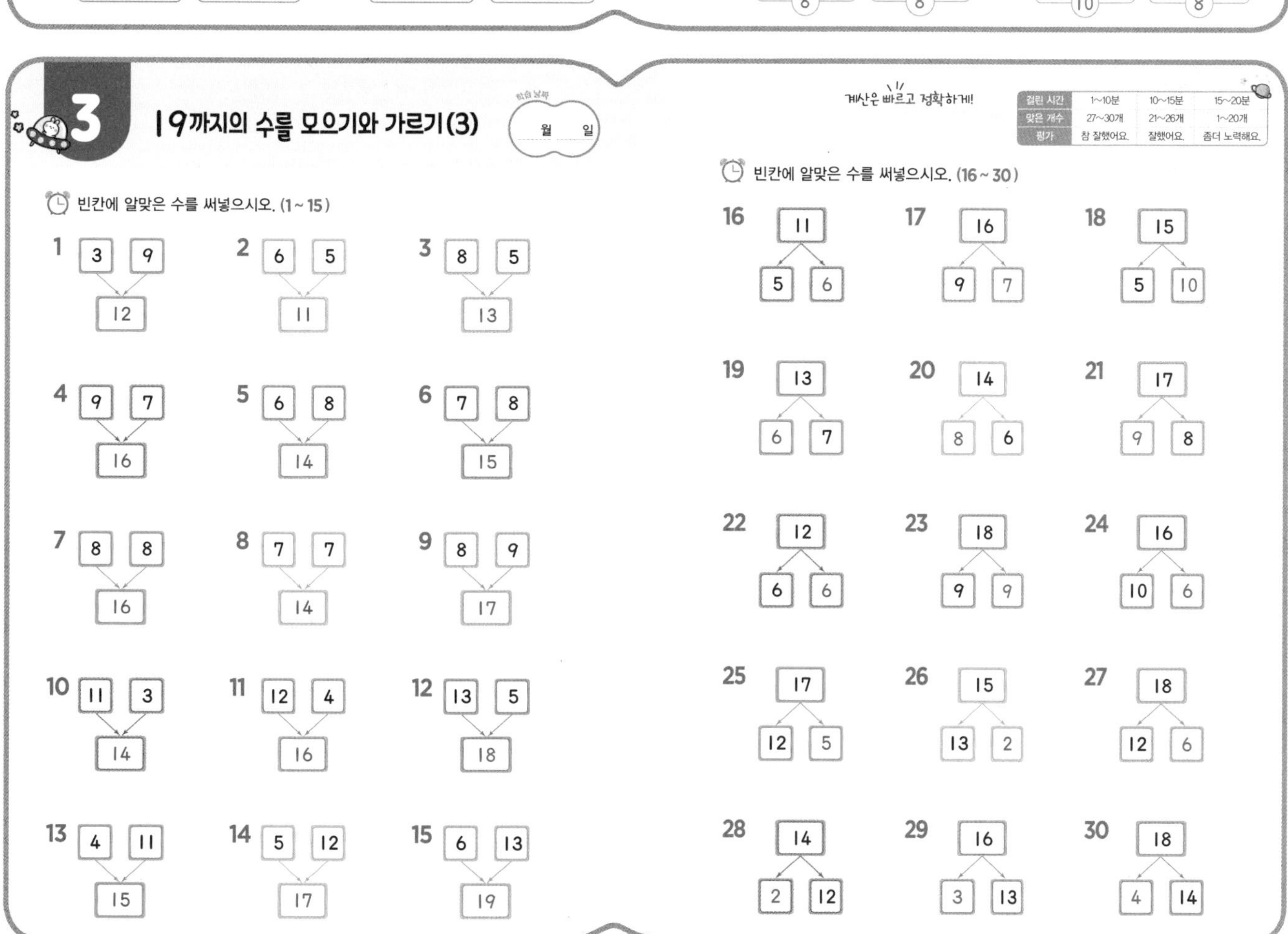
3
19까지의 수를 모으기와 가르기(3)
월 일
계산은 빠르고 정확하게!
걸린 시간 1~10분 10~15분 15~20분
맞은 개수 27~30개 21~26개 1~20개
평가 참 잘했어요. 잘했어요. 좀더 노력해요.
빈칸에 알맞은 수를 써넣으시오. (1~15)
1 3 9 12
2 6 5 11
3 8 5 13
4 9 7 16
5 6 8 14
6 7 8 15
7 8 8 16
8 7 7 14
9 8 9 17
10 11 3 14
11 12 4 16
12 13 5 18
13 4 11 15
14 5 12 17
15 6 13 19
빈칸에 알맞은 수를 써넣으시오. (16~30)
16 11 5 6
17 16 9 7
18 15 5 10
19 13 6 7
20 14 8 6
21 17 9 8
22 12 6 6
23 18 9 9
24 16 10 6
25 17 12 5
26 15 13 2
27 18 12 6
28 14 2 12
29 16 3 13
30 18 4 14

4 수의 크기 비교(1)

학습 날짜 월 일

16	○○○○○○○○○○○○○○○○
18	○○○○○○○○○○○○○○○○○○

16은 18보다 작습니다.
18은 16보다 큽니다.

주어진 수만큼 ○를 그리면서 수를 세어 보고 알맞은 말에 ○표 하시오. (1~3)

1

9	○○○○○○○○○
12	○○○○○○○○○○○○

9는 12보다 (큽니다, (작습니다)).
12는 9보다 ((큽니다), 작습니다).

2

13	○○○○○○○○○○○○○
15	○○○○○○○○○○○○○○○

13은 15보다 (큽니다, (작습니다)).
15는 13보다 ((큽니다), 작습니다).

3

19	○○○○○○○○○○○○○○○○○○○
17	○○○○○○○○○○○○○○○○○

19는 17보다 ((큽니다), 작습니다).
17은 19보다 (큽니다, (작습니다)).

계산은 빠르고 정확하게!

걸린 시간	1~5분	5~8분	8~10분
맞은 개수	10~11개	7~9개	1~6개
평가	참 잘했어요.	잘했어요.	좀더 노력해요.

연필의 개수만큼 수를 쓰고 더 큰 수에 ○표 하시오. (4~10)

4 11, (13)

5 (15), 14

6 12, (14)

7 (16), 13

8 (17), 15

9 18, (19)

10 (18), 16

11 (17), 14

4 수의 크기 비교(2)

학습 날짜 월 일

두 수 중 더 큰 수를 찾아 빈 곳에 써넣으시오. (1~15)

1. 15, 13 → 15
2. 14, 12 → 14
3. 17, 15 → 17
4. 18, 16 → 18
5. 11, 13 → 13
6. 12, 10 → 12
7. 16, 15 → 16
8. 17, 19 → 19
9. 14, 15 → 15
10. 19, 13 → 19
11. 17, 14 → 17
12. 11, 12 → 12
13. 16, 17 → 17
14. 14, 18 → 18
15. 16, 13 → 16

계산은 빠르고 정확하게!

걸린 시간	1~6분	6~8분	8~10분
맞은 개수	27~30개	21~26개	1~20개
평가	참 잘했어요.	잘했어요.	좀더 노력해요.

두 수 중 더 작은 수를 찾아 빈 곳에 써넣으시오. (16~30)

16. 18, 13 → 13
17. 17, 19 → 17
18. 16, 15 → 15
19. 17, 16 → 16
20. 15, 14 → 14
21. 11, 14 → 11
22. 16, 14 → 14
23. 15, 19 → 15
24. 18, 14 → 14
25. 18, 16 → 16
26. 11, 13 → 11
27. 13, 15 → 13
28. 19, 18 → 18
29. 12, 14 → 12
30. 11, 10 → 10

계산은 빠르고 정확하게!

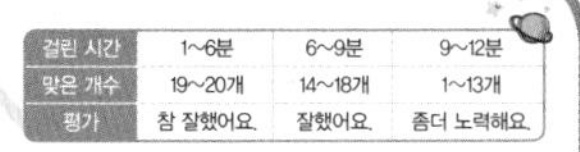

걸린 시간	1~6분	6~9분	9~12분
맞은 개수	19~20개	14~18개	1~13개
평가	참 잘했어요.	잘했어요.	좀더 노력해요.

모으기를 이용하여 빈 곳에 알맞은 수를 써넣으시오. (1~10)

1 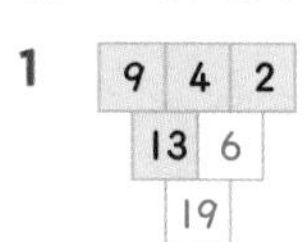

2
3 5 2
8 7
15

3 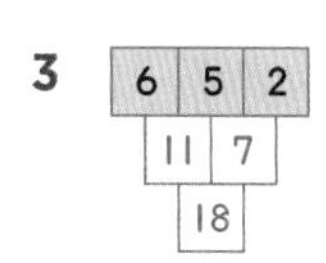

4
11 2 1
13 3
16

5 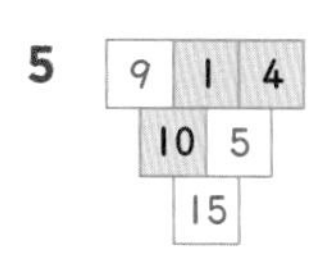

6
11 2 3
13 5
18

7 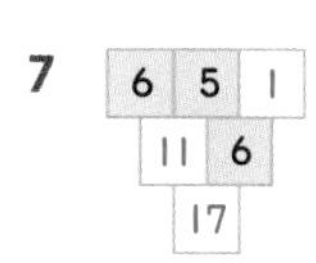

9
12 0 4
12 4
16

9 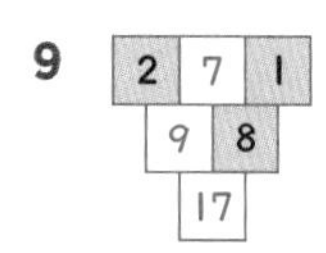

10 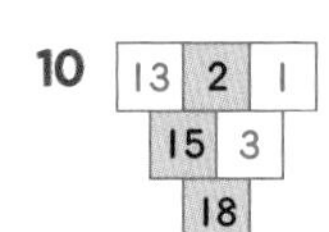

가르기를 이용하여 빈 곳에 알맞은 수를 써넣으시오. (11~20)

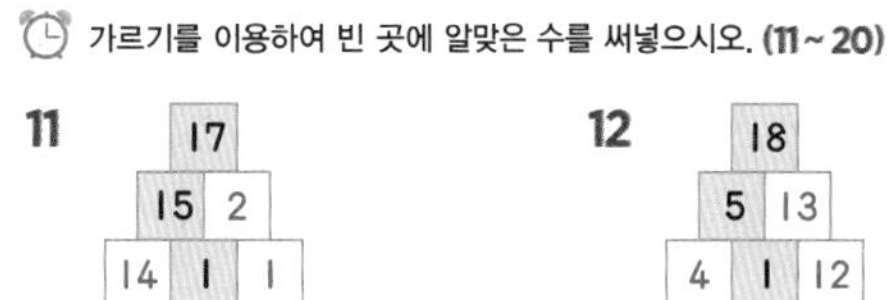

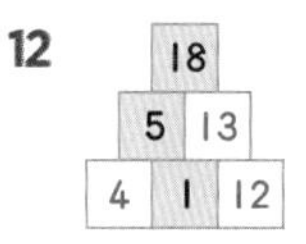

13 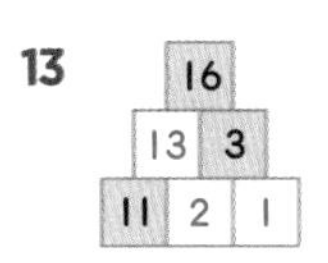

14
19
12 7
11 1 6

15 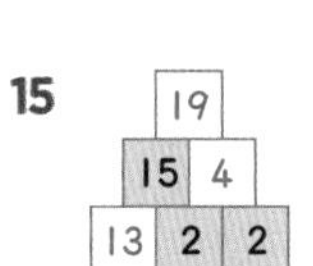

16 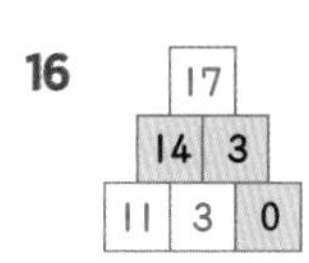

17
18
7 11
2 5 6

18
13
7 6
5 2 4

19
19
11 8
9 2 6

20
18
13 5
12 1 4

걸린 시간	1~6분	6~9분	9~12분
맞은 개수	27~29개	21~26개	1~20개
평가	참 잘했어요.	잘했어요.	좀더 노력해요.

그림을 보고 빈칸에 알맞은 수를 써넣으시오. (1~4)

1 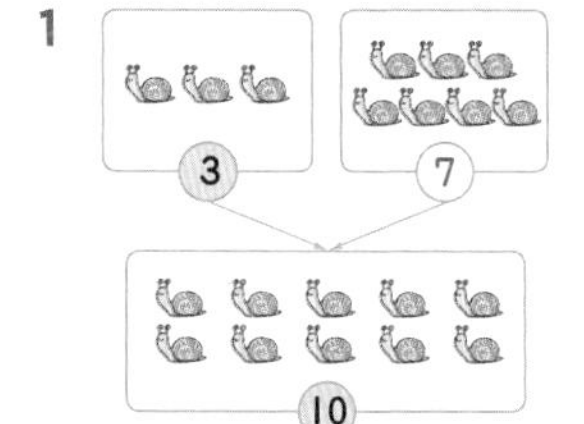

2 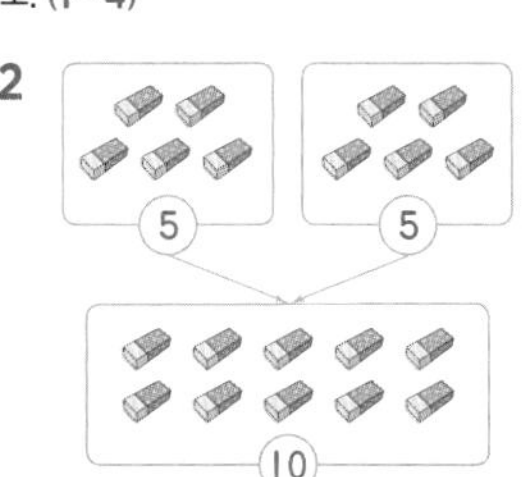

3 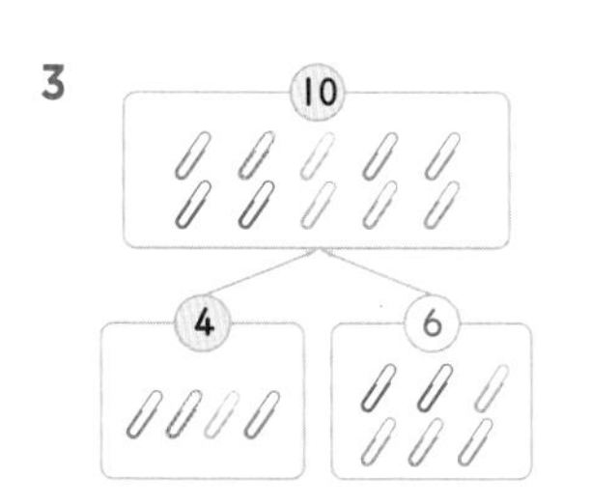

4 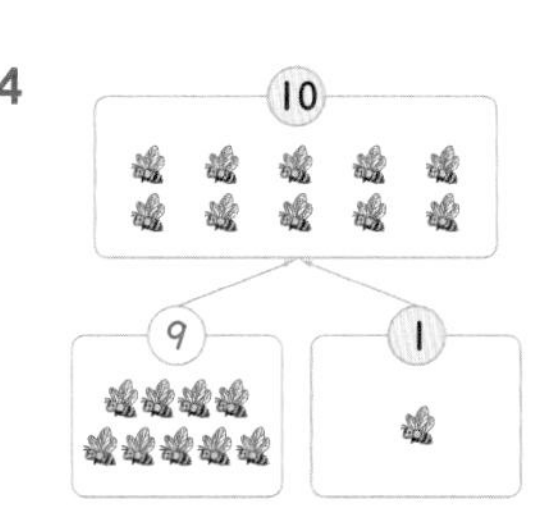

빈칸에 알맞은 수를 써넣으시오. (5~7)

5 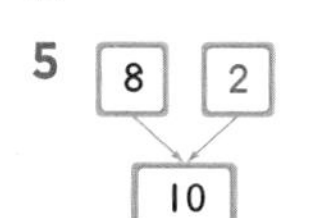

6 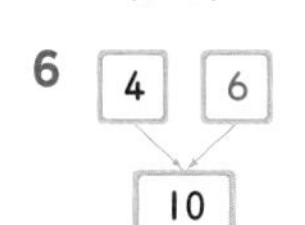

7 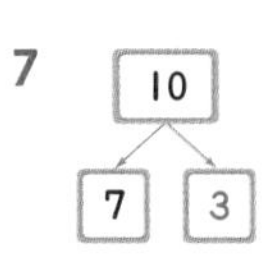

빈 곳에 알맞은 수를 써넣으시오. (8~11)

8

10개씩 묶음	1
낱개	8

➡ 18

9 12 ➡

10개씩 묶음	1
낱개	2

10

10개씩 묶음	1
낱개	9

➡ 19

11 15 ➡

10개씩 묶음	1
낱개	5

수를 두 가지 방법으로 읽으려고 합니다. ☐ 안에 알맞은 말을 써넣으시오. (12~17)

12
12
십이 열둘

13
13
십삼 열셋

14 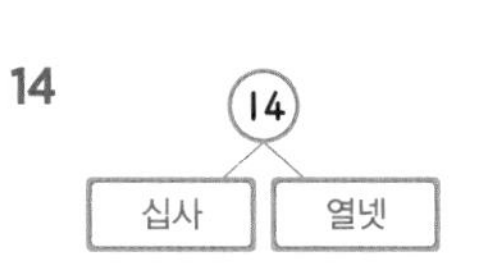

15 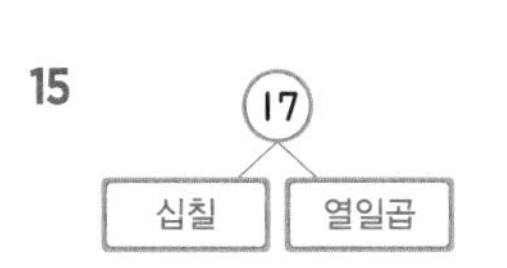

16 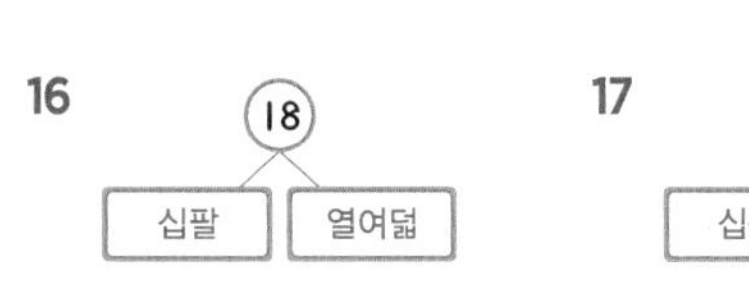

17
19
십구 열아홉

P 32

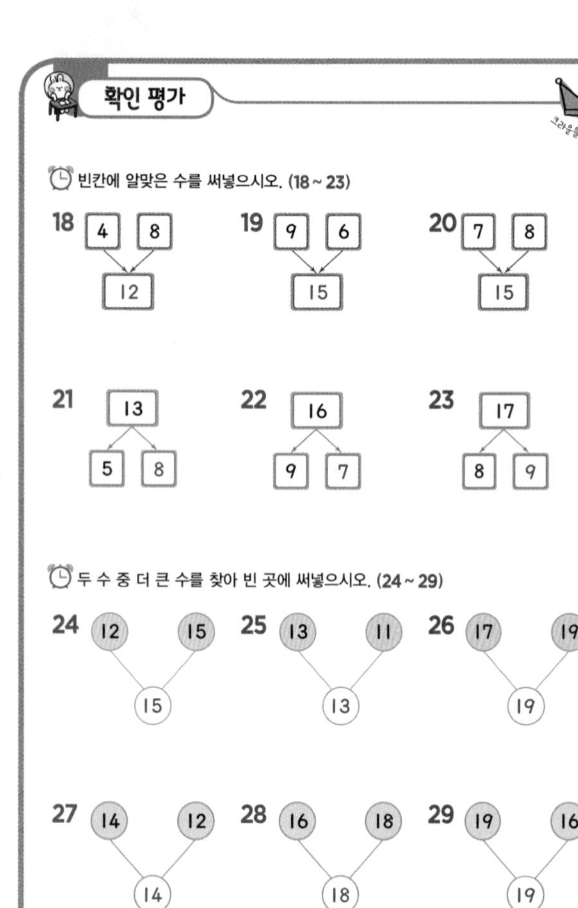

크라운 온라인 평가 응시 방법
에듀왕닷컴 접속 www.eduwang.com
메인 상단 메뉴에서 단원평가 클릭
단계 및 단원 선택
온라인 단원평가 실시(30분 동안 평가 실시)
크라운 확인

각 단원평가를 통해 100점을 받으시면 크라운 1개를 드리며, 획득하신 크라운으로 에듀왕 닷컴에서 판매하고 있는 교재 및 서비스를 무료로 구매하실 수 있습니다.

(크라운 1개 – 1000원)

1 몇십 알아보기(1)

학습 날짜 월 일

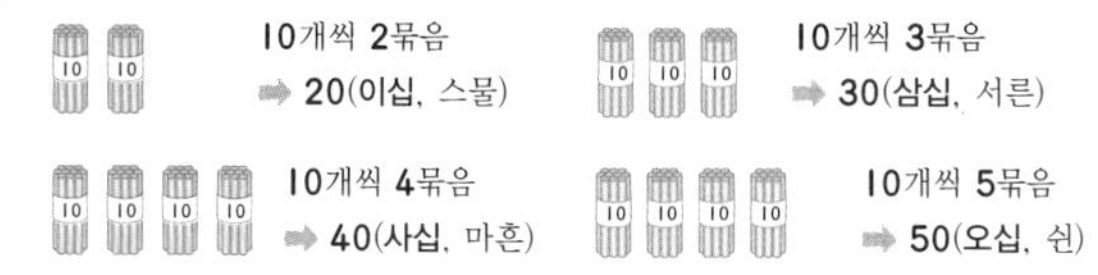

10개씩 2묶음 ⇒ 20(이십, 스물)

10개씩 3묶음 ⇒ 30(삼십, 서른)

10개씩 4묶음 ⇒ 40(사십, 마흔)

10개씩 5묶음 ⇒ 50(오십, 쉰)

그림을 보고 □ 안에 알맞은 수를 써넣으시오. (1 ~ 4)

1

10개씩 묶음이 2 개이므로 20 입니다.

2

10개씩 묶음이 3 개이므로 30 입니다.

3

10개씩 묶음이 4 개이므로 40 입니다.

4

10개씩 묶음이 5 개이므로 50 입니다.

계산은 빠르고 정확하게!

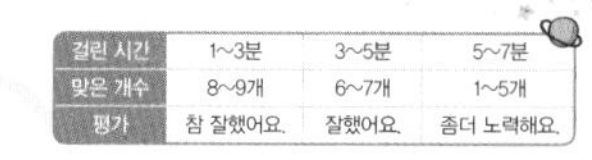

걸린 시간	1~3분	3~5분	5~7분
맞은 개수	8~9개	6~7개	1~5개
평가	참 잘했어요.	잘했어요.	좀더 노력해요.

그림을 보고 □ 안에 알맞은 수나 말을 써넣으시오. (5 ~ 9)

5 ⇒ 10개씩 1 묶음이므로 10 이고, 십 또는 열 이라고 읽습니다.

6 ⇒ 10개씩 2 묶음이므로 20 이고, 이십 또는 스물 이라고 읽습니다.

7 ⇒ 10개씩 3 묶음이므로 30 이고, 삼십 또는 서른 이라고 읽습니다.

8 ⇒ 10개씩 4 묶음이므로 40 이고, 사십 또는 마흔 이라고 읽습니다.

9 ⇒ 10개씩 5 묶음이므로 50 이고, 오십 또는 쉰 이라고 읽습니다.

1 몇십 알아보기(2)

학습 날짜 월 일

그림을 10개씩 묶어 보고 □ 안에 알맞은 수나 말을 써넣으시오. (1 ~ 6)

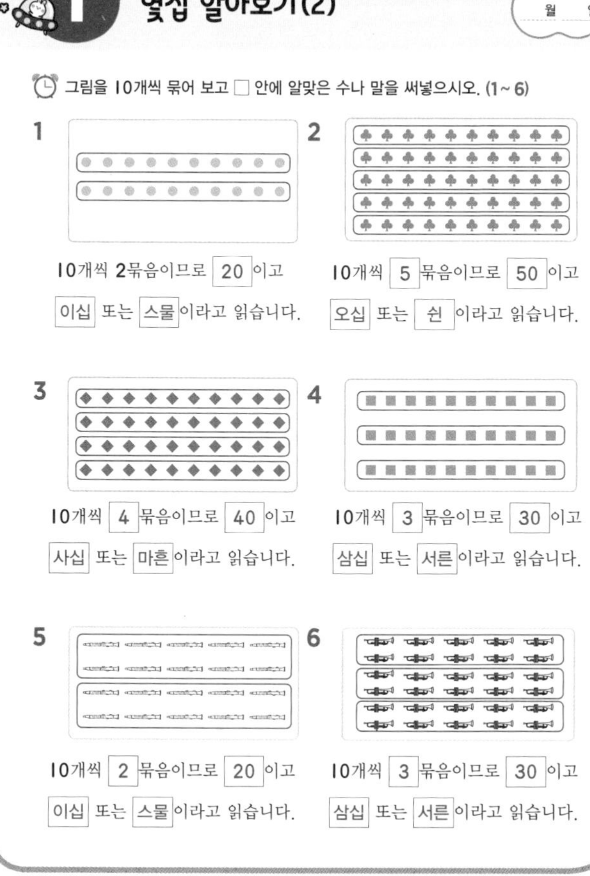

1 10개씩 2묶음이므로 20 이고 이십 또는 스물 이라고 읽습니다.

2 10개씩 5 묶음이므로 50 이고 오십 또는 쉰 이라고 읽습니다.

3 10개씩 4 묶음이므로 40 이고 사십 또는 마흔 이라고 읽습니다.

4 10개씩 3 묶음이므로 30 이고 삼십 또는 서른 이라고 읽습니다.

5 10개씩 2 묶음이므로 20 이고 이십 또는 스물 이라고 읽습니다.

6 10개씩 3 묶음이므로 30 이고 삼십 또는 서른 이라고 읽습니다.

계산은 빠르고 정확하게!

걸린 시간	1~6분	6~9분	9~12분
맞은 개수	13~14개	11~12개	1~10개
평가	참 잘했어요.	잘했어요.	좀더 노력해요.

□ 안에 알맞은 수나 말을 써넣으시오. (7 ~ 14)

7 10개씩 1 묶음이므로 10 이고 십 또는 열 이라고 읽습니다.

8 10개씩 2 묶음이므로 20 이고 이십 또는 스물 이라고 읽습니다.

9 10개씩 5 묶음이므로 50 이고 오십 또는 쉰 이라고 읽습니다.

10 10개씩 4 묶음이므로 40 이고 사십 또는 마흔 이라고 읽습니다.

11 10개씩 4 묶음이므로 40 이고 사십 또는 마흔 이라고 읽습니다.

12 10개씩 3 묶음이므로 30 이고 삼십 또는 서른 이라고 읽습니다.

13 10개씩 2 묶음이므로 20 이고 이십 또는 스물 이라고 읽습니다.

14 10개씩 5 묶음이므로 50 이고 오십 또는 쉰 이라고 읽습니다.

정답

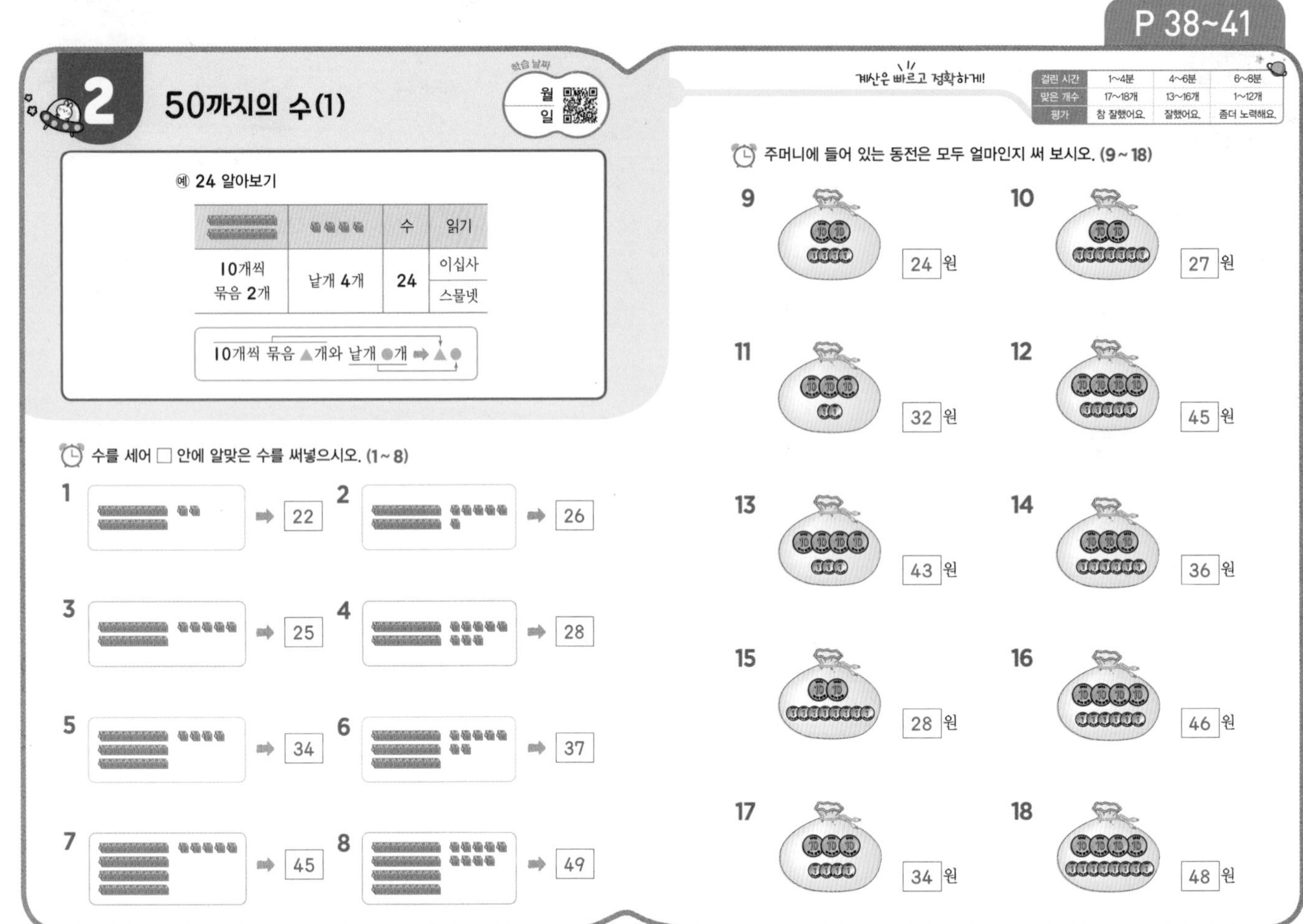

2 50까지의 수(1)

학습 날짜 월 일

계산은 빠르고 정확하게!

걸린 시간	1~4분	4~6분	6~8분
맞은 개수	17~18개	13~16개	1~12개
평가	참 잘했어요.	잘했어요.	좀더 노력해요.

예 24 알아보기

		수	읽기
10개씩 묶음 2개	낱개 4개	24	이십사
			스물넷

10개씩 묶음 ▲개와 낱개 ●개 ➡ ▲●

수를 세어 □ 안에 알맞은 수를 써넣으시오. (1~8)

1 ➡ 22
2 ➡ 26
3 ➡ 25
4 ➡ 28
5 ➡ 34
6 ➡ 37
7 ➡ 45
8 ➡ 49

주머니에 들어 있는 동전은 모두 얼마인지 써 보시오. (9~18)

9 24 원
10 27 원
11 32 원
12 45 원
13 43 원
14 36 원
15 28 원
16 46 원
17 34 원
18 48 원

2 50까지의 수(2)

학습 날짜 월 일

계산은 빠르고 정확하게!

걸린 시간	1~4분	4~6분	6~8분
맞은 개수	19~20개	14~18개	1~13개
평가	참 잘했어요.	잘했어요.	좀더 노력해요.

빈 곳에 알맞은 수를 써넣으시오. (1~10)

1 10개씩 묶음 2, 낱개 1 ➡ 21
2 24 ➡ 10개씩 묶음 2, 낱개 4
3 10개씩 묶음 2, 낱개 5 ➡ 25
4 26 ➡ 10개씩 묶음 2, 낱개 6
5 10개씩 묶음 2, 낱개 7 ➡ 27
6 29 ➡ 10개씩 묶음 2, 낱개 9
7 10개씩 묶음 3, 낱개 2 ➡ 32
8 35 ➡ 10개씩 묶음 3, 낱개 5
9 10개씩 묶음 3, 낱개 7 ➡ 37
10 39 ➡ 10개씩 묶음 3, 낱개 9

빈 곳에 알맞은 수를 써넣으시오. (11~20)

11 10개씩 묶음 3, 낱개 1 ➡ 31
12 34 ➡ 10개씩 묶음 3, 낱개 4
13 10개씩 묶음 3, 낱개 6 ➡ 36
14 38 ➡ 10개씩 묶음 3, 낱개 8
15 10개씩 묶음 4, 낱개 0 ➡ 40
16 42 ➡ 10개씩 묶음 4, 낱개 2
17 10개씩 묶음 4, 낱개 3 ➡ 43
18 45 ➡ 10개씩 묶음 4, 낱개 5
19 10개씩 묶음 4, 낱개 7 ➡ 47
20 49 ➡ 10개씩 묶음 4, 낱개 9

2 50까지의 수(3)

계산은 빠르고 정확하게!

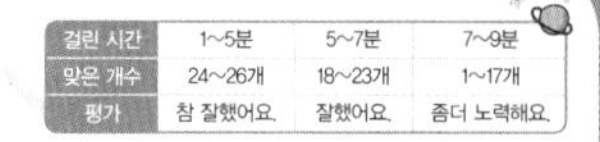

걸린 시간	1~5분	5~7분	7~9분
맞은 개수	24~26개	18~23개	1~17개
평가	참 잘했어요.	잘했어요.	좀더 노력해요.

수로 쓰시오. (1~18)

1 이십사 ➡ 24
2 이십팔 ➡ 28
3 스물둘 ➡ 22
4 스물다섯 ➡ 25
5 스물여덟 ➡ 28
6 삼십삼 ➡ 33
7 삼십오 ➡ 35
8 서른넷 ➡ 34
9 서른아홉 ➡ 39
10 서른하나 ➡ 31
11 서른일곱 ➡ 37
12 사십육 ➡ 46
13 사십구 ➡ 49
14 사십팔 ➡ 48
15 마흔둘 ➡ 42
16 마흔여섯 ➡ 46
17 마흔여덟 ➡ 48
18 마흔아홉 ➡ 49

수를 세어 두 가지 방법으로 읽어 보시오. (19~26)

19 ➡ 이십사, 스물넷
20 ➡ 삼십육, 서른여섯

21 ➡ 이십팔, 스물여덟
22 ➡ 사십일, 마흔하나

23 ➡ 삼십칠, 서른일곱
24 ➡ 사십오, 마흔다섯

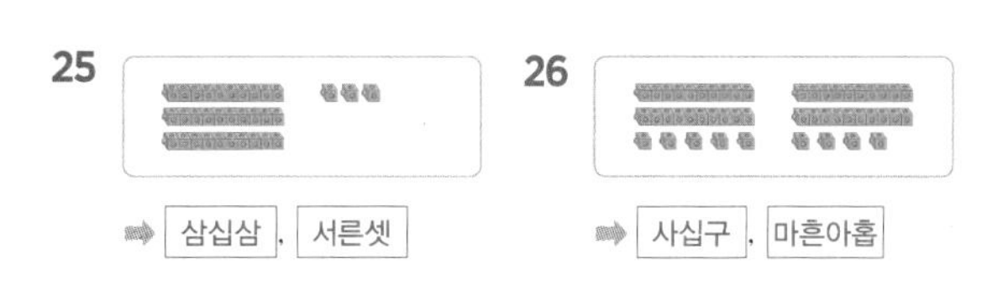

25 ➡ 삼십삼, 서른셋
26 ➡ 사십구, 마흔아홉

2 50까지의 수(4)

계산은 빠르고 정확하게!

걸린 시간	1~6분	6~8분	8~10분
맞은 개수	20~24개	16~19개	1~15개
평가	참 잘했어요.	잘했어요.	좀더 노력해요.

수를 읽고 □와 빈칸에 알맞은 수를 써넣으시오. (1~12)

1

스물다섯 (25)	10개씩 묶음(개)	낱개(개)
	2	5

2

삼십일 (31)	10개씩 묶음(개)	낱개(개)
	3	1

3

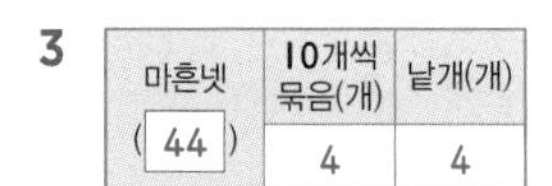

마흔넷 (44)	10개씩 묶음(개)	낱개(개)
	4	4

4

이십구 (29)	10개씩 묶음(개)	낱개(개)
	2	9

5

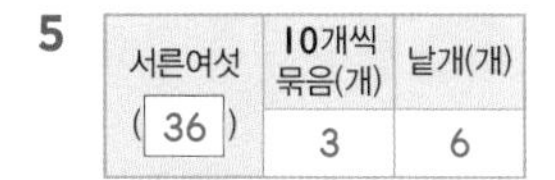

서른여섯 (36)	10개씩 묶음(개)	낱개(개)
	3	6

6

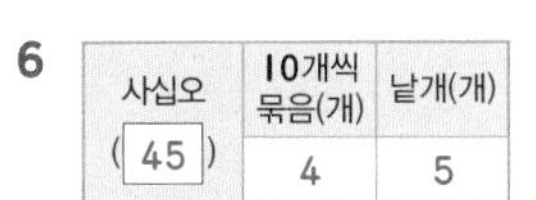

사십오 (45)	10개씩 묶음(개)	낱개(개)
	4	5

7

스물여덟 (28)	10개씩 묶음(개)	낱개(개)
	2	8

8

이십육 (26)	10개씩 묶음(개)	낱개(개)
	2	6

9

서른둘 (32)	10개씩 묶음(개)	낱개(개)
	3	2

10

삼십사 (34)	10개씩 묶음(개)	낱개(개)
	3	4

11

마흔일곱 (47)	10개씩 묶음(개)	낱개(개)
	4	7

12

사십팔 (48)	10개씩 묶음(개)	낱개(개)
	4	8

수를 쓰고 두 가지 방법으로 읽어 보시오. (13~24)

13

10개씩 묶음(개)	낱개(개)	21	이십일
2	1		스물하나

14

10개씩 묶음(개)	낱개(개)	32	삼십이
3	2		서른둘

15

10개씩 묶음(개)	낱개(개)	43	사십삼
4	3		마흔셋

16

10개씩 묶음(개)	낱개(개)	24	이십사
2	4		스물넷

17

10개씩 묶음(개)	낱개(개)	35	삼십오
3	5		서른다섯

18

10개씩 묶음(개)	낱개(개)	46	사십육
4	6		마흔여섯

19

10개씩 묶음(개)	낱개(개)	27	이십칠
2	7		스물일곱

20

10개씩 묶음(개)	낱개(개)	38	삼십팔
3	8		서른여덟

21

10개씩 묶음(개)	낱개(개)	49	사십구
4	9		마흔아홉

22

10개씩 묶음(개)	낱개(개)	13	십삼
1	3		열셋

23

10개씩 묶음(개)	낱개(개)	30	삼십
3	0		서른

24

10개씩 묶음(개)	낱개(개)	50	오십
5	0		쉰

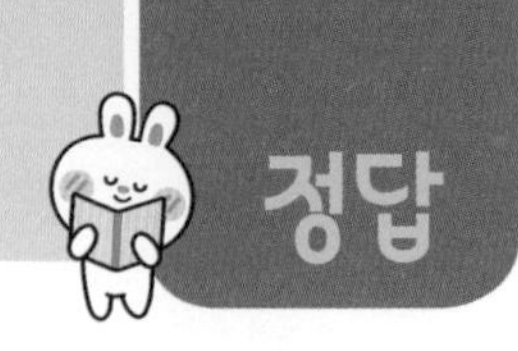

정답

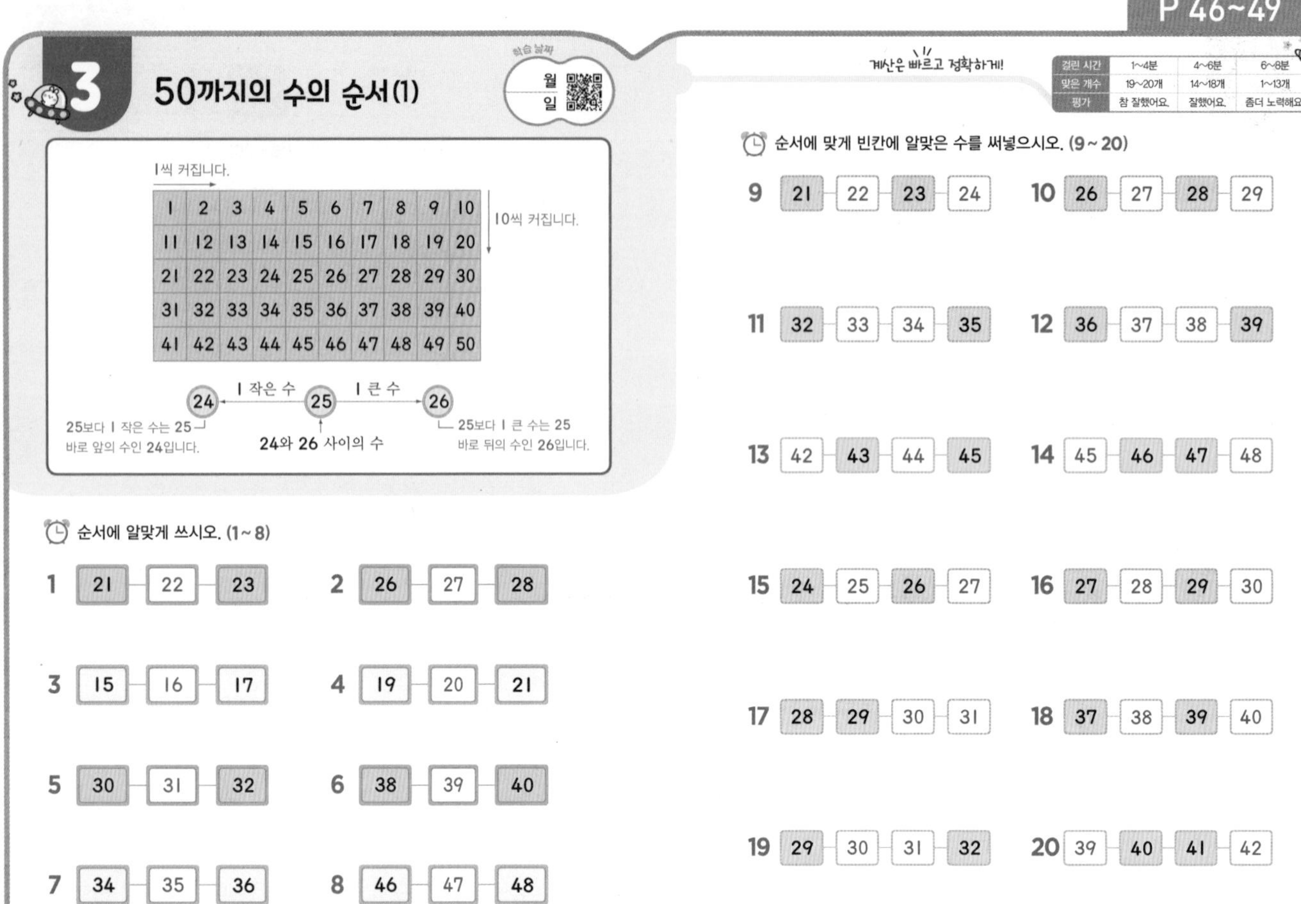

3 50까지의 수의 순서(1)

학습 날짜 월 일

계산은 빠르고 정확하게!

걸린 시간	1~4분	4~6분	6~8분
맞은 개수	19~20개	14~18개	1~13개
평가	참 잘했어요.	잘했어요.	좀더 노력해요.

순서에 알맞게 쓰시오. (1~8)

1 21 - 22 - 23
2 26 - 27 - 28
3 15 - 16 - 17
4 19 - 20 - 21
5 30 - 31 - 32
6 38 - 39 - 40
7 34 - 35 - 36
8 46 - 47 - 48

순서에 맞게 빈칸에 알맞은 수를 써넣으시오. (9~20)

9 21 - 22 - 23 - 24
10 26 - 27 - 28 - 29
11 32 - 33 - 34 - 35
12 36 - 37 - 38 - 39
13 42 - 43 - 44 - 45
14 45 - 46 - 47 - 48
15 24 - 25 - 26 - 27
16 27 - 28 - 29 - 30
17 28 - 29 - 30 - 31
18 37 - 38 - 39 - 40
19 29 - 30 - 31 - 32
20 39 - 40 - 41 - 42

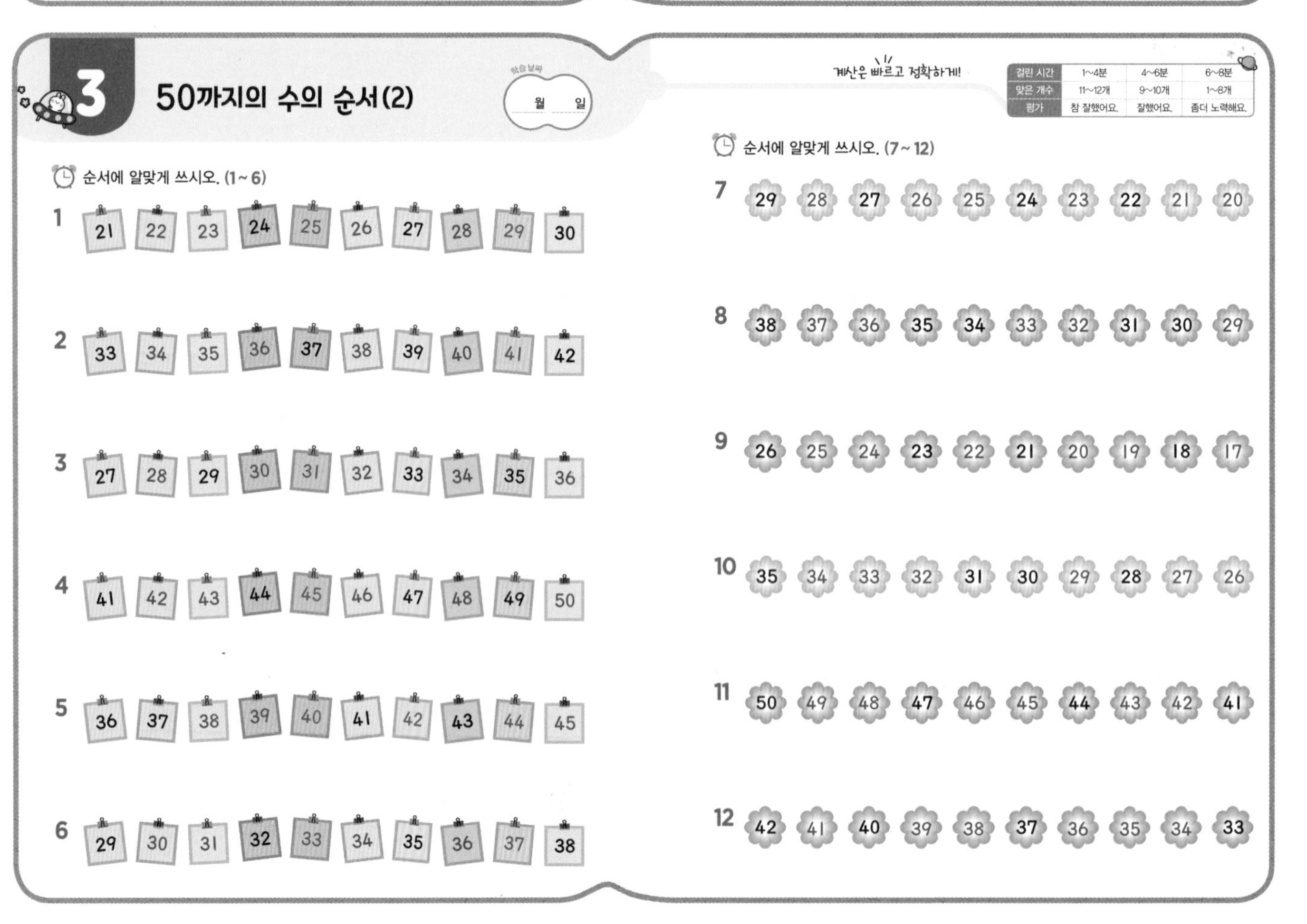

3 50까지의 수의 순서(2)

학습 날짜 월 일

계산은 빠르고 정확하게!

걸린 시간	1~4분	4~6분	6~8분
맞은 개수	11~12개	9~10개	1~8개
평가	참 잘했어요.	잘했어요.	좀더 노력해요.

순서에 알맞게 쓰시오. (1~6)

1 21 22 23 24 25 26 27 28 29 30
2 33 34 35 36 37 38 39 40 41 42
3 27 28 29 30 31 32 33 34 35 36
4 41 42 43 44 45 46 47 48 49 50
5 36 37 38 39 40 41 42 43 44 45
6 29 30 31 32 33 34 35 36 37 38

순서에 알맞게 쓰시오. (7~12)

7 29 28 27 26 25 24 23 22 21 20
8 38 37 36 35 34 33 32 31 30 29
9 26 25 24 23 22 21 20 19 18 17
10 35 34 33 32 31 30 29 28 27 26
11 50 49 48 47 46 45 44 43 42 41
12 42 41 40 39 38 37 36 35 34 33

P 50~53

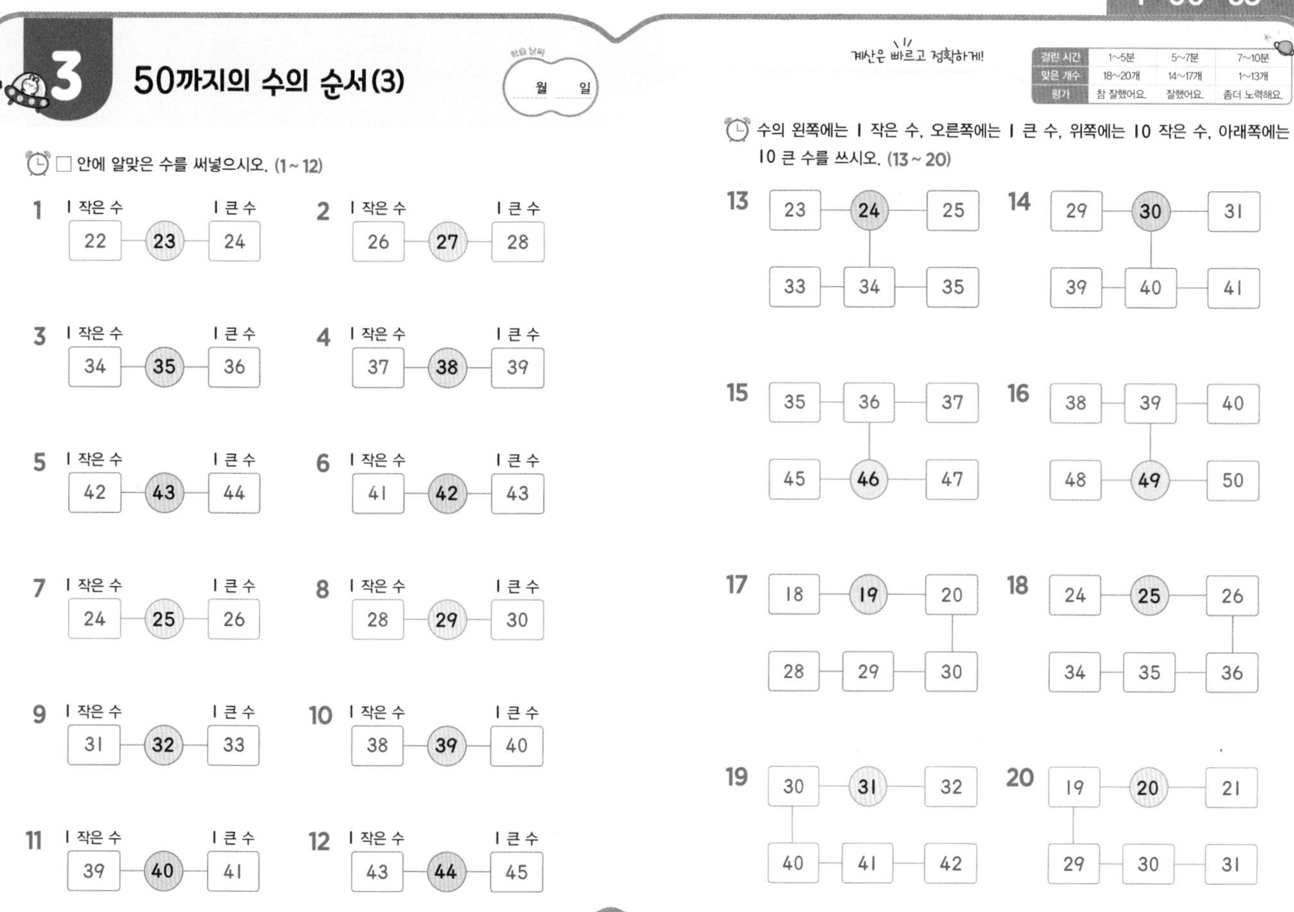

3 50까지의 수의 순서(3)

학습 날짜 월 일

□ 안에 알맞은 수를 써넣으시오. (1~12)

문제	1 작은 수	수	1 큰 수
1	22	23	24
2	26	27	28
3	34	35	36
4	37	38	39
5	42	43	44
6	41	42	43
7	24	25	26
8	28	29	30
9	31	32	33
10	38	39	40
11	39	40	41
12	43	44	45

계산은 빠르고 정확하게!

걸린 시간	1~5분	5~7분	7~10분
맞은 개수	18~20개	14~17개	1~13개
평가	참 잘했어요.	잘했어요.	좀더 노력해요.

수의 왼쪽에는 1 작은 수, 오른쪽에는 1 큰 수, 위쪽에는 10 작은 수, 아래쪽에는 10 큰 수를 쓰시오. (13~20)

13
23 — 24 — 25
33 — 34 — 35

14
29 — 30 — 31
39 — 40 — 41

15
35 — 36 — 37
45 — 46 — 47

16
38 — 39 — 40
48 — 49 — 50

17
18 — 19 — 20
28 — 29 — 30

18
24 — 25 — 26
34 — 35 — 36

19
30 — 31 — 32
40 — 41 — 42

20
19 — 20 — 21
29 — 30 — 31

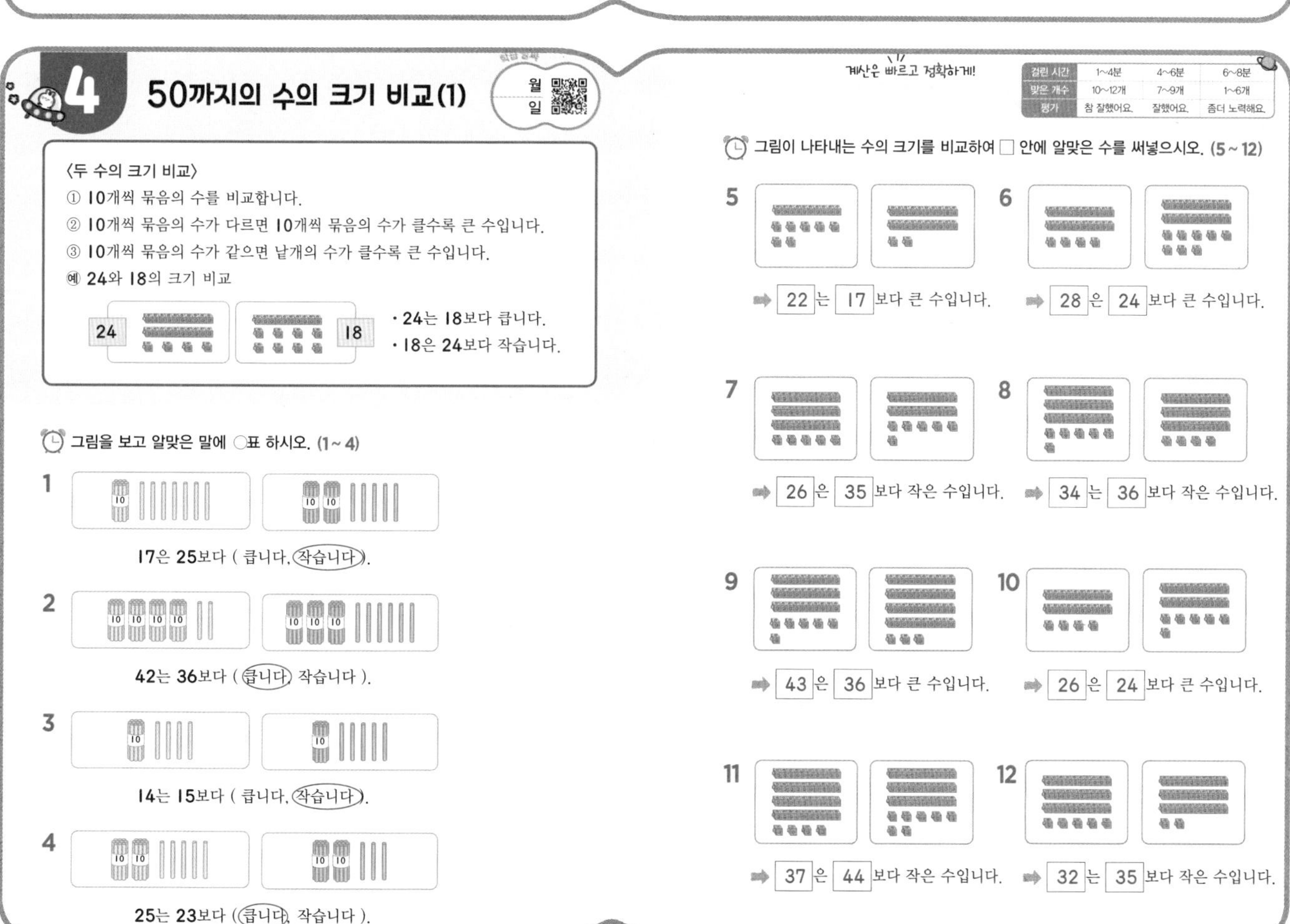

4 50까지의 수의 크기 비교(1)

학습 날짜 월 일

〈두 수의 크기 비교〉

① 10개씩 묶음의 수를 비교합니다.

② 10개씩 묶음의 수가 다르면 10개씩 묶음의 수가 클수록 큰 수입니다.

③ 10개씩 묶음의 수가 같으면 낱개의 수가 클수록 큰 수입니다.

예 24와 18의 크기 비교

24 18

- 24는 18보다 큽니다.
- 18은 24보다 작습니다.

그림을 보고 알맞은 말에 ○표 하시오. (1~4)

1 17은 25보다 (큽니다, (작습니다)).

2 42는 36보다 ((큽니다), 작습니다).

3 14는 15보다 (큽니다, (작습니다)).

4 25는 23보다 ((큽니다), 작습니다).

계산은 빠르고 정확하게!

걸린 시간	1~4분	4~6분	6~8분
맞은 개수	10~12개	7~9개	1~6개
평가	참 잘했어요.	잘했어요.	좀더 노력해요.

그림이 나타내는 수의 크기를 비교하여 □ 안에 알맞은 수를 써넣으시오. (5~12)

5 ➡ 22 는 17 보다 큰 수입니다.

6 ➡ 28 은 24 보다 큰 수입니다.

7 ➡ 26 은 35 보다 작은 수입니다.

8 ➡ 34 는 36 보다 작은 수입니다.

9 ➡ 43 은 36 보다 큰 수입니다.

10 ➡ 26 은 24 보다 큰 수입니다.

11 ➡ 37 은 44 보다 작은 수입니다.

12 ➡ 32 는 35 보다 작은 수입니다.

50까지의 수의 크기 비교(2)

계산은 빠르고 정확하게!

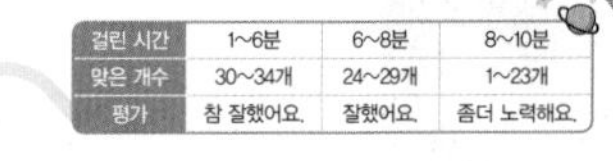

걸린 시간	1~6분	6~8분	8~10분
맞은 개수	30~34개	24~29개	1~23개
평가	참 잘했어요.	잘했어요.	좀더 노력해요.

알맞은 말에 ○표 하시오. (1~16)

1 19는 26보다 (큽니다, **작습니다**).
2 14는 17보다 (큽니다, **작습니다**).
3 39는 35보다 (**큽니다**, 작습니다).
4 43은 28보다 (**큽니다**, 작습니다).
5 26은 18보다 (**큽니다**, 작습니다).
6 37은 28보다 (**큽니다**, 작습니다).
7 23은 30보다 (큽니다, **작습니다**).
8 34는 42보다 (큽니다, **작습니다**).
9 35는 18보다 (**큽니다**, 작습니다).
10 32는 10보다 (**큽니다**, 작습니다).
11 44는 38보다 (**큽니다**, 작습니다).
12 50은 47보다 (**큽니다**, 작습니다).
13 29는 38보다 (큽니다, **작습니다**).
14 41은 29보다 (**큽니다**, 작습니다).
15 36은 29보다 (**큽니다**, 작습니다).
16 30은 34보다 (큽니다, **작습니다**).

더 큰 수에 ○표 하시오. (17~25)

17 20 **30**
18 27 **32**
19 24 **27**
20 29 **40**
21 **31** 25
22 36 **40**
23 32 **39**
24 **32** 28
25 27 **33**

더 작은 수에 △표 하시오. (26~34)

26 **30** 40
27 32 **24**
28 41 **34**
29 50 **40**
30 **29** 41
31 **43** 47
32 **40** 49
33 **32** 41
34 **38** 47

50까지의 수의 크기 비교(3)

계산은 빠르고 정확하게!

걸린 시간	1~6분	6~8분	8~10분
맞은 개수	30~32개	22~29개	1~21개
평가	참 잘했어요.	잘했어요.	좀더 노력해요.

가장 큰 수에 ○표 하시오. (1~16)

1 25 **32** 19
2 24 39 **41**
3 29 **38** 10
4 **27** 26 21
5 **43** 37 29
6 31 24 **40**
7 25 **32** 18
8 **50** 27 39
9 19 24 **31**
10 19 **30** 27
11 **43** 38 36
12 32 35 **41**
13 25 34 **42**
14 27 **33** 18
15 **45** 37 29
16 24 **30** 16

가장 작은 수에 △표 하시오. (17~32)

17 **24** 32 40
18 27 29 **20**
19 33 38 **30**
20 **25** 34 43
21 50 **42** 45
22 26 30 **19**
23 24 **18** 32
24 **16** 21 19
25 38 40 **37**
26 41 50 **37**
27 40 **37** 43
28 **39** 41 46
29 **27** 30 40
30 34 **30** 42
31 36 **34** 43
32 36 45 **29**

4 50까지의 수의 크기 비교(4)

계산은 빠르고 정확하게!

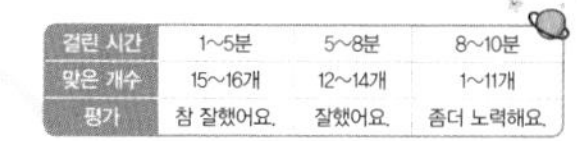

걸린 시간	1~5분	5~8분	8~10분
맞은 개수	15~16개	12~14개	1~11개
평가	참 잘했어요.	잘했어요.	좀더 노력해요.

알맞은 수를 모두 쓰시오. (1~8)

1 26보다 크고 29보다 작은 수 ➡ 27, 28

2 32보다 크고 37보다 작은 수 ➡ 33, 34, 35, 36

3 19보다 크고 23보다 작은 수 ➡ 20, 21, 22

4 36보다 크고 40보다 작은 수 ➡ 37, 38, 39

5 20보다 크고 25보다 작은 수 ➡ 21, 22, 23, 24

6 44보다 크고 50보다 작은 수 ➡ 45, 46, 47, 48, 49

7 27보다 크고 31보다 작은 수 ➡ 28, 29, 30

8 38보다 크고 44보다 작은 수 ➡ 39, 40, 41, 42, 43

□ 안에 알맞은 수를 써넣으시오. (9~16)

9 23보다 크고 30보다 작은 수의 개수 ➡ 6 개

10 32보다 크고 39보다 작은 수의 개수 ➡ 6 개

11 27보다 크고 34보다 작은 수의 개수 ➡ 6 개

12 41보다 크고 50보다 작은 수의 개수 ➡ 8 개

13 25보다 크고 33보다 작은 수의 개수 ➡ 7 개

14 36보다 크고 42보다 작은 수의 개수 ➡ 5 개

15 39보다 크고 49보다 작은 수의 개수 ➡ 9 개

16 30보다 크고 40보다 작은 수의 개수 ➡ 9 개

5 신기한 연산

계산은 빠르고 정확하게!

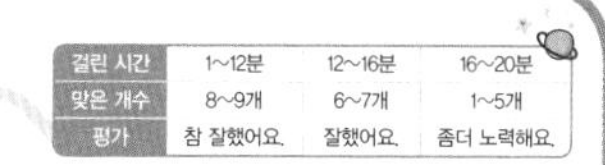

걸린 시간	1~12분	12~16분	16~20분
맞은 개수	8~9개	6~7개	1~5개
평가	참 잘했어요.	잘했어요.	좀더 노력해요.

수를 늘어놓은 규칙을 찾아 빈칸에 알맞은 수를 써넣으시오. (1~6)

1

21	22	23	24
28	27	26	25
29	30	31	32
36	35	34	33

2

27	34	35	42
28	33	36	41
29	32	37	40
30	31	38	39

3

45	44	43	42
38	39	40	41
37	36	35	34
30	31	32	33

4

44	37	36	29
43	38	35	30
42	39	34	31
41	40	33	32

5

32	43	42	41
33	44	47	40
34	45	46	39
35	36	37	38

6

38	39	40	41
37	48	49	42
36	47	50	43
35	46	45	44

사다리를 타고 내려가며 알맞은 수를 찾아 빈 곳에 써넣으시오. (7~9)

7

8

16 20 24 28 32 36

1 작은 수 / 1 작은 수 / 1 작은 수 / 1 큰 수 / 1 작은 수 / 1 큰 수 / 1 작은 수 / 1 큰 수 / 1 큰 수

29 20 14 25 35 31

9

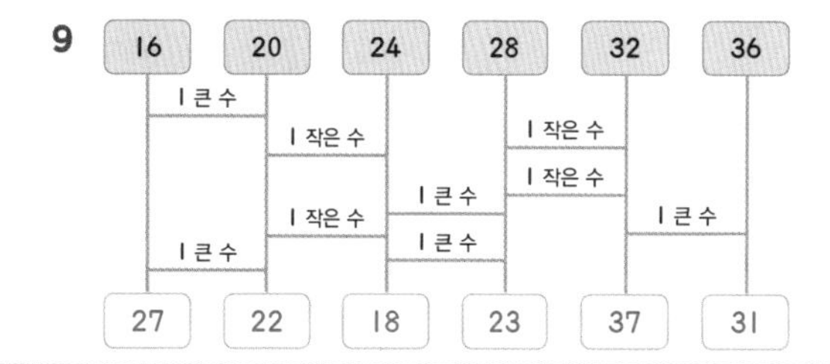

정답

확인 평가

걸린 시간	1~10분	10~12분	12~15분
맞은 개수	27~29개	21~26개	1~20개
평가	참 잘했어요.	잘했어요.	좀더 노력해요.

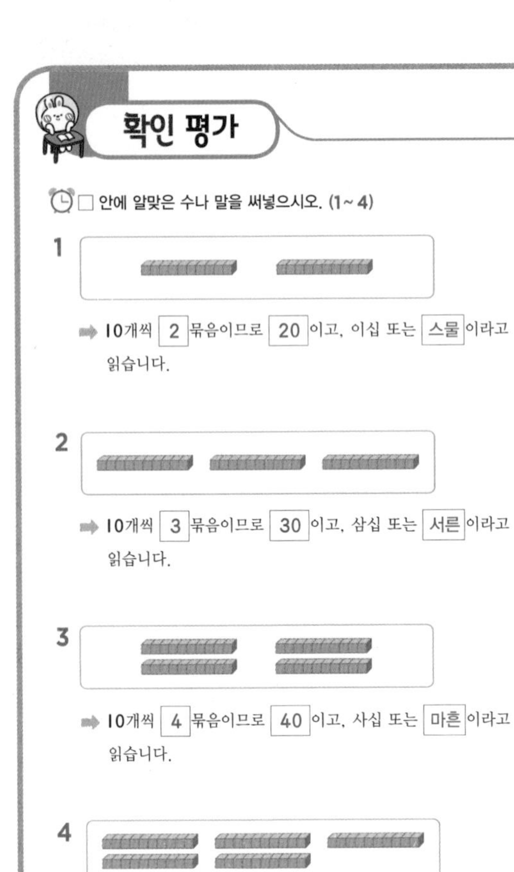

□ 안에 알맞은 수나 말을 써넣으시오. (1 ~ 4)

1 ➡ 10개씩 2 묶음이므로 20 이고, 이십 또는 스물 이라고 읽습니다.

2 ➡ 10개씩 3 묶음이므로 30 이고, 삼십 또는 서른 이라고 읽습니다.

3 ➡ 10개씩 4 묶음이므로 40 이고, 사십 또는 마흔 이라고 읽습니다.

4 ➡ 10개씩 5 묶음이므로 50 이고, 오십 또는 쉰 이라고 읽습니다.

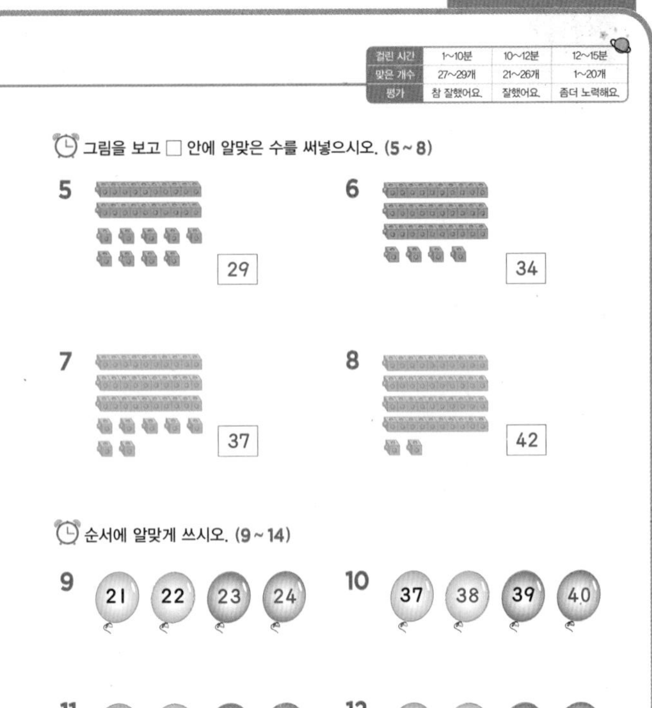

그림을 보고 □ 안에 알맞은 수를 써넣으시오. (5 ~ 8)

5 29

6 34

7 37

8 42

순서에 알맞게 쓰시오. (9 ~ 14)

9 21 22 23 24

10 37 38 39 40

11 30 31 32 33

12 26 27 28 29

13 32 33 34 35

14 47 48 49 50

확인 평가

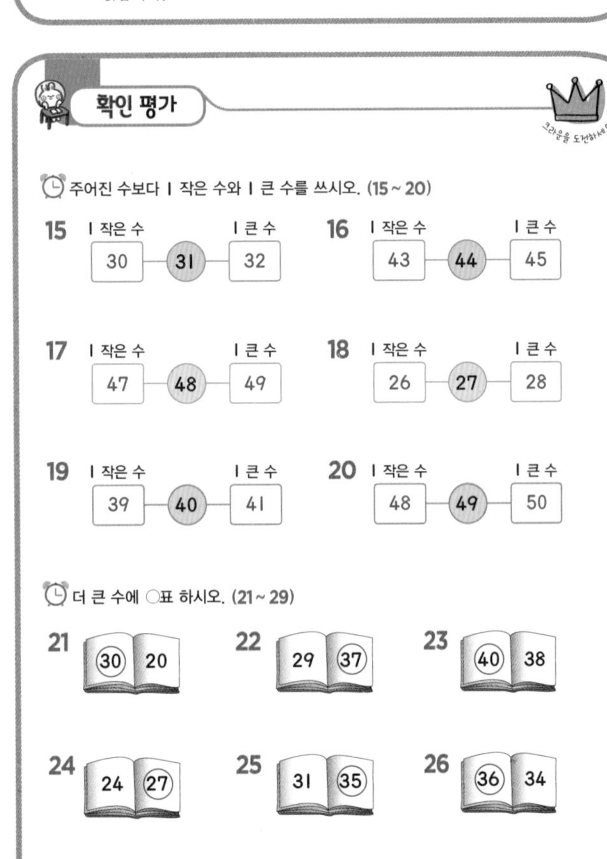

주어진 수보다 1 작은 수와 1 큰 수를 쓰시오. (15 ~ 20)

15 1 작은 수 30 — 31 — 1 큰 수 32

16 1 작은 수 43 — 44 — 1 큰 수 45

17 1 작은 수 47 — 48 — 1 큰 수 49

18 1 작은 수 26 — 27 — 1 큰 수 28

19 1 작은 수 39 — 40 — 1 큰 수 41

20 1 작은 수 48 — 49 — 1 큰 수 50

더 큰 수에 ○표 하시오. (21 ~ 29)

21 (30) 20

22 29 (37)

23 (40) 38

24 24 (27)

25 31 (35)

26 (36) 34

27 (30) 26

28 40 (43)

29 37 (46)

1 (몇십)+(몇)의 계산(1)

학습 날짜 월 일

계산은 빠르고 정확하게!

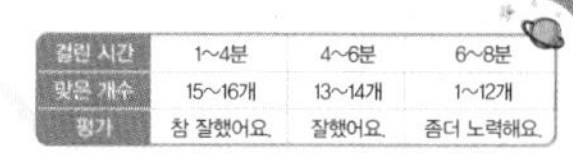

걸린 시간	1~4분	4~6분	6~8분
맞은 개수	15~16개	13~14개	1~12개
평가	참 잘했어요.	잘했어요.	좀더 노력해요.

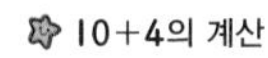

10+4의 계산

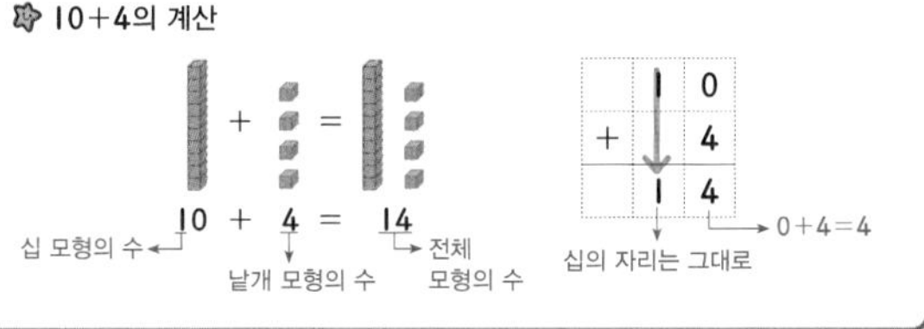

전체 블록의 수를 구하시오. (1 ~ 6)

1  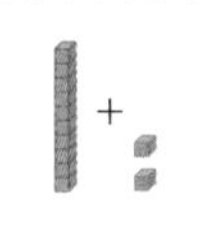

10+2= 12

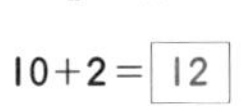

2 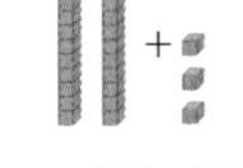

20+ 3 = 23

3 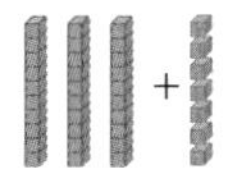

30 + 7 = 37

4 

10 + 8 = 18

5 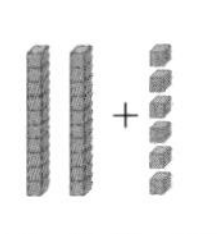

20 + 6 = 26

6 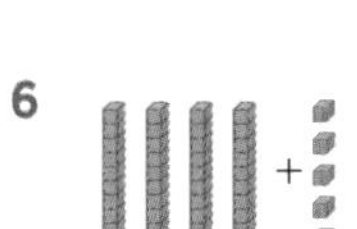

40 + 5 = 45

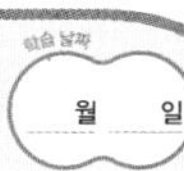

전체 수수깡의 수를 구하시오. (7 ~ 16)

7. 20 + 2 = 22

8. 30 + 7 = 37

9. 10 + 4 = 14

10. 40 + 5 = 45

11. 20 + 6 = 26

12. 40 + 3 = 43

13. 30 + 6 = 36

14. 10 + 7 = 17

15. 20 + 9 = 29

16. 40 + 2 = 42

1 (몇십)+(몇)의 계산(2)

학습 날짜 월 일

계산은 빠르고 정확하게!

걸린 시간	1~6분	6~9분	9~12분
맞은 개수	27~30개	21~26개	1~20개
평가	참 잘했어요.	잘했어요.	좀더 노력해요.

계산을 하시오. (1 ~ 15)

1. 10 + 3 = 13
2. 30 + 5 = 35
3. 20 + 6 = 26
4. 40 + 8 = 48
5. 10 + 9 = 19
6. 30 + 2 = 32
7. 20 + 7 = 27
8. 40 + 4 = 44
9. 30 + 1 = 31
10. 10 + 2 = 12
11. 20 + 4 = 24
12. 30 + 6 = 36
13. 40 + 7 = 47
14. 30 + 9 = 39
15. 20 + 8 = 28

계산을 하시오. (16 ~ 30)

16. 10 + 8 = 18
17. 30 + 4 = 34
18. 40 + 9 = 49
19. 20 + 3 = 23
20. 30 + 7 = 37
21. 40 + 6 = 46
22. 10 + 5 = 15
23. 20 + 2 = 22
24. 30 + 8 = 38
25. 40 + 1 = 41
26. 10 + 7 = 17
27. 20 + 5 = 25
28. 30 + 8 = 38
29. 40 + 3 = 43
30. 20 + 9 = 29

정답

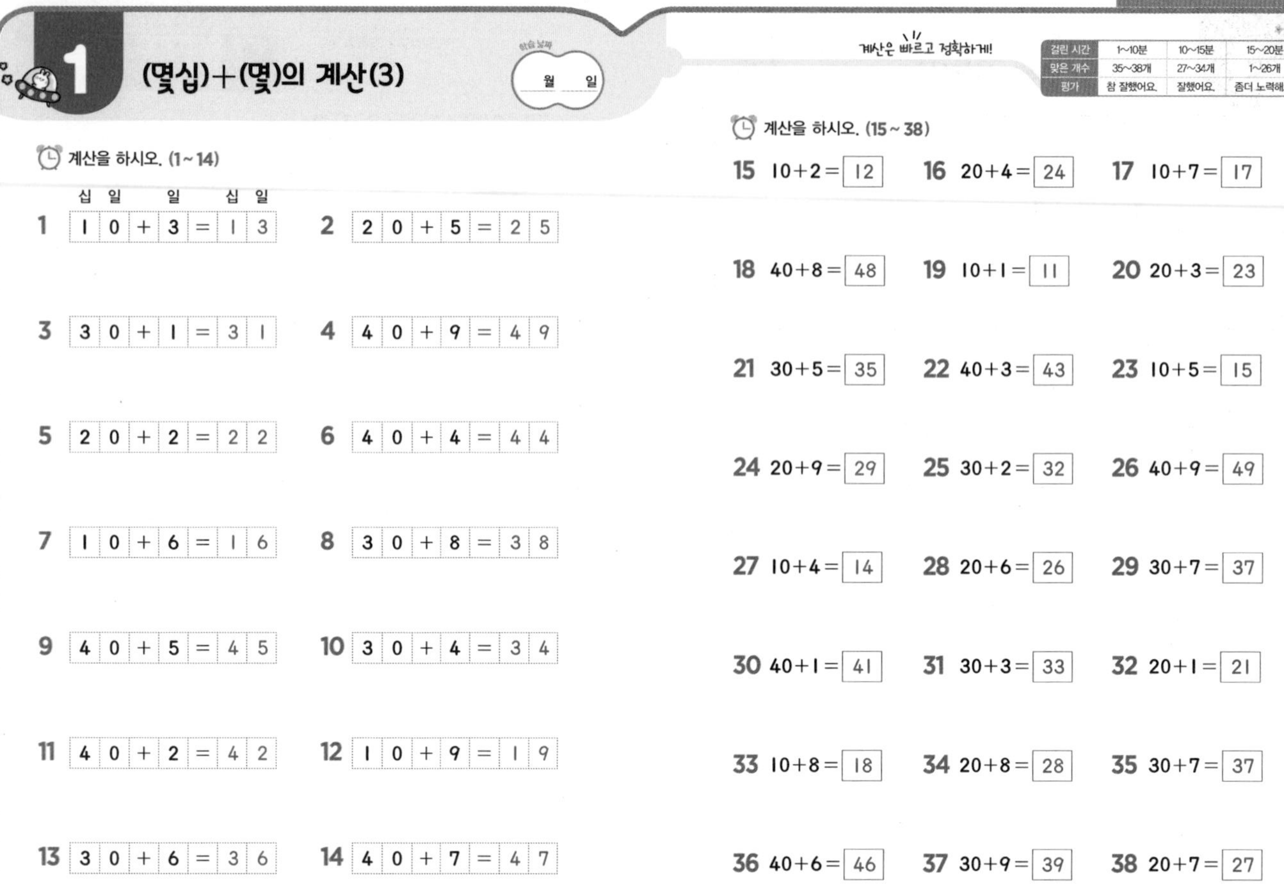

1 (몇십)+(몇)의 계산(3)

학습 날짜 월 일

계산은 빠르고 정확하게!

걸린 시간	1~10분	10~15분	15~20분
맞은 개수	35~38개	27~34개	1~26개
평가	참 잘했어요.	잘했어요.	좀더 노력해요.

계산을 하시오. (1~14)

1. 10+3=13
2. 20+5=25
3. 30+1=31
4. 40+9=49
5. 20+2=22
6. 40+4=44
7. 10+6=16
8. 30+8=38
9. 40+5=45
10. 30+4=34
11. 40+2=42
12. 10+9=19
13. 30+6=36
14. 40+7=47

계산을 하시오. (15~38)

15. 10+2=12
16. 20+4=24
17. 10+7=17
18. 40+8=48
19. 10+1=11
20. 20+3=23
21. 30+5=35
22. 40+3=43
23. 10+5=15
24. 20+9=29
25. 30+2=32
26. 40+9=49
27. 10+4=14
28. 20+6=26
29. 30+7=37
30. 40+1=41
31. 30+3=33
32. 20+1=21
33. 10+8=18
34. 20+8=28
35. 30+7=37
36. 40+6=46
37. 30+9=39
38. 20+7=27

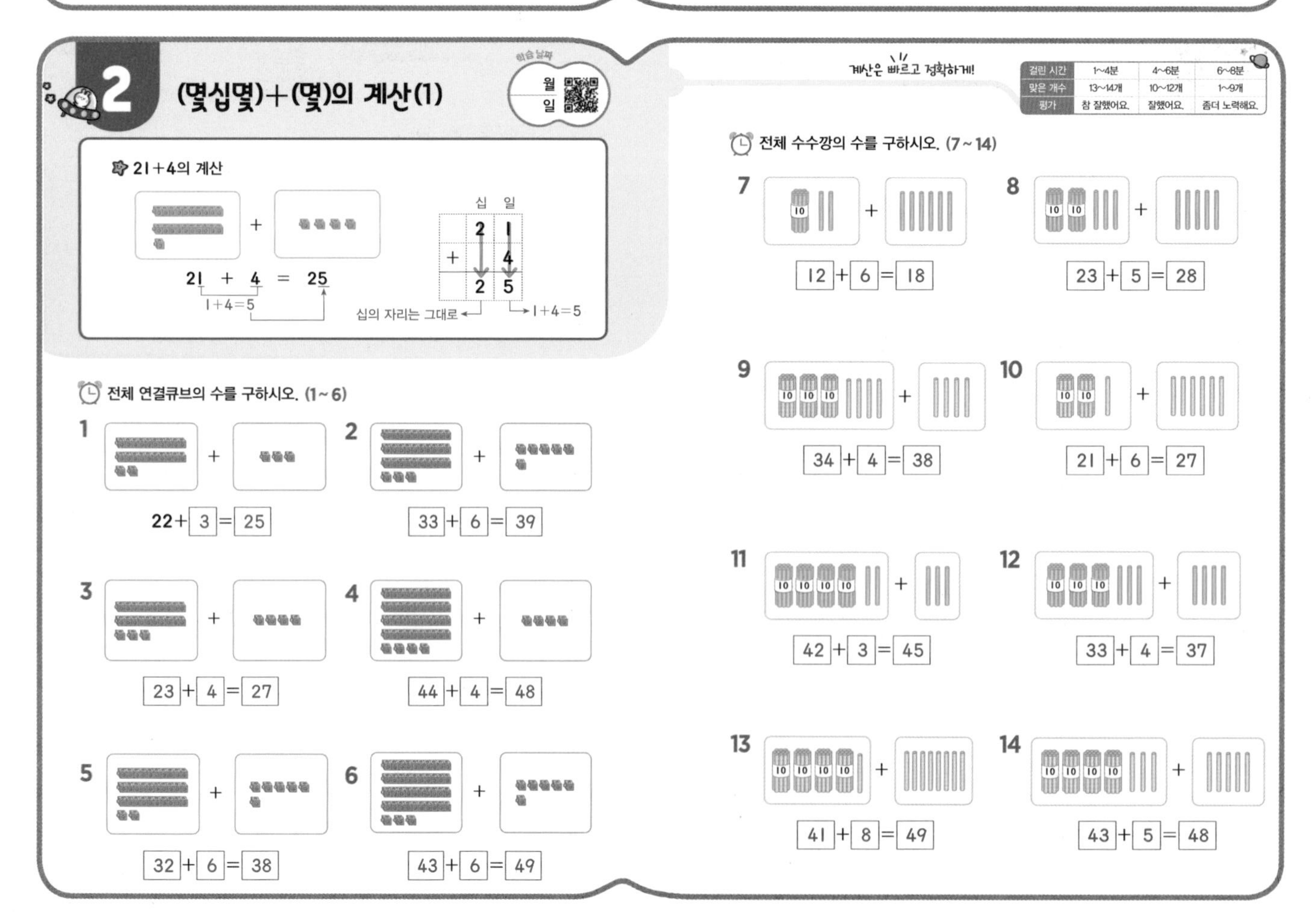

2 (몇십몇)+(몇)의 계산(1)

학습 날짜 월 일

계산은 빠르고 정확하게!

걸린 시간	1~4분	4~6분	6~8분
맞은 개수	13~14개	10~12개	1~9개
평가	참 잘했어요.	잘했어요.	좀더 노력해요.

21+4의 계산

21 + 4 = 25 (1+4=5)

십의 자리는 그대로, 1+4=5

전체 연결큐브의 수를 구하시오. (1~6)

1. 22+3=25
2. 33+6=39
3. 23+4=27
4. 44+4=48
5. 32+6=38
6. 43+6=49

전체 수수깡의 수를 구하시오. (7~14)

7. 12+6=18
8. 23+5=28
9. 34+4=38
10. 21+6=27
11. 42+3=45
12. 33+4=37
13. 41+8=49
14. 43+5=48

2 (몇십몇)+(몇)의 계산(2)

계산은 빠르고 정확하게!

걸린 시간	1~6분	6~9분	9~12분
맞은 개수	27~30개	21~26개	1~20개
평가	참 잘했어요.	잘했어요.	좀더 노력해요.

계산을 하시오. (1~15)

1. 16 + 2 = 18
2. 22 + 4 = 26
3. 35 + 3 = 38
4. 44 + 3 = 47
5. 26 + 2 = 28
6. 36 + 1 = 37
7. 12 + 6 = 18
8. 42 + 5 = 47
9. 33 + 2 = 35
10. 45 + 3 = 48
11. 34 + 4 = 38
12. 23 + 3 = 26
13. 14 + 4 = 18
14. 42 + 7 = 49
15. 32 + 4 = 36

계산을 하시오. (16~30)

16. 33 + 5 = 38
17. 27 + 2 = 29
18. 14 + 3 = 17
19. 42 + 4 = 46
20. 31 + 5 = 36
21. 22 + 3 = 25
22. 13 + 3 = 16
23. 43 + 5 = 48
24. 34 + 3 = 37
25. 21 + 8 = 29
26. 32 + 5 = 37
27. 18 + 1 = 19
28. 45 + 4 = 49
29. 36 + 2 = 38
30. 23 + 4 = 27

2 (몇십몇)+(몇)의 계산(3)

계산은 빠르고 정확하게!

걸린 시간	1~10분	10~15분	15~20분
맞은 개수	35~38개	27~34개	1~26개
평가	참 잘했어요.	잘했어요.	좀더 노력해요.

계산을 하시오. (1~14)

1. 21 + 4 = 25
2. 35 + 1 = 36
3. 41 + 6 = 47
4. 15 + 2 = 17
5. 32 + 5 = 37
6. 24 + 3 = 27
7. 24 + 4 = 28
8. 16 + 3 = 19
9. 37 + 2 = 39
10. 45 + 4 = 49
11. 13 + 2 = 15
12. 25 + 3 = 28
13. 32 + 2 = 34
14. 43 + 6 = 49

계산을 하시오. (15~38)

15. 12+2=14
16. 23+3=26
17. 34+4=38
18. 45+1=46
19. 14+3=17
20. 25+4=29
21. 36+2=38
22. 47+2=49
23. 36+3=39
24. 24+1=25
25. 35+2=37
26. 46+3=49
27. 43+2=45
28. 23+4=27
29. 35+4=39
30. 46+2=48
31. 15+3=18
32. 26+3=29
33. 32+4=36
34. 41+2=43
35. 22+5=27
36. 17+2=19
37. 23+5=28
38. 32+6=38

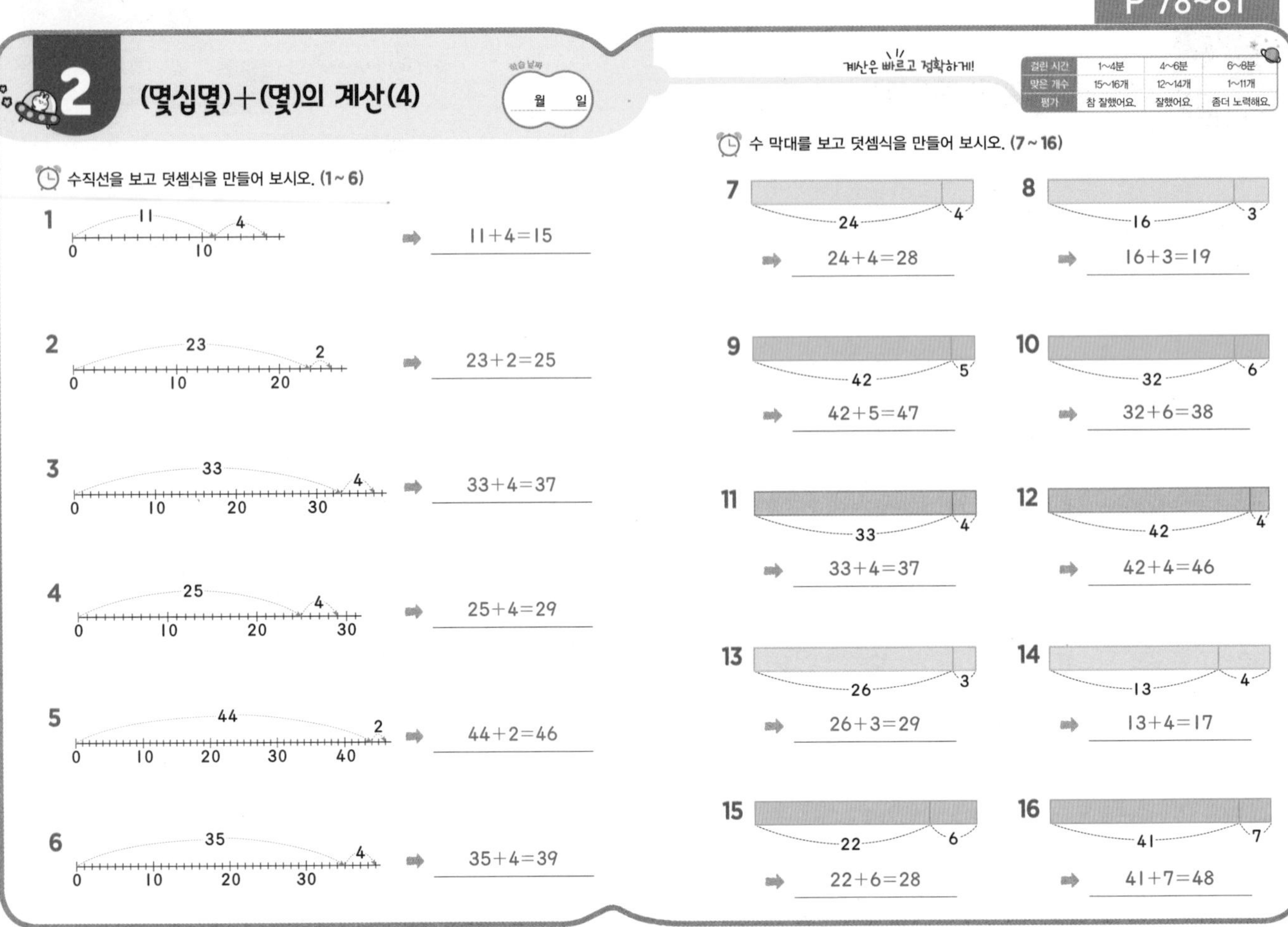

2 (몇십몇)+(몇)의 계산(4)

학습 날짜 월 일

계산은 빠르고 정확하게!

걸린 시간	1~4분	4~6분	6~8분
맞은 개수	15~16개	12~14개	1~11개
평가	참 잘했어요.	잘했어요.	좀더 노력해요.

수직선을 보고 덧셈식을 만들어 보시오. (1 ~ 6)

1 ➡ 11+4=15

2 ➡ 23+2=25

3 ➡ 33+4=37

4 ➡ 25+4=29

5 ➡ 44+2=46

6 ➡ 35+4=39

수 막대를 보고 덧셈식을 만들어 보시오. (7 ~ 16)

7 ➡ 24+4=28

8 ➡ 16+3=19

9 ➡ 42+5=47

10 ➡ 32+6=38

11 ➡ 33+4=37

12 ➡ 42+4=46

13 ➡ 26+3=29

14 ➡ 13+4=17

15 ➡ 22+6=28

16 ➡ 41+7=48

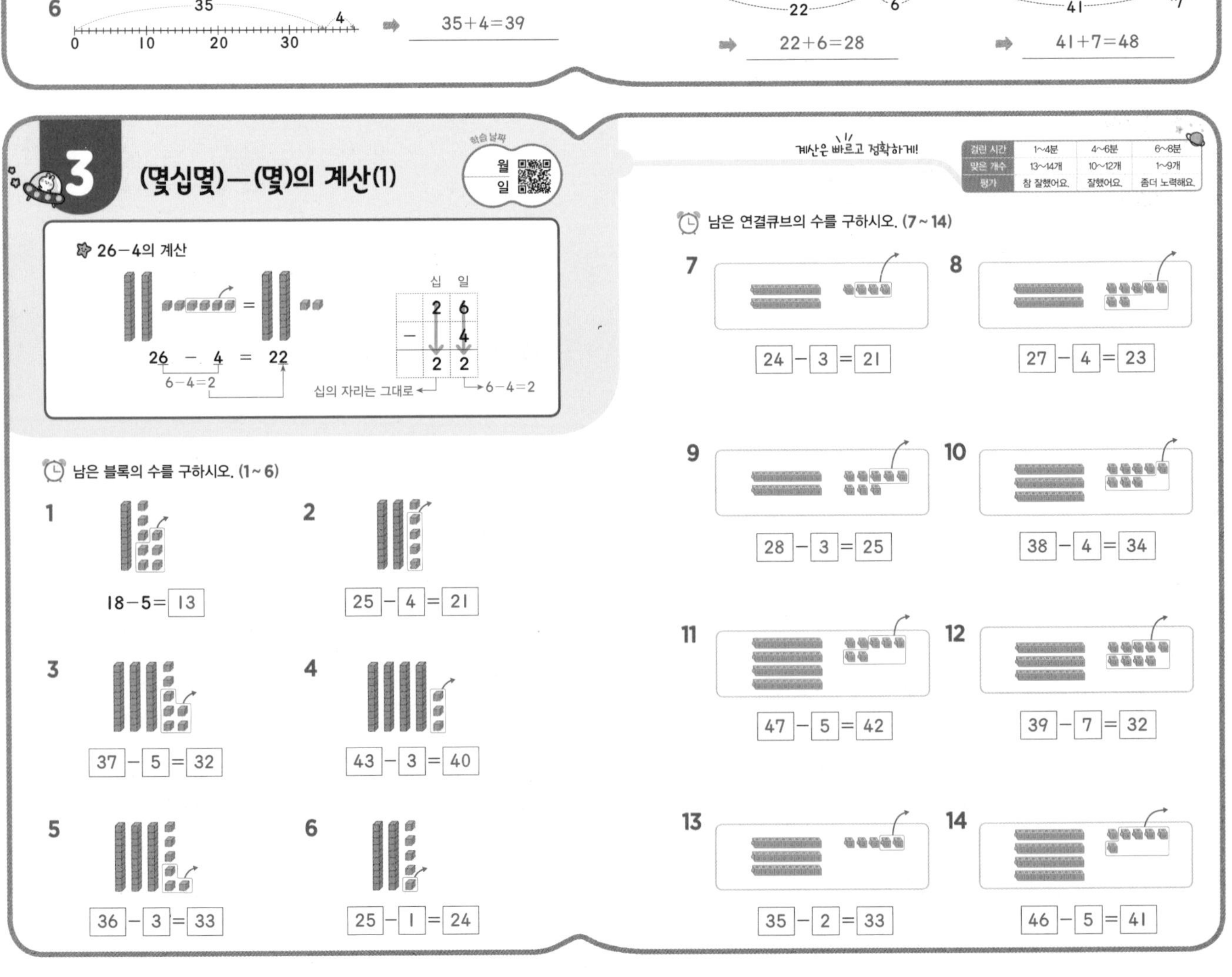

3 (몇십몇)−(몇)의 계산(1)

학습 날짜 월 일

26−4의 계산

26 − 4 = 22

6−4=2

십의 자리는 그대로

6−4=2

계산은 빠르고 정확하게!

걸린 시간	1~4분	4~6분	6~8분
맞은 개수	13~14개	10~12개	1~9개
평가	참 잘했어요.	잘했어요.	좀더 노력해요.

남은 블록의 수를 구하시오. (1 ~ 6)

1 18−5=13

2 25−4=21

3 37−5=32

4 43−3=40

5 36−3=33

6 25−1=24

남은 연결큐브의 수를 구하시오. (7 ~ 14)

7 24−3=21

8 27−4=23

9 28−3=25

10 38−4=34

11 47−5=42

12 39−7=32

13 35−2=33

14 46−5=41

3 (몇십몇)—(몇)의 계산(2)

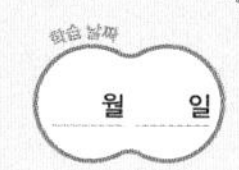

계산은 빠르고 정확하게!

걸린 시간	1~6분	6~9분	9~12분
맞은 개수	27~30개	21~26개	1~20개
평가	참 잘했어요.	잘했어요.	좀더 노력해요.

계산을 하시오. (1 ~ 15)

1. $38 - 2 = 36$
2. $46 - 6 = 40$
3. $26 - 3 = 23$
4. $15 - 2 = 13$
5. $26 - 4 = 22$
6. $37 - 6 = 31$
7. $24 - 3 = 21$
8. $35 - 4 = 31$
9. $29 - 6 = 23$
10. $39 - 5 = 34$
11. $45 - 1 = 44$
12. $28 - 3 = 25$
13. $17 - 6 = 11$
14. $26 - 5 = 21$
15. $39 - 7 = 32$

계산을 하시오. (16 ~ 30)

16. $15 - 3 = 12$
17. $27 - 4 = 23$
18. $39 - 2 = 37$
19. $43 - 3 = 40$
20. $17 - 5 = 12$
21. $28 - 7 = 21$
22. $34 - 3 = 31$
23. $46 - 4 = 42$
24. $16 - 3 = 13$
25. $25 - 3 = 22$
26. $37 - 7 = 30$
27. $49 - 7 = 42$
28. $19 - 6 = 13$
29. $29 - 4 = 25$
30. $38 - 5 = 33$

3 (몇십몇)—(몇)의 계산(3)

계산은 빠르고 정확하게!

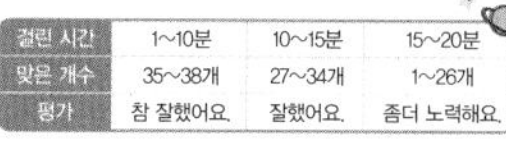

걸린 시간	1~10분	10~15분	15~20분
맞은 개수	35~38개	27~34개	1~26개
평가	참 잘했어요.	잘했어요.	좀더 노력해요.

계산을 하시오. (1 ~ 14)

1. $27 - 6 = 21$
2. $38 - 4 = 34$
3. $43 - 2 = 41$
4. $16 - 3 = 13$
5. $37 - 5 = 32$
6. $29 - 8 = 21$
7. $44 - 2 = 42$
8. $17 - 5 = 12$
9. $19 - 2 = 17$
10. $49 - 6 = 43$
11. $34 - 3 = 31$
12. $26 - 4 = 22$
13. $17 - 2 = 15$
14. $48 - 7 = 41$

계산을 하시오. (15 ~ 38)

15. $16-4=12$
16. $25-5=20$
17. $24-3=21$
18. $42-1=41$
19. $36-2=34$
20. $28-4=24$
21. $38-5=33$
22. $29-7=22$
23. $15-4=11$
24. $24-2=22$
25. $17-6=11$
26. $36-4=32$
27. $46-3=43$
28. $37-4=33$
29. $28-3=25$
30. $17-3=14$
31. $26-6=20$
32. $35-4=31$
33. $29-2=27$
34. $34-2=32$
35. $44-1=43$
36. $18-6=12$
37. $29-3=26$
38. $38-2=36$

정답

3 (몇십몇)—(몇)의 계산(4)

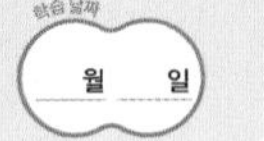

계산은 빠르고 정확하게!

걸린 시간	1~4분	4~6분	6~8분
맞은 개수	15~16개	12~14개	1~11개
평가	참 잘했어요.	잘했어요.	좀더 노력해요.

수직선을 보고 뺄셈식을 만들어 ♡의 값을 구해 보시오. (1~8)

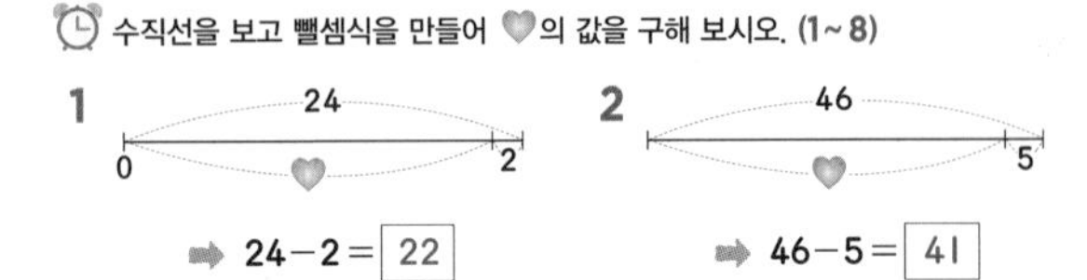

1 ➡ 24−2=22

2 ➡ 46−5=41

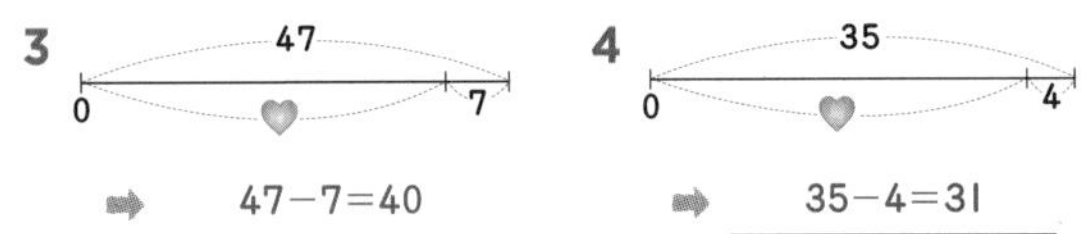
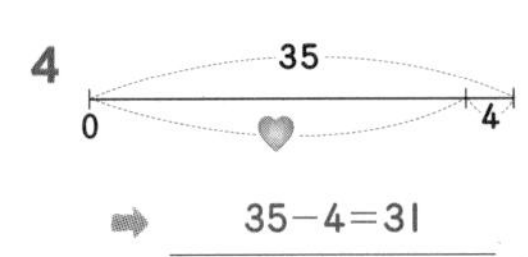

3 ➡ 47−7=40

4 ➡ 35−4=31

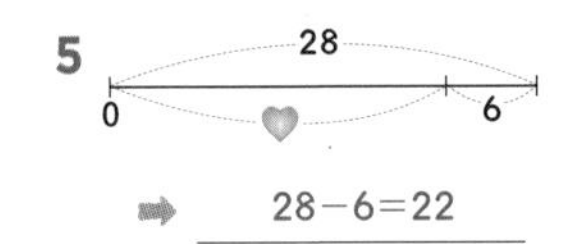
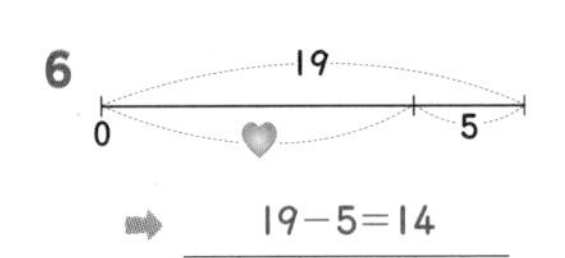

5 ➡ 28−6=22

6 ➡ 19−5=14

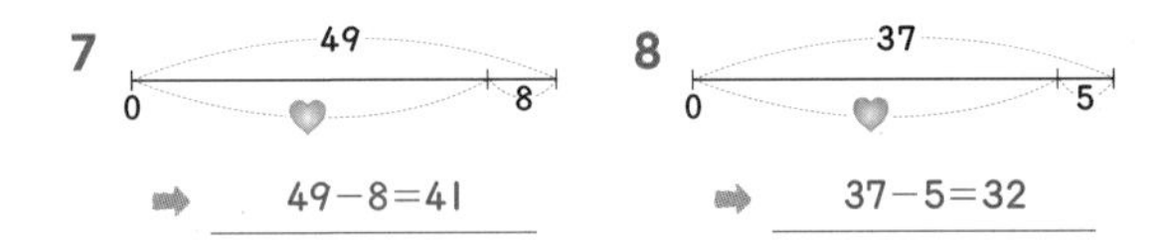

7 ➡ 49−8=41

8 ➡ 37−5=32

수 막대를 보고 뺄셈식을 만들어 ♣의 값을 구해 보시오. (9~16)

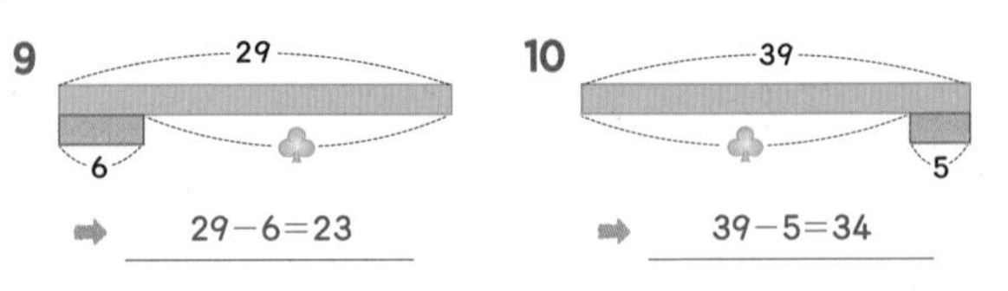

9 ➡ 29−6=23

10 ➡ 39−5=34

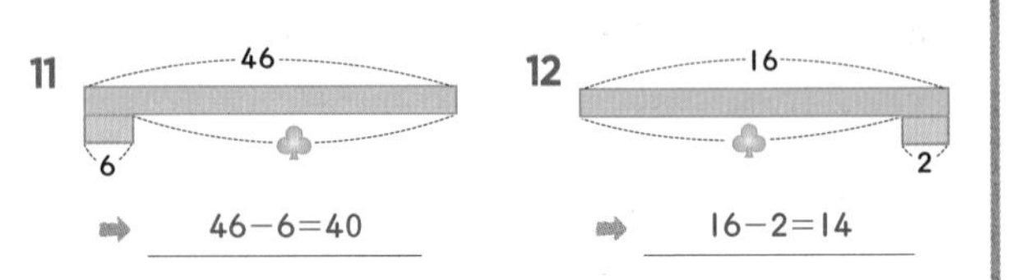

11 ➡ 46−6=40

12 ➡ 16−2=14

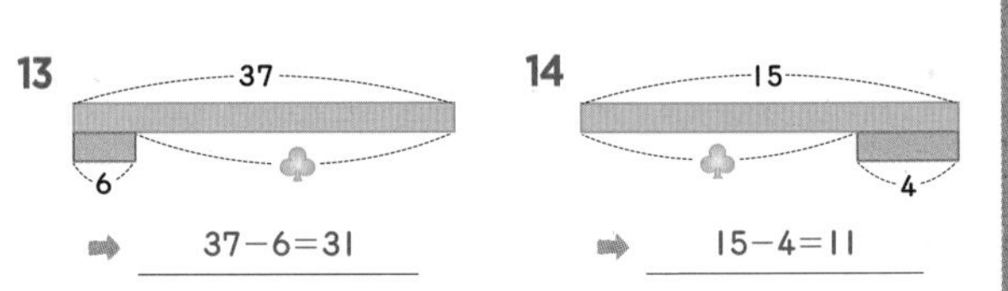

13 ➡ 37−6=31

14 ➡ 15−4=11

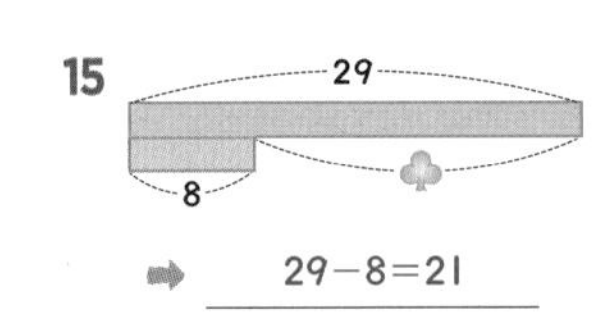
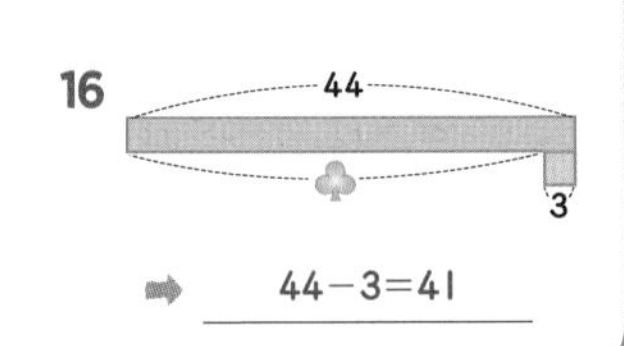

15 ➡ 29−8=21

16 ➡ 44−3=41

4 세 수의 덧셈(1)

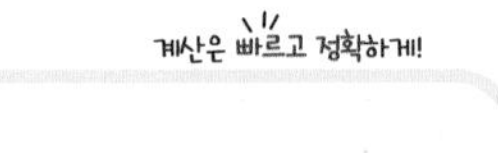

걸린 시간	1~5분	5~8분	8~10분
맞은 개수	11~12개	8~10개	1~7개
평가	참 잘했어요.	잘했어요.	좀더 노력해요.

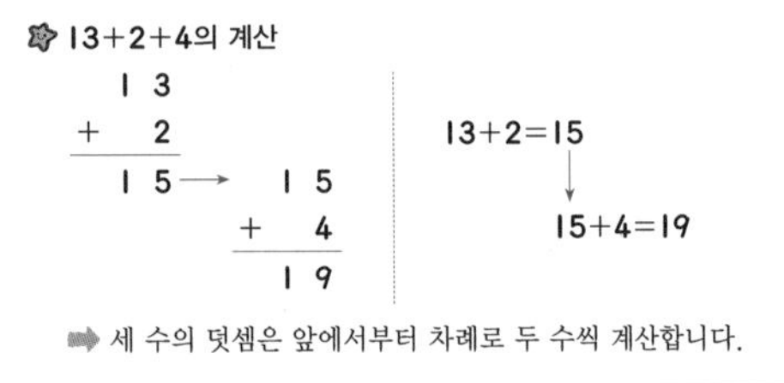

13+2+4의 계산

13+2=15 → 15+4=19

➡ 세 수의 덧셈은 앞에서부터 차례로 두 수씩 계산합니다.

□ 안에 알맞은 수를 써넣으시오. (1~4)

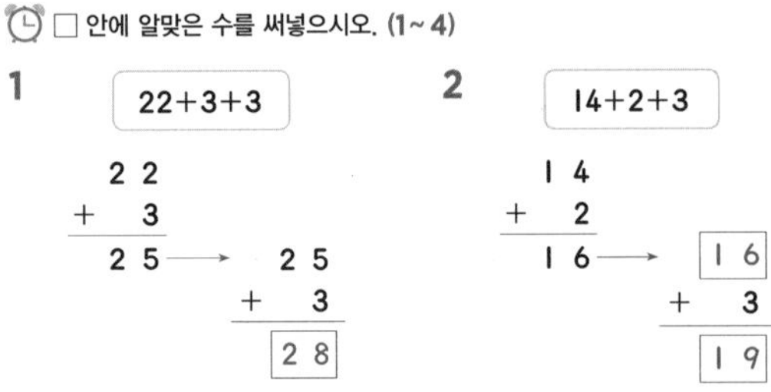
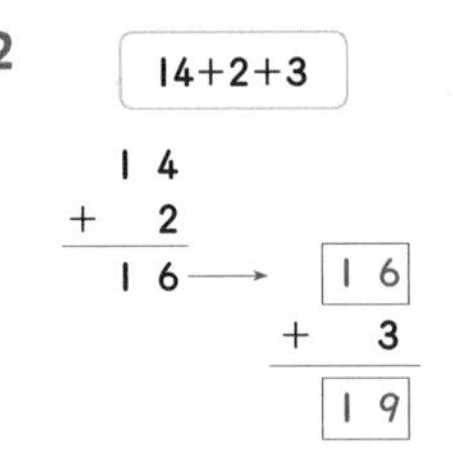

1 22+3+3: 22+3=25, 25+3=28

2 14+2+3: 14+2=16, 16+3=19

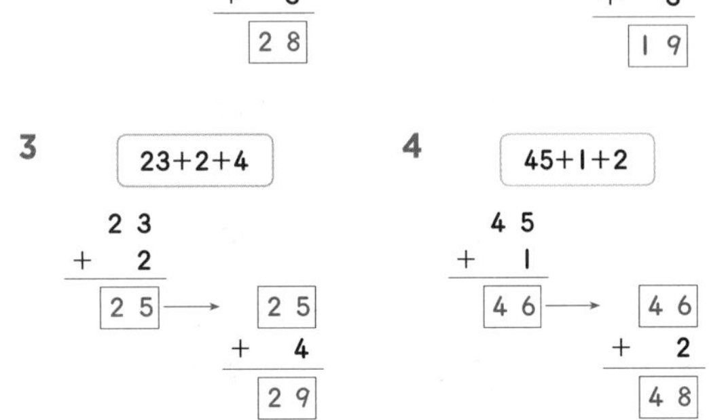

3 23+2+4: 23+2=25, 25+4=29

4 45+1+2: 45+1=46, 46+2=48

□ 안에 알맞은 수를 써넣으시오. (5~12)

5 33+2+3: 33+2=35, 35+3=38

6 42+4+3: 42+4=46, 46+3=49

7 2+24+1: 2+24=26, 26+1=27

8 3+41+2: 3+41=44, 44+2=46

9 13+4+2: 13+4=17, 17+2=19

10 22+2+3: 22+2=24, 24+3=27

11 5+32+1: 5+32=37, 37+1=38

12 4+42+2: 4+42=46, 46+2=48

4 세 수의 덧셈(2)

학습 날짜 월 일

계산은 빠르고 정확하게!

걸린 시간	1~5분	5~8분	8~10분
맞은 개수	15~16개	12~14개	1~11개
평가	참 잘했어요.	잘했어요.	좀더 노력해요.

□ 안에 알맞은 수를 써넣으시오. (1~8)

1 13+2+3
13+2=15
15+3=[18]

2 24+3+2
24+3=27
[27]+2=[29]

3 31+4+3
31+4=[35]
[35]+3=[38]

4 2+42+1
2+42=[44]
[44]+1=[45]

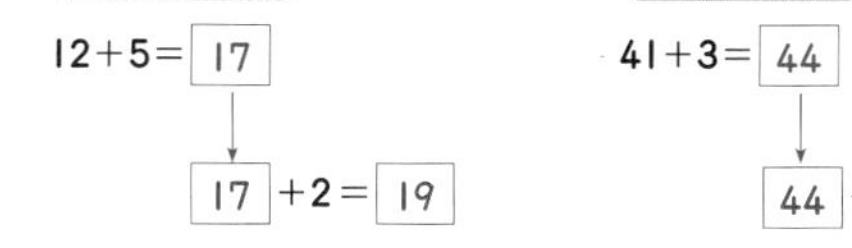

5 12+5+2
12+5=[17]
[17]+2=[19]

6 41+3+4
41+3=[44]
[44]+4=[48]

7 3+22+4
3+22=[25]
[25]+4=[29]

8 2+31+3
2+31=[33]
[33]+3=[36]

□ 안에 알맞은 수를 써넣으시오. (9~16)

9 12 + 4 + 2 = [18]
[16]
[18]

10 23 + 3 + 3 = [29]
[26]
[29]

11 31 + 3 + 3 = [37]
[34]
[37]

12 2 + 35 + 2 = [39]
[37]
[39]

13 40 + 2 + 4 = [46]
[42]
[46]

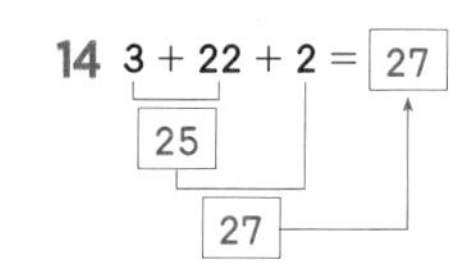

14 3 + 22 + 2 = [27]
[25]
[27]

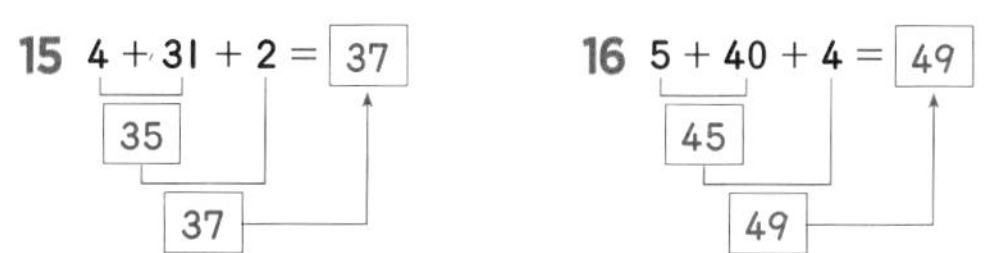

15 4 + 31 + 2 = [37]
[35]
[37]

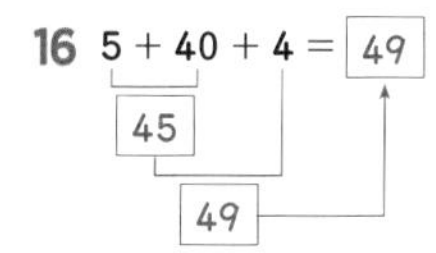

16 5 + 40 + 4 = [49]
[45]
[49]

4 세 수의 덧셈(3)

학습 날짜 월 일

계산은 빠르고 정확하게!

걸린 시간	1~8분	8~12분	12~16분
맞은 개수	26~28개	20~25개	1~19개
평가	참 잘했어요.	잘했어요.	좀더 노력해요.

세 수를 더하여 계산 결과를 □ 안에 써넣으시오. (1~12)

1 $\begin{array}{r} 13 \\ 2 \\ +\ 3 \\ \hline 18 \end{array}$

2 $\begin{array}{r} 12 \\ 2 \\ +\ 4 \\ \hline 18 \end{array}$

3 $\begin{array}{r} 14 \\ 2 \\ +\ 3 \\ \hline 19 \end{array}$

4 $\begin{array}{r} 25 \\ 1 \\ +\ 2 \\ \hline 28 \end{array}$

5 $\begin{array}{r} 22 \\ 3 \\ +\ 3 \\ \hline 28 \end{array}$

6 $\begin{array}{r} 32 \\ 2 \\ +\ 2 \\ \hline 36 \end{array}$

7 $\begin{array}{r} 4 \\ 32 \\ +\ 1 \\ \hline 37 \end{array}$

8 $\begin{array}{r} 5 \\ 31 \\ +\ 2 \\ \hline 38 \end{array}$

9 $\begin{array}{r} 3 \\ 33 \\ +\ 3 \\ \hline 39 \end{array}$

10 $\begin{array}{r} 3 \\ 3 \\ +\ 41 \\ \hline 47 \end{array}$

11 $\begin{array}{r} 4 \\ 2 \\ +\ 42 \\ \hline 48 \end{array}$

12 $\begin{array}{r} 2 \\ 2 \\ +\ 43 \\ \hline 47 \end{array}$

계산을 하시오. (13~28)

13 24+1+3=[28]

14 32+4+2=[38]

15 4+12+1=[17]

16 2+41+3=[46]

17 16+2+1=[19]

18 43+2+2=[47]

19 5+21+2=[28]

20 2+13+2=[17]

21 41+3+4=[48]

22 33+2+3=[38]

23 3+12+4=[19]

24 4+22+2=[28]

25 32+5+1=[38]

26 44+1+2=[47]

27 2+12+5=[19]

28 3+40+2=[45]

P 94~97

5 세 수의 뺄셈(1)

계산은 빠르고 정확하게!

걸린 시간	1~6분	6~9분	9~12분
맞은 개수	13~14개	10~12개	1~9개
평가	참 잘했어요.	잘했어요.	좀더 노력해요.

28−2−3의 계산

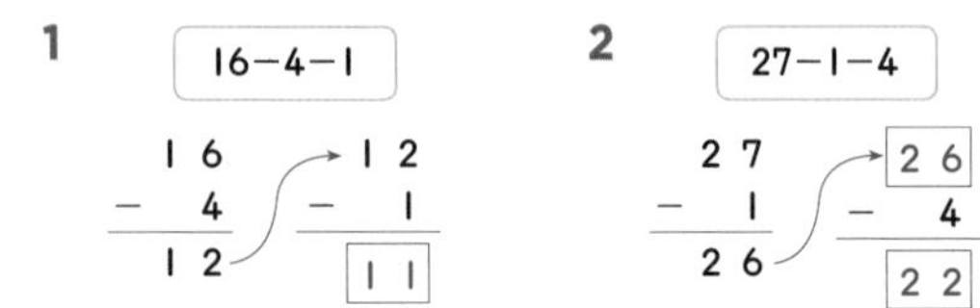

28 − 2 = 26, 26 − 3 = 23

28−2−3=23 (26, 23)

➡ 세 수의 뺄셈은 반드시 앞에서부터 차례로 계산합니다.

□ 안에 알맞은 수를 써넣으시오. (1~6)

1 16−4−1: 16 − 4 = 12, 12 − 1 = 11

2 27−1−4: 27 − 1 = 26, 26 − 4 = 22

3 28−3−3: 28 − 3 = 25, 25 − 3 = 22

4 46−2−3: 46 − 2 = 44, 44 − 3 = 41

5 39−2−3: 39 − 2 = 37, 37 − 3 = 34

6 48−2−4: 48 − 2 = 46, 46 − 4 = 42

□ 안에 알맞은 수를 써넣으시오. (7~14)

7 17−2−4: 17 − 2 = 15, 15 − 4 = 11

8 28−4−3: 28 − 4 = 24, 24 − 3 = 21

9 36−3−2: 36 − 3 = 33, 33 − 2 = 31

10 48−3−2: 48 − 3 = 45, 45 − 2 = 43

11 19−3−3: 19 − 3 = 16, 16 − 3 = 13

12 28−5−1: 28 − 5 = 23, 23 − 1 = 22

13 37−2−2: 37 − 2 = 35, 35 − 2 = 33

14 46−2−4: 46 − 2 = 44, 44 − 4 = 40

5 세 수의 뺄셈(2)

계산은 빠르고 정확하게!

걸린 시간	1~6분	6~9분	9~12분
맞은 개수	15~16개	11~14개	1~10개
평가	참 잘했어요.	잘했어요.	좀더 노력해요.

□ 안에 알맞은 수를 써넣으시오. (1~8)

1 26−4−1=21 (22, 21)

2 28−2−4=22 (26, 22)

3 19−3−4=12 (16, 12)

4 47−2−3=42 (45, 42)

5 36−4−2=30 (32, 30)

6 38−1−5=32 (37, 32)

7 49−3−2=44 (46, 44)

8 46−1−2=43 (45, 43)

□ 안에 알맞은 수를 써넣으시오. (9~16)

9 15−3−2=10 (12, 10)

10 26−2−2=22 (24, 22)

11 37−4−1=32 (33, 32)

12 48−3−2=43 (45, 43)

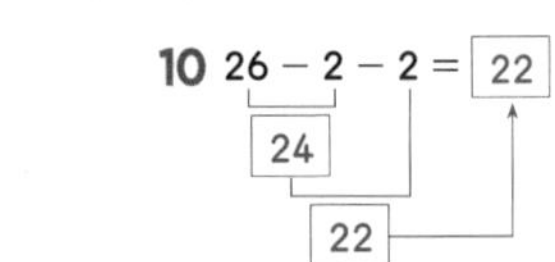

13 19−5−2=12 (14, 12)

14 27−2−3=22 (25, 22)

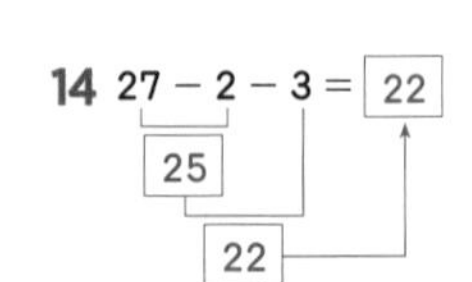

15 38−4−2=32 (34, 32)

16 49−3−3=43 (46, 43)

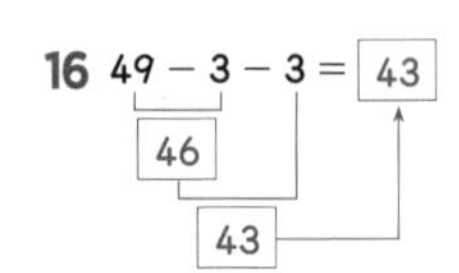

5 세 수의 뺄셈(3)

계산은 빠르고 정확하게!

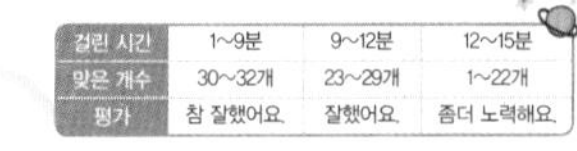

계산을 하시오. (1 ~ 16)

1 17 − 2 − 3 = 12
2 26 − 2 − 1 = 23
3 35 − 4 − 1 = 30
4 47 − 3 − 3 = 41
5 18 − 3 − 2 = 13
6 27 − 3 − 2 = 22
7 36 − 4 − 2 = 30
8 48 − 1 − 6 = 41
9 19 − 4 − 2 = 13
10 28 − 5 − 2 = 21
11 37 − 2 − 3 = 32
12 45 − 2 − 2 = 41
13 19 − 5 − 2 = 12
14 27 − 4 − 1 = 22
15 38 − 2 − 4 = 32
16 49 − 1 − 5 = 43

계산을 하시오. (17 ~ 32)

17 15 − 1 − 4 = 10
18 27 − 2 − 3 = 22
19 39 − 2 − 3 = 34
20 48 − 4 − 2 = 42
21 16 − 3 − 2 = 11
22 28 − 4 − 3 = 21
23 38 − 3 − 2 = 33
24 49 − 2 − 4 = 43
25 17 − 1 − 3 = 13
26 29 − 2 − 3 = 24
27 37 − 3 − 4 = 30
28 46 − 5 − 1 = 40
29 28 − 5 − 1 = 22
30 39 − 4 − 2 = 33
31 18 − 2 − 4 = 12
32 47 − 3 − 4 = 40

6 세 수의 덧셈과 뺄셈(1)

계산은 빠르고 정확하게!

걸린 시간	1~6분	6~9분	9~12분
맞은 개수	13~14개	10~12개	1~9개
평가	참 잘했어요.	잘했어요.	좀더 노력해요.

13+6−4의 계산
13+6=19
19−4=15

27−4+5의 계산
27−4=23
23+5=28

➡ 세 수의 덧셈과 뺄셈은 반드시 앞에서부터 차례로 계산합니다.

□ 안에 알맞은 수를 써넣으시오. (1 ~ 6)

1 16+2−3
16 + 2 = 18
18 − 3 = 15

2 23+5−6
23 + 5 = 28
28 − 6 = 22

3 25+4−3
25 + 4 = 29
29 − 3 = 26

4 32+6−7
32 + 6 = 38
38 − 7 = 31

5 4+35−6
4 + 35 = 39
39 − 6 = 33

6 3+45−4
3 + 45 = 48
48 − 4 = 44

□ 안에 알맞은 수를 써넣으시오. (7 ~ 14)

7 14 + 5 − 3 = 16
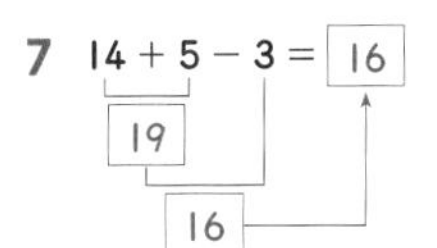

8 23 + 4 − 6 = 21
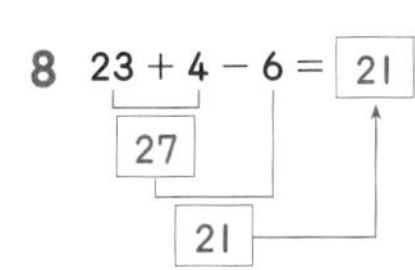

9 32 + 7 − 5 = 34
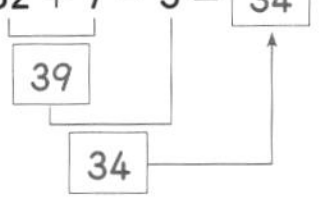

10 45 + 3 − 4 = 44
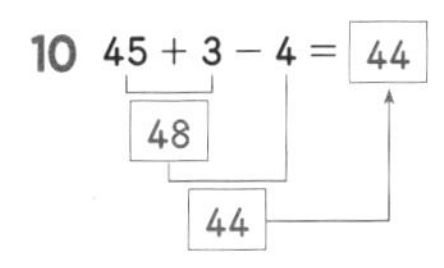

11 17 + 1 − 6 = 12
18
12

12 25 + 4 − 3 = 26
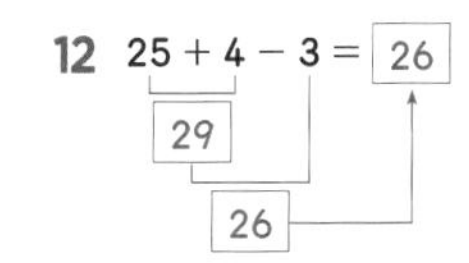

13 34 + 3 − 5 = 32
37
32

14 46 + 2 − 5 = 43
48
43

정답

P 102~105

6 세 수의 덧셈과 뺄셈(2)

계산은 빠르고 정확하게!

걸린 시간	1~6분	6~9분	9~12분
맞은 개수	15~16개	11~14개	1~10개
평가	참 잘했어요.	잘했어요.	좀더 노력해요.

□ 안에 알맞은 수를 써넣으시오. (1~8)

1 18−6+4

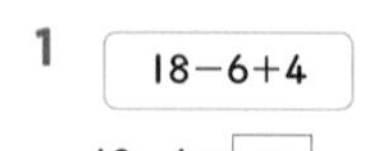

18−6=12 → 12+4=16

2 24−3+6

24−3=21 → 21+6=27

3 36−4+3

36−4=32 → 32+3=35

4 45−2+4

45−2=43 → 43+4=47

5 17−5+3

17−5=12 → 12+3=15

6 25−4+3

25−4=21 → 21+3=24

7 38−6+4

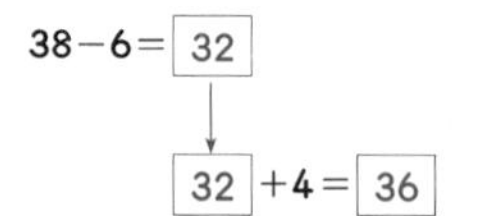

38−6=32 → 32+4=36

8 49−7+3

49−7=42 → 42+3=45

□ 안에 알맞은 수를 써넣으시오. (9~16)

9 19 − 5 + 3 = 17 (14, 17)

10 28 − 2 + 3 = 29 (26, 29)

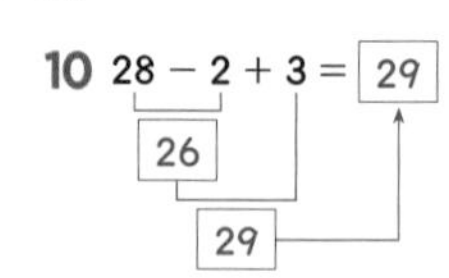

11 38 − 7 + 3 = 34 (31, 34)

12 46 − 4 + 5 = 47 (42, 47)

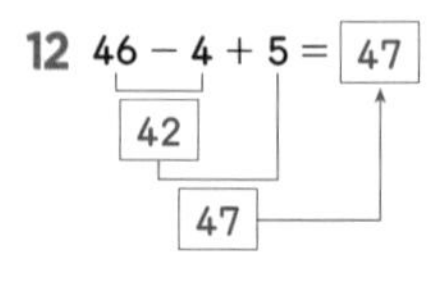

13 15 − 3 + 4 = 16 (12, 16)

14 27 − 5 + 6 = 28 (22, 28)

15 37 − 5 + 3 = 35 (32, 35)

16 48 − 6 + 5 = 47 (42, 47)

6 세 수의 덧셈과 뺄셈(3)

계산은 빠르고 정확하게!

걸린 시간	1~9분	9~12분	12~15분
맞은 개수	30~32개	23~29개	1~22개
평가	참 잘했어요.	잘했어요.	좀더 노력해요.

계산을 하시오. (1~16)

1 24+3−2=25

2 15+2−4=13

3 32+7−6=33

4 43+5−7=41

5 14+5−6=13

6 22+5−4=23

7 33+4−6=31

8 44+5−2=47

9 16+2−4=14

10 27+2−5=24

11 34+4−3=35

12 45+3−7=41

13 18+1−5=14

14 26+3−8=21

15 35+2−4=33

16 44+3−4=43

계산을 하시오. (17~32)

17 17−5+6=18

18 24−3+5=26

19 36−4+7=39

20 44−2+6=48

21 18−6+5=17

22 25−5+4=24

23 37−3+4=38

24 46−5+7=48

25 19−6+5=18

26 27−4+5=28

27 34−3+6=37

28 48−7+5=46

29 16−4+7=19

30 26−5+8=29

31 38−4+5=39

32 49−8+7=48

7 신기한 연산(1)

계산은 빠르고 정확하게!

걸린 시간	1~10분	10~15분	15~20분
맞은 개수	22~24개	17~21개	1~16개
평가	참 잘했어요.	잘했어요.	좀더 노력해요.

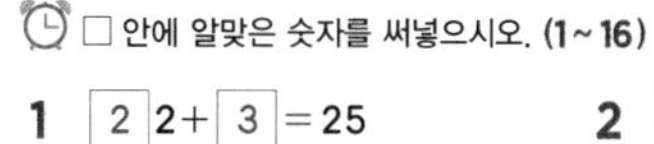

□ 안에 알맞은 숫자를 써넣으시오. (1 ~ 16)

1. [2]2+[3]=25
2. [3]3+[4]=37
3. [4]4+[4]=48
4. [3]5+[4]=39
5. 1[3]+3=[1]6
6. 2[5]+2=[2]7
7. 4[5]+3=[4]8
8. 3[5]+4=[3]9
9. [2]7−[4]=23
10. [1]8−[6]=12
11. [4]6−[1]=45
12. [3]9−[5]=34
13. 1[7]−2=[1]5
14. 2[6]−3=[2]3
15. 3[8]−4=[3]4
16. 4[7]−5=[4]2

보기 에서 규칙을 찾아 빈 곳에 알맞은 수를 써넣으시오. (17 ~ 24)

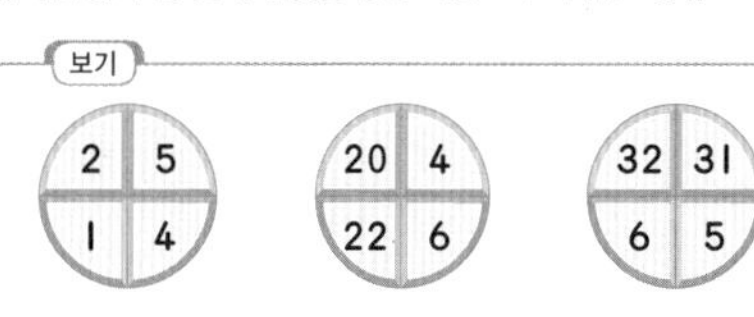

보기: (2, 5, 1, 4) (20, 4, 22, 6) (32, 31, 6, 5)

17. (15, 2, 17, 4)
15+4=2+□
19=2+□
□=17

18. (26, 5, 24, 3)
□+3=5+24
□+3=29
□=26

19. (31, 33, 3, 5)
20. (3, 42, 6, 45)
21. (12, 4, 13, 5)
22. (21, 2, 25, 6)
23. (32, 4, 34, 6)
24. (4, 5, 44, 45)

7 신기한 연산(2)

계산은 빠르고 정확하게!

걸린 시간	1~10분	10~15분	15~20분
맞은 개수	11~12개	8~10개	1~7개
평가	참 잘했어요.	잘했어요.	좀더 노력해요.

주어진 수 카드를 □ 안에 한 번씩 넣어 계산 결과가 가장 크게 하고 그 값을 ○ 안에 써넣으시오. (1 ~ 8)

1. 
24, 5, 3
[24]+[5]−[3]=(26)

2. 
5, 2, 33
[33]−[2]+[5]=(36)

3. 
7, 2, 40
[40]+[7]−[2]=(45)

4. 
4, 16, 5
[16]−[4]+[5]=(17)

5. 
4, 23, 2
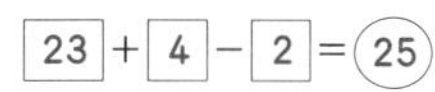
[23]+[4]−[2]=(25)

6. 
15, 6, 3
[15]−[3]+[6]=(18)

7. 
42, 3, 6
[42]+[6]−[3]=(45)

8. 
36, 2, 4
[36]−[2]+[4]=(38)

여러 장의 수 카드 중 두 수의 합이 서로 같은 경우를 찾아 보기 와 같이 나타내시오. (9 ~ 12)

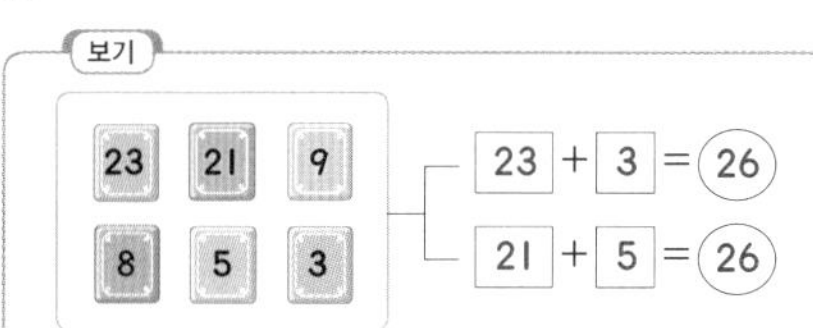

보기: 23, 21, 9, 8, 5, 3
[23]+[3]=(26)
[21]+[5]=(26)

9. 
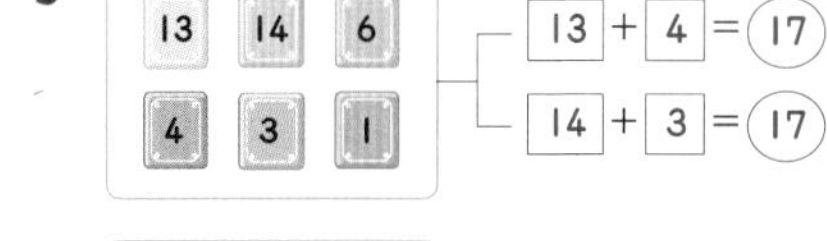
13, 14, 6, 4, 3, 1
[13]+[4]=(17)
[14]+[3]=(17)

10. 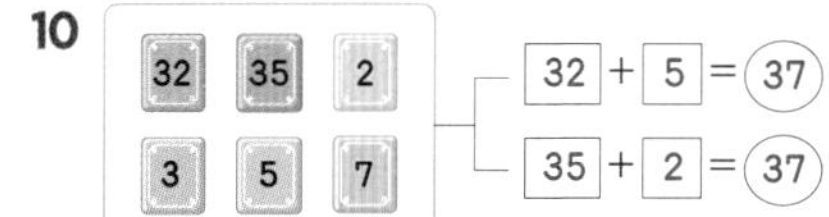
32, 35, 2, 3, 5, 7
[32]+[5]=(37)
[35]+[2]=(37)

11. 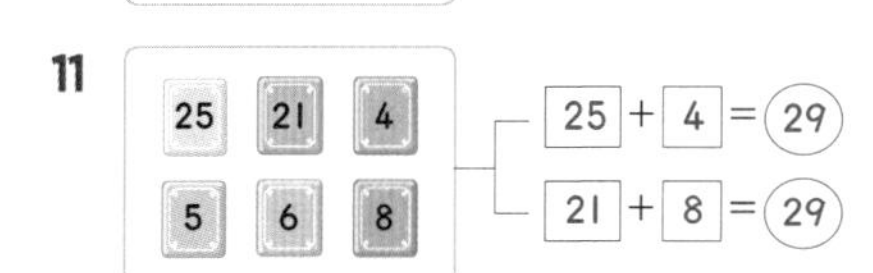
25, 21, 4, 5, 6, 8
[25]+[4]=(29)
[21]+[8]=(29)

12. 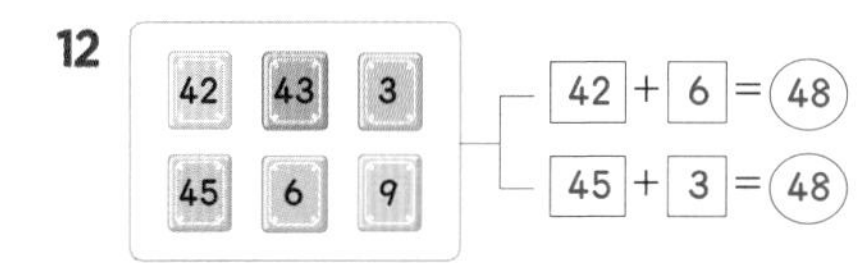
42, 43, 3, 45, 6, 9
[42]+[6]=(48)
[45]+[3]=(48)

정답

P 110~112

확인 평가

걸린 시간	1~10분	10~15분	15~20분
맞은 개수	27~30개	21~26개	1~20개
평가	참 잘했어요.	잘했어요.	좀더 노력해요.

계산을 하시오. (1 ~ 10)

1 $20 + 4 = 24$

2 $30 + 6 = 36$

3 $40 + 8 = 48$

4 $22 + 3 = 25$

5 $35 + 4 = 39$

6 $42 + 5 = 47$

7 20+5= 25

8 30+7= 37

9 23+4= 27

10 44+2= 46

그림을 보고 덧셈식을 만들어 보시오. (11 ~ 12)

11 34+4=38

12 22+6=28

계산을 하시오. (13 ~ 19)

13 $16 - 3 = 13$

14 $27 - 2 = 25$

15 $38 - 7 = 31$

16 17−3= 14

17 25−2= 23

18 36−5= 31

19 48−6= 42

그림을 보고 뺄셈식을 만들어 ☆의 값을 구해 보시오. (20 ~ 22)

20 ➡ 19 − 4 = 15

21 ➡ 27 − 6 = 21

22 ➡ 38 − 6 = 32

확인 평가

□ 안에 알맞은 수를 써넣으시오. (23 ~ 26)

23 24 + 2 + 3 = 29 (26, 29)

24 38 − 3 − 4 = 31 (35, 31)

25 18 − 5 + 4 = 17 (13, 17)

26 43 + 5 − 7 = 41 (48, 41)

계산을 하시오. (27 ~ 30)

27 14+3+2= 19

28 27−2−3= 22

29 37−4+5= 38

30 45+2−4= 43

신기한
연산왕

초등 수학의 기본은 연산력!!
신기한
연산왕
A-2
초1 수준
정답

2 3 4

신기한
연산왕

신기한
연산왕